W0260947

ERGEBNISSE DER MATHEMATIK UND IHRER GRENZGEBIETE

UNTER MITWIRKUNG DER SCHRIFTLEITUNG DES
„ZENTRALBLATT FÜR MATHEMATIK"

HERAUSGEGEBEN VON

L. V. AHLFORS · R. BAER · F. L. BAUER · R. COURANT · A. DOLD
J. L. DOOB · S. EILENBERG · P. R. HALMOS · M. KNESER
T. NAKAYAMA · H. RADEMACHER · F. K. SCHMIDT
B. SEGRE · E. SPERNER

NEUE FOLGE · HEFT 26

REIHE:

MODERNE FUNKTIONENTHEORIE

BESORGT

VON

L. V. AHLFORS

SPRINGER-VERLAG

BERLIN · GÖTTINGEN · HEIDELBERG

1960

QUASIKONFORME ABBILDUNGEN

VON

HANS P. KÜNZI

PROFESSOR AN DER UNIVERSITÄT ZÜRICH
UND PRIVATDOZENT
AN DER EIDGENÖSSISCHEN TECHNISCHEN HOCHSCHULE ZÜRICH

MIT 35 ABBILDUNGEN

SPRINGER-VERLAG
BERLIN · GÖTTINGEN · HEIDELBERG
1960

ISBN-13: 978-3-540-02515-3   e-ISBN-13: 978-3-642-88029-2
DOI: 10.1007/978-3-642-88029-2

Vorwort

Die Theorie der quasikonformen Abbildungen gehört gegenwärtig zu einem der modernsten Forschungszweige innerhalb der Analysis bzw. der Funktionentheorie. Aus diesem Grunde ist es sicher gegeben, über dieses Gebiet eine Zusammenfassung in Form eines Ergebnisbandes zu schreiben. Daß aber bei einer ersten derartigen Darstellung verschiedene Schwierigkeiten zu überwinden sind, nicht zuletzt auch in rein didaktischer Hinsicht, stellt sich während der Bearbeitung eines solchen Stoffes öfters heraus. So hat es sich unter anderem als recht heikel erwiesen, schon nur die verschiedenen Definitionen, welche über quasikonforme Abbildungen existieren, auf einen einigermaßen gleichen Nenner zu bringen.

Da neben einer russischen Darstellung (VOLKOVYSKIJ [2]) über das vorliegende Forschungsgebiet noch keinerlei Lehrbücher existieren, habe ich besonders Wert darauf gelegt, an einigen Stellen etwas tiefer in die Beweisverfahren einzudringen, als dies üblicherweise in der vorliegenden Reihe der Ergebnishefte der Fall ist.

In verdankenswerter Weise hat mir Herr A. TEBLING verschiedene russische Arbeiten ins Deutsche übersetzt, wodurch es mir ermöglicht wurde, auch die sonst nur schwer zugängliche russische Literatur zu berücksichtigen.

Neben dem hier dargestellten zweidimensionalen Fall beschäftigt sich die neueste Forschung auch schon mit dem Studium der quasikonformen Abbildungen in höherdimensionalen Räumen; doch befindet sich diese Untersuchung noch derart im Flusse, daß eine zusammenhängende Darstellung darüber heute noch nicht möglich ist; in einem Nachtrag wird lediglich auf einige der jüngsten Ergebnisse hingewiesen.

Ich erachte es als eine besonders angenehme Pflicht, an verschiedene Adressen meinen herzlichsten Dank zu richten. An erster Stelle danke ich meinen Lehrern der Funktionentheorie, den Herren Professoren R. NEVANLINNA, A. PFLUGER und H. WITTICH, die durch zahlreiche, wertvolle Ratschläge dazu beigetragen haben, daß dieser Bericht in der vorliegenden Form zustande gekommen ist. Zudem verdanke ich Herrn Professor L. BERS verschiedene Anregungen bei der Gestaltung des 7. Kapitels. Weiteren Dank schulde ich meinen Freunden F. GEHRING, J. HERSCH, O. LEHTO, H. ROYDEN und K. STREBEL, mit denen ich in verschiedenen Diskussionen den zu gestaltenden Text besprochen habe.

Herrn Professor L. AHLFORS sowie dem Springer-Verlag danke ich ebenfalls für das Interesse, das sie dieser Arbeit entgegenbrachten.

Zürich, im Juni 1960   H. P. KÜNZI

Inhaltsverzeichnis

1. Kapitel

Über konforme Abbildungen

1.1. Einleitung. Als Vorbereitung zu den folgenden Kapiteln werden zuerst verschiedene Eigenschaften der konformen Abbildungen zusammengestellt, ohne auf Einzelheiten der Beweise einzugehen. Vor allem sollen einige Kenntnisse über den Modul von Ringgebieten und Vierecken erworben werden; für spezielle Untersuchungen in dieser Richtung wird auf die Arbeiten von GRÖTZSCH [1, 3], TEICHMÜLLER [2] und WITTICH [2] verwiesen.

1.2. Definition eines Ringgebietes. Unter einem Ringgebiet G versteht man ein zweifach zusammenhängendes Gebiet der z-Ebene[1]. Sein Rand zerfällt in zwei Komponenten R_1 und R_2, die in je einen Punkt ausarten können.

Die beiden nicht zu G gehörenden Mengen nennt man die Komplementärmengen K_1 und K_2 bezüglich des Ringes G. Das Ringgebiet G trennt die Punkte P_1 und P_2, wenn P_1 auf K_1 und P_2 auf K_2 liegen.

Sind K_1 und K_2 Kontinuen, so spricht man von einem Ringgebiet schlechthin oder auch von einem eigentlichen Ringgebiet. In den anderen Fällen handelt es sich um ausgeartete Ringgebiete.

Für eigentliche Ringgebiete gilt der fundamentale Satz, wonach sich jedes Ringgebiet G konform auf einen konzentrischen Kreisring $r < |w| < R$ abbilden läßt, dessen Radienverhältnis R/r eindeutig durch das Gebiet bestimmt ist.

Die Größe

$$M = \log R - \log r \tag{1,1}$$

ist eine konforme Invariante und heißt Modul des Ringgebietes.

1.3. Modulabschätzungen. Für die weiteren Untersuchungen ist es zweckmäßig, eine logarithmische Metrik einzuführen durch

$$ds = \frac{|dz|}{|z|} \quad \left(ds^2 = \frac{dx^2 + dy^2}{x^2 + y^2}\right).$$

Für die logarithmische Länge L einer Kurve C, die nicht durch den Nullpunkt geht, erhält man

$$L = \int_C |d \log z| = \int_C \frac{|dz|}{|z|}$$

---

[1] Ist nichts Besonderes vermerkt, so meint man unter der z-Ebene die abgeschlossene Ebene, welche sich konform äquivalent zur Riemannschen Zahlenkugel verhält.

und für den logarithmischen Flächeninhalt F eines Gebietes G, das den Nullpunkt nicht enthält

$$F = \int\limits_{G}\int d\sigma_{\log z} = \int\limits_{G}\int \frac{d\sigma_z}{|z|^2} \, .$$

In diesen Formeln bedeutet $d\sigma_z$ bzw. $d\sigma_{\log z}$ das Flächenelement in der z- bzw. in der $\log z$-Ebene ($d\sigma_z = dx\,dy$). Die logarithmische Länge eines Kreises $|z| = r$ ist dann 2π, der logarithmische Flächeninhalt von $r < |z| < R$ entsprechend $2\pi\,(\log R - \log r)$.

1.4. Eine Beziehung zwischen dem Modul und dem logarithmischen Flächeninhalt. Ein Ringgebiet G trenne 0 und ∞, F sei sein logarithmischer Flächeninhalt, M sein Modul, dann gilt die Ungleichung

$$2\pi M \leqq F \, . \qquad\qquad (1,2)$$

Gleichheit gilt nur für einen Kreisring $r < |z| < R$.

Dieser Satz wird bewiesen, indem man G konform auf $r < |w| < R$ abbildet ($z = re^{i\varphi}$, $w = \varrho e^{i\vartheta}$). $|w| = \varrho$ entspricht in G eine einfach geschlossene Kurve γ, die die beiden Randkomponenten voneinander trennt und deren logarithmische Länge nicht kleiner als 2π ist. Es gilt

$$2\pi \leqq \int\limits_{\gamma} |d\log z| = \int\limits_{0}^{2\pi} \left|\frac{d\log z}{dw}\right| \varrho\,d\vartheta \, .$$

Aus der Schwarzschen Ungleichung folgt

$$4\pi^2 \leqq \int\limits_{0}^{2\pi} d\vartheta \int\limits_{0}^{2\pi} \left|\frac{d\log z}{dw}\right|^2 \varrho^2\,d\vartheta$$

und weiter

$$\frac{2\pi}{\varrho} \leqq \int\limits_{0}^{2\pi} \left|\frac{d\log z}{dw}\right|^2 \varrho\,d\vartheta \, .$$

Integration über ϱ von r bis R liefert

$$2\pi \int\limits_{r}^{R} \frac{d\varrho}{\varrho} \leqq \int\limits_{r}^{R}\int\limits_{0}^{2\pi} \left|\frac{d\log z}{dw}\right|^2 \varrho\,d\varrho\,d\vartheta = \int\limits_{G}\int d\sigma_{\log z} \, ,$$

mit anderen Worten

$$2\pi M = 2\pi\,(\log R - \log r) \leqq F \, .$$

Falls G mit einem Kreisring zusammenfällt, so ist

$$2\pi M = F \, .$$

Es gilt auch das Umgekehrte, denn im Falle $2\pi M = F$ muß in der obigen Entwicklung überall das Gleichheitszeichen stehen, was nur möglich ist, wenn $d \log z / d \log w = \pm 1$ ist und somit

$$z = kw \quad \text{oder} \quad z = \frac{k}{w}.$$

1.5. Monotonieeigenschaft des Moduls. Aus der soeben hergeleiteten Abschätzung des Moduls durch den logarithmischen Flächeninhalt ergeben sich die beiden Folgerungen:

a) Wenn ein Ringgebiet G' mit dem Modul M' Teil eines Ringgebietes G mit dem Modul M ist und dessen Komplementärkontinuen voneinander trennt, so ist

$$M' \leq M. \tag{1,3}$$

Gleichheit gilt nur im Falle von $G' = G$ (Fig. 1a).

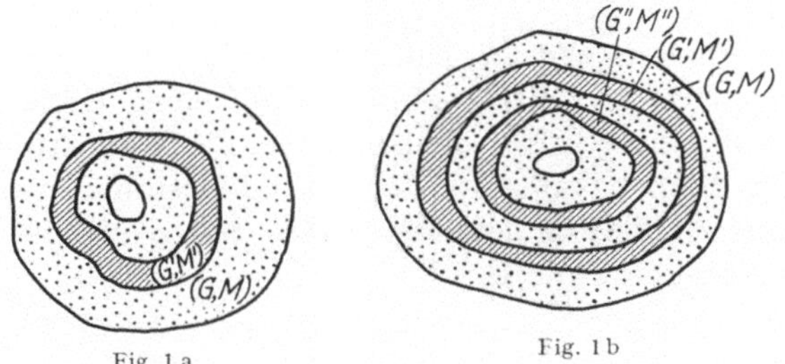

Fig. 1a   Fig. 1b

Zum Beweise bildet man G konform auf $r < |w| < R$ ab. G' geht dann in einen Teil dieses Kreisringgebietes über mit dem logarithmischen Flächeninhalt F', und es ist

$$2\pi M' \leq F' \leq 2\pi \, (\log R - \log r) = 2\pi M.$$

b) Wenn ein Ringgebiet G mit dem Modul M zwei punktfremde Ringgebiete G' und G'' mit den Moduln M' und M'' enthält, von denen jedes die beiden Komplementärkontinuen von G trennt (Fig. 1b), so folgt:

$$M' + M'' \leq M. \tag{1,4}$$

Dieser von GRÖTZSCH stammende Satz wird bewiesen, indem man wie üblich für G vom Kreisring $r < |z| < R$ ausgeht. Sind dann F' und F'' die logarithmischen Flächeninhalte von G' und G'', so ist

$$2\pi (M' + M'') \leq F' + F'' \leq 2\pi \, (\log R - \log r) = 2\pi M.$$

Im vorliegenden Falle, wo G ein Kreisringgebiet $r < |z| < R$ ist, kann sicher nur dann das Gleichheitszeichen stehen, wenn $G' : r < |z| < \varrho$ und $G'' : \varrho < |z| < R$ ist oder umgekehrt.

1.6. Der reduzierte Modul. Ist ein Gebiet einfach zusammenhängend und von der punktierten Ebene verschieden, so kann man den reduzierten

Modul einführen. Ein solches Gebiet G enthalte den Punkt $z = 0$, nicht aber $z = \infty$. Für ein hinreichend kleines ϱ verläuft dann der Kreis $|z| = \varrho$ ganz in G (Fig. 2).

Der Durchschnitt von G mit $|z| > \varrho$ heiße G_ϱ und bilde ein Ringgebiet mit dem Modul M_ϱ; für $\varrho \to 0$ gilt $M_\varrho \to \infty$.

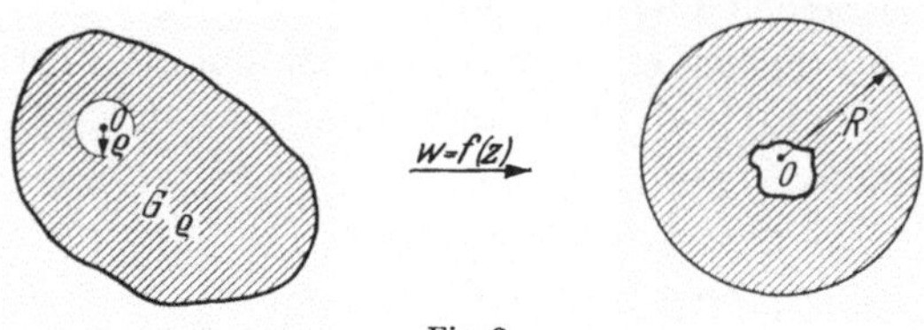

Fig. 2

Um das Verhalten von M_ϱ näher zu untersuchen, bildet man das Gebiet G vermittels $w = f(z)$ konform so auf einen Kreis $|w| < R$ ab, daß sich die Nullpunkte entsprechen und dort die Normierung $|f'(0)| = 1$ besteht. R ist dann bekanntlich der Abbildungsradius von G. Durch diese konforme Abbildung geht der Kreis $|z| = \varrho$ in eine einfach geschlossene Kurve über, und es ist

$$\log \frac{R}{\varrho} + o\,(1) = M_\varrho$$

oder

$$M_\varrho = \log \frac{1}{\varrho} + \log R + o\,(1) \quad \text{für} \quad \varrho \to 0 \,.$$

Wegen $M_\varrho + \log \varrho \uparrow \log R$ bezeichnet man

$$\log R = \lim_{\varrho \to 0} (M_\varrho + \log \varrho) \tag{1,5}$$

als den reduzierten Modul $\widetilde{M}$ des Gebietes G.

Dieser reduzierte Modul verhält sich natürlich gegenüber konformen Abbildungen nicht mehr invariant.

Enthält das von der punktierten Ebene verschiedene, einfach zusammenhängende Gebiet G den Punkt $z = \infty$, so ist für genügend großes ϱ der Durchschnitt von $|z| < \varrho$ und G ein Ringgebiet G_ϱ, mit dem Modul $M_\varrho \to \infty$ für $\varrho \to \infty$. Gleich wie oben nennt man den entsprechenden Grenzwert $\lim_{\varrho \to \infty} (M_\varrho - \log \varrho) = \widetilde{M}$ den reduzierten Modul von G. Betrachtet man die Greensche Funktion $g(z, \infty, G)$ des Gebietes G mit dem Pol in $z = \infty$, so ist in

$$g(z, \infty, G) = \log |z| + u\,(z)$$

der endliche Grenzwert

$$\lim_{z \to \infty} u\,(z) = \gamma \tag{1,6}$$

die Robinsche Konstante von G. Somit ist also der reduzierte Modul von G gleich der Robinschen Konstanten γ des Gebietes G.

1.7. Reduzierter Modul und reduzierter logarithmischer Flächeninhalt. G enthalte wieder den Punkt $z = 0$, nicht aber $z = \infty$ und sei von der in $z = \infty$ punktierten Ebene verschieden. Entsprechend dem reduzierten Modul (1,5) führt man jetzt den reduzierten logarithmischen Flächeninhalt von G ein. Ist ϱ so klein, daß $|z| = \varrho$ ganz in G verläuft, und ist G_ϱ der Teil von G mit $|z| > \varrho$ und F_ϱ der logarithmische Flächeninhalt von G_ϱ, dann ist die Größe $F_\varrho + 2\pi \log \varrho$ von ϱ unabhängig, denn für $\varrho' < \varrho$ ist

$$F_{\varrho'} = 2\pi (\log \varrho - \log \varrho') + F_\varrho .$$

Man bezeichnet diese von ϱ unabhängige Größe

$$\widetilde{F} = F_\varrho + 2\pi \log \varrho \tag{1,7}$$

als den reduzierten logarithmischen Flächeninhalt von G.

Zwischen dem reduzierten Modul $\widetilde{M}$ und dem reduzierten logarithmischen Flächeninhalt $\widetilde{F}$ besteht die Ungleichung

$$2\pi\widetilde{M} \leqq \widetilde{F} . \tag{1,2'}$$

Der Beweis ergibt sich aus der entsprechenden Beziehung (1,2), nach welcher $2\pi M_\varrho \leqq F_\varrho$ gilt und somit ist

$$2\pi (M_\varrho + \log \varrho) \leqq F_\varrho + 2\pi \log \varrho .$$

Durch den Grenzübergang $\varrho \to 0$ wird der Beweis geliefert. Gleichheit ist nur dann erfüllt, wenn G ein Kreis mit $|z| < R$ ist.

1.8. Weitere Sätze über den reduzierten Modul. Für den reduzierten Modul gelten analoge Sätze wie für den gewöhnlichen Modul:

a) G sei ein einfach zusammenhängendes Gebiet in der z-Ebene, welches den Punkt $z = 0$, nicht aber $z = \infty$ enthalte, mit dem reduzierten Modul $\widetilde{M}$. Für ein $z = 0$ enthaltendes einfach zusammenhängendes Teilgebiet G' von G ist $\widetilde{M}' \leqq \widetilde{M}$, da $M'_\varrho \leqq M_\varrho$ gilt. Ist weiter G'' noch ein zu G' punktfremdes Ringgebiet, das G' vom Rande von G trennt, dann besteht zwischen den Moduln $\widetilde{M}'$, M'' und $\widetilde{M}$ die Relation

$$\widetilde{M}' + M'' \leqq \widetilde{M} . \tag{1,4'}$$

Zum Beweise nimmt man an, G sei der Kreis $\log |z| < \widetilde{M}$ mit dem reduzierten logarithmischen Flächeninhalt $2\pi\widetilde{M}$. Mit $\widetilde{F}'$ bzw. F'' wird der logarithmische Flächeninhalt von G', bzw. von G'' bezeichnet, dann ist

$$2\pi (\widetilde{M}' + M'') \leqq \widetilde{F}' + F'' \leqq 2\pi\widetilde{M} .$$

Unter der gemachten Voraussetzung, daß G den Kreis $|z| < e^{\widetilde{M}}$ darstellt, kann das Gleichheitszeichen nur dann stehen, wenn G' der Kreis $\log|z| < \widetilde{M}'$ und G'' der Kreisring $\widetilde{M}' < \log|z| < \widetilde{M}$ ist.

b) Sind G' und G'' punktfremde, einfach zusammenhängende Gebiete, wobei G' den Punkt $z = 0$ und G'' den Punkt $z = \infty$ enthält, mit den reduzierten Moduln $\widetilde{M}'$ und $\widetilde{M}''$, dann gilt

$$\widetilde{M}' + \widetilde{M}'' \leqq 0 . \tag{1,8}$$

Gleichheit besteht nur, wenn $G' : |z| < R$ und $G'' : |z| > R$ sind.

Beweis: Liegt $|z| = \varrho$ ganz in G' und $|z| = \mathsf{P}$ ganz in G'', so ist

$$\widetilde{M}' \leqq F_\varrho' + 2\pi \log \varrho \tag{1,9}$$

$$\widetilde{M}'' \leqq F_\mathsf{P}'' - 2\pi \log \mathsf{P} . \tag{1,9'}$$

Addition auf beiden Seiten der Ungleichungen ergibt

$$\widetilde{M}' + \widetilde{M}'' \leqq F_\varrho' + F_\mathsf{P}'' - 2\pi \, (\log \mathsf{P} - \log \varrho) \leqq 0 ,$$

weil F_ϱ' und F_P'' die logarithmischen Flächeninhalte von fremden Teilen des Kreisringes $\varrho < |z| < \mathsf{P}$ sind.

Soll in der Relation (1,8) das Gleichheitszeichen auftreten, dann muß es auch in (1,9) stehen, d. h. G' ist ein Kreis $|z| < R'$, weiter muß es auch in (1,9') gelten, d. h. G'' ist ein Kreis $|z| > R''$ und drittens muß das Gleichheitszeichen in $F_\varrho' + F_\mathsf{P}'' \leqq 2\pi\,(\log \mathsf{P} - \log\varrho)$ stehen, woraus folgt, daß $R' = R''$ ist.

1.9. Das Normalgebiet von Grötzsch. Im folgenden wird auf einige Verzerrungssätze hingewiesen, die den Zusammenhang zwischen der Modulgröße und der geometrischen Gestalt des Gebietes weiter beleuchten.

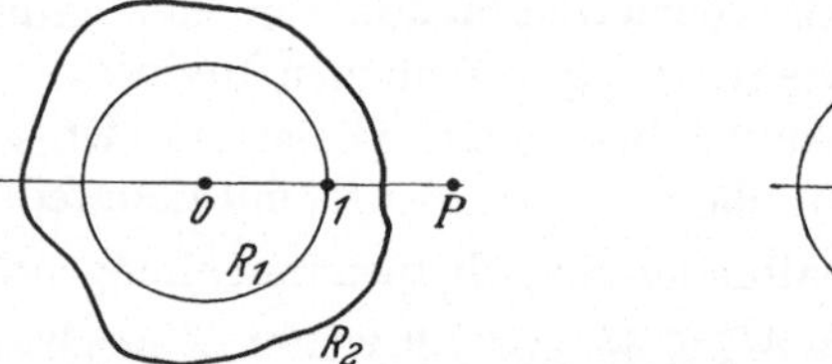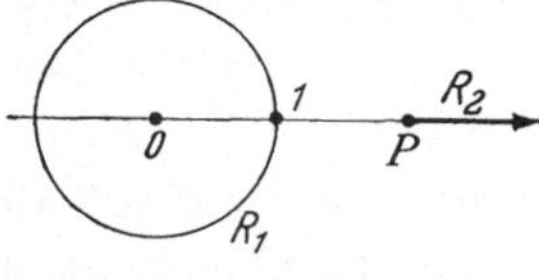

Fig. 3

G sei ein eigentliches Ringgebiet mit den Randkomponenten $R_1 : |z| = 1$ und R_2, wobei R_2 die Randkomponente R_1 von $z = \infty$ trennt. Der Punkt $z = \mathsf{P} > 1$ sei nicht in G enthalten. G_P bezeichne das Normalgebiet von Grötzsch, bei dem R_2 mit dem geradlinigen Schlitz $\mathsf{P} > 1$ bis ∞ zusammenfällt (Fig. 3). Dann gilt, wenn M der Modul von G und $\log\varPhi(\mathsf{P})$ derjenige von G_P ist

$$M \leqq \log\varPhi(\mathsf{P}) . \tag{1,10}$$

Das Gleichheitszeichen steht nur dann, wenn G und G_P zusammenfallen.

Für eine Beweisskizze bildet man das Extremalgebiet G_P konform auf $1 < |w| < R = \Phi(P)$ ab. Durch Spiegelung am Schlitz $z = P$ bis ∞ und an dem entsprechenden Kreis $|w| = R$ erhält man eine konforme Abbildung desselben G_P auf den Kreisring $R < |w| < R^2$. Durch kreuzweises Verheften zweier Exemplare von G_P ergibt sich eine konforme Abbildung dieser Riemannschen Fläche auf $1 < |w| < R^2$. Nach dem Monodromiesatz erkennt man, daß die beiden Zweige von $w = f(z)$ in G eindeutig sind; sie bilden G auf zwei punktfremde Ringgebiete im Kreisring $1 < |w| < R^2$ ab, von denen jedes einen der Kreise $|w| = 1$, $|w| = R^2$ als Randkontinuen hat. Beide Gebiete besitzen den Modul M, also gilt nach (1,4), daß die Summe $2M$ höchstens gleich dem Modul $2 \log \Phi(P)$ des Kreisringes $1 < |w| < R^2$ ist und nur dann Gleichheit besteht, wenn die w-Bilder von G Kreisringe mit dem Modul $\log \Phi(P)$ sind, also $G = G_P$ ist.

Bildet man G_P auf den oben erwähnten Kreisring $1 < |w| < \Phi(P)$ konform ab, so erhält man unter Zuhilfenahme von elliptischen Integralen

$$\log \Phi(P) = 2\pi \frac{K(k)}{K'(k)} \tag{1,11}$$

mit

$$K(k) = \int_0^1 \frac{dx}{\sqrt{(1-x^2)(1-k^2 x^2)}} \; ; \quad K'(k) = K(\sqrt{1-k^2}) \text{ und } k = \left(\frac{\sqrt{P}-1}{\sqrt{P}+1}\right)^2.$$

Aus

$$\lim_{k \to 1} K'(k) = \frac{\pi}{2}$$

und

$$\lim_{k \to 1} \sqrt{1-k^2}\, e^{K(k)} = 4$$

folgt dann die wichtige Relation

$$\lim_{P \to \infty} \frac{\Phi(P)}{P} = 4\,, \tag{1,12}$$

dabei strebt $\Phi(P)/P$ monoton wachsend gegen 4. Eine weitere Rechnung zeigt, daß

$$\frac{4P}{1 + \dfrac{1}{2(P-1)}} < \Phi(P) < 4P \tag{1,13}$$

gilt.

1.10. Das Normalgebiet von Teichmüller. Enthält von den beiden Komplementärkontinuen eines Ringgebietes G das eine 0 und $\varrho\, e^{i\varphi}$, das andere ∞ und $P e^{i\vartheta}$, so ist der Modul höchstens gleich $\log \Psi\left(\dfrac{P}{\varrho}\right)$, also

$$M \leq \log \Psi\left(\frac{P}{\varrho}\right). \tag{1,14}$$

Hier ist $\log \Psi\left(\dfrac{P}{\varrho}\right)$ der Modul der von $-\varrho$ bis 0 und von P bis ∞ längs der reellen Achse aufgeschlitzten Ebene. Diese aufgeschlitzte Ebene bezeichnet man als Teichmüllersches Normalgebiet. Gleichheit gilt in (1,14) nur für solche Gebiete, für die $e^{i\varphi} = -e^{i\vartheta}$, d. h. G ist längs einer Geraden aufgeschlitzt von $\varrho e^{i\varphi}$ bis 0 und von $P e^{i\vartheta}$ bis ∞.

Man kann diesen Satz ähnlich beweisen wie den vorhergehenden spezielleren, indem man vorübergehend das ∞ enthaltende Komplementärkontinuum zu G hinzunimmt. Das neue, einfach zusammenhängende Gebiet wird konform auf $|s| > 1$ so abgebildet, daß ∞ in ∞ übergeht. Bei dieser Abbildung entspricht G einem Bildgebiet, das seine eine Randkomponente $|s| = 1$ von ∞ trennt. Nachher bildet man dieses Ringgebiet noch konform auf $0 < \log|w| < M$ ab, daraus aber folgt die Behauptung.

Mit Hilfe der Zwischenabbildung auf die s-Ebene läßt sich $\Psi\left(\dfrac{P}{\varrho}\right)$ näher abschätzen. Die von $-\varrho$ bis 0 geradlinig aufgeschlitzte z-Ebene wird auf $|s| > 1$ durch

$$z = \frac{\varrho\,(s-1)^2}{4\,s} \qquad s = 1 + \frac{2\,z}{\varrho}\left(1 + \sqrt{1 + \frac{\varrho}{z}}\right)$$

so konform abgebildet, daß ∞ in ∞ übergeht. Dem Punkt $z = P$ entspricht dabei

$$s = 1 + \frac{2\,P}{\varrho}\left(1 + \sqrt{1 + \frac{\varrho}{P}}\right)$$

und G geht dann in das von dort bis ∞ längs der reellen Achse aufgeschlitzte Äußere des Einheitskreises über, und es ist somit

$$\Psi\left(\frac{P}{\varrho}\right) = \Phi\left(1 + \frac{2\,P}{\varrho}\left\{1 + \sqrt{1 + \frac{\varrho}{P}}\right\}\right). \tag{1,15}$$

Eine andere Berechnung führt auf

$$\Psi\left(\frac{P}{\varrho}\right) = \left[\Phi\left(\sqrt{\frac{\varrho + P}{\varrho}}\right)\right]^2. \tag{1,15$'$}$$

Nach (1,12) schließt man aus (1,15) und (1,15$'$) auf

$$\lim_{P/\varrho \to \infty} \frac{\Psi\left(\dfrac{P}{\varrho}\right)}{\dfrac{P}{\varrho}} = 16. \tag{1,15$''$}$$

Für eine obere Abschätzung von Ψ gilt weiter

$$\Psi\left(\frac{P}{\varrho}\right) < 4 + \frac{8\,P}{\varrho}\left(1 + \sqrt{1 + \frac{\varrho}{P}}\right) < 16\,\frac{P}{\varrho} + 8. \tag{1,15$'''$}$$

Eine Berechnung für den Fall $\varrho = P$ führt auf $\Psi(1) = \pi$. Setzt man voraus, daß $\dfrac{P}{\varrho} \leq 1$, d. h. daß kein Kreis $|z| = c$ existiert, der ganz in G

verläuft, so folgt aus diesen Voraussetzungen

$$M \leqq \log \Psi \left(\frac{P}{\varrho}\right) \leqq \log \Psi (1) = \pi \, . \qquad (1,16)$$

Das heißt umgekehrt, daß im Innern eines schlichten konformen Bildes eines konzentrischen Kreisringes mit einem Radienquotienten $> e^{\pi}$, das 0 und ∞ trennt, stets eine Kreisperipherie mit dem Zentrum 0 verläuft.

Für weitere Abschätzungen des Moduls durch geometrische Größen des Gebietes G sei auf SARIO [1] verwiesen.

1.11. Das Normalgebiet von Mori. Bei vorgegebenem $\lambda \ (0 < \lambda \leqq 2)$ bezeichnet man mit A_λ den Ring, dessen zwei Komplementärkontinuen aus

$$\left\{z; \ |z| = 1, \ |\arg z| \leqq \sin^{-1}\frac{\lambda}{2}\right\}$$

und

$$\{z; \ - \infty \leqq \Re z \leqq 0, \ \Im z = 0\}$$

bestehen und schreibt

$$\operatorname{mod} A_\lambda = \log X (\lambda) \, . \qquad (1,17)$$

Dann gilt nach MORI [2] der

Satz: Es sei A ein Ring in der z-Ebene und Γ, Γ' seine beiden Komplementärkontinuen. Unter der Voraussetzung

$$\operatorname{diam} [\Gamma \cap \{|z| \leqq 1\}] \geqq \lambda > 0 \, ,$$

$$\Gamma' \ni z = 0 \, , \quad z = \infty$$

wird

$$\operatorname{mod} A \leqq \operatorname{mod} A_\lambda \, . \qquad (1,18)$$

Weiter ist

$$X (\lambda) = \Phi \left\{\frac{2}{\lambda} \ \sqrt{2 + \sqrt{4 - \lambda^2}}\right\}$$
$$= \Phi \left\{\frac{2}{\sqrt{2 - \sqrt{4 - \lambda^2}}}\right\} \qquad (1,19)$$

und

$$\lambda X (\lambda) \uparrow 16 \quad \text{wenn} \quad \lambda \to + 0 \, . \qquad (1,20)$$

Beweis: Es bedeutet keine Einschränkung anzunehmen, daß $z = 1$ und ein Punkt $z_0 \ (|z_0| \leqq 1, \ |z_0 - 1| \geqq \lambda)$ in Γ enthalten seien. Dann wird die Riemannsche Fläche F der analytischen Funktion $\zeta = \sqrt{z}$ über der z-Ebene gebildet. B bezeichne den Ring, der durch Elimination der beiden Bilder von Γ auf F erhalten wird. Da B diese beiden Bilder von A enthält, wobei jedes die Randkontinuen von B trennt, so gilt nach TEICHMÜLLER [2]

$$\operatorname{mod} A \leqq \tfrac{1}{2} \operatorname{mod} B \, . \qquad (1,21)$$

Jetzt wird versucht, $\operatorname{mod} B$ zu maximieren. Dazu erfährt F eine Abbildung in die w-Ebene durch $\zeta^2 = z$ und $w = i\dfrac{1-\zeta}{1+\zeta}$. Für z_0 sei das Bild $w_0 = \varrho_0 e^{i\varphi_0}$ $(0 \le \varphi_0 \le \pi)$ und $w_0' = \varrho_0' e^{i\varphi_0'}$ $(0 \le \varphi_0' \le \pi)$, dann wird

$$0 < \lambda \le |z_0 - 1| = \left| \left(\frac{i - \varrho_0 e^{i\varphi_0}}{i + \varrho_0 e^{i\varphi_0}} \right)^2 - 1 \right| = \frac{4\,\varrho_0}{1 + 2\,\varrho_0 \sin\varphi_0 + \varrho_0^2}$$

und

$$0 < \lambda \le \frac{4\,\varrho_0}{1 + \varrho_0^2}\,.$$

Weiter folgt

$$\varrho_1 \le \varrho_0 \le \varrho_2 \tag{1,22}$$

mit

$$\varrho_1 = \frac{2 - \sqrt{4 - \lambda^2}}{\lambda}\,, \qquad \varrho_2 = \frac{2 + \sqrt{4 - \lambda^2}}{\lambda}$$

und entsprechend gilt

$$\varrho_1 \le \varrho_0' \le \varrho_2\,. \tag{1,23}$$

Aus (1,22) und (1,23) schließt man nach Abschnitt 1.10, daß

$$\operatorname{mod} B \le \log \Psi \left(\frac{\varrho_2}{\varrho_1} \right) = \log \Psi \left(\frac{(2 + \sqrt{4 - \lambda^2})^2}{\lambda^2} \right) \tag{1,24}$$

ist, wobei das Gleichheitszeichen dann und nur dann gilt, wenn die beiden Bilder von Γ den Segmenten

$$-\varrho_1 \le \mathfrak{Re}\,w \le 0\,, \quad \mathfrak{Im}\,w = 0 \quad \text{und} \quad \varrho_2 \le \mathfrak{Re}\,w \le +\infty\,, \quad \mathfrak{Im}\,w = 0$$

oder

$$-\infty \le \mathfrak{Re}\,w \le -\varrho_2\,, \quad \mathfrak{Im}\,w = 0 \quad \text{und} \quad 0 \le \mathfrak{Re}\,w \le \varrho_1\,, \quad \mathfrak{Im}\,w = 0$$

entsprechen.

In der Formel (1,21) steht das Gleichheitszeichen dann und nur dann, wenn Γ'' auf $|Z| = \sqrt{q}$ vermittels einer konformen Abbildung bezogen wird, welche B auf den Kreisring $q < |Z| < 1$ abbildet (vgl. TEICHMÜLLER [2]). Dies aber trifft nur zu, wenn Γ'' aus der negativen reellen Achse besteht. Für diesen Fall gilt

$$\operatorname{mod} A = \tfrac{1}{2} \operatorname{mod} B = \tfrac{1}{2} \log \Psi \left(\frac{(2 + \sqrt{4 - \lambda^2})^2}{\lambda^2} \right)$$

und auch

$$A = A_\lambda\,,$$

so daß

$$\log X(\lambda) = \operatorname{mod} A_\lambda = \tfrac{1}{2} \log \Psi \left(\frac{(2 + \sqrt{4 - \lambda^2})^2}{\lambda^2} \right) \tag{1,25}$$

wird.

Die erste Behauptung folgt jetzt sofort aus (1,21), (1,24) und (1,25). Weiter ergibt sich (1,19) aus (1,25) und (1,15'). Aus (1,19) erhält man

$$\lambda X(\lambda) = 2\sqrt{2 + \sqrt{4 - \lambda^2}}\ \frac{\Phi\left(\frac{2}{\lambda}\sqrt{2 + \sqrt{4 - \lambda^2}}\right)}{\frac{2}{\lambda}\sqrt{2 + \sqrt{4 - \lambda^2}}}, \qquad (1,26)$$

(1,15') und (1,26) führen dann auf

$$\lambda X(\lambda) \uparrow 16 \quad \text{für} \quad \lambda \to +0.$$

1.12. Die Funktion $\nu(r)$. Für zahlreiche Untersuchungen in den folgenden Kapiteln ist es nützlich, nach dem Vorschlag von HERSCH [2] an Stelle der Funktion $\Phi(P)$ eine entsprechende modifizierte Relation $\nu(r)$ einzuführen. Man versteht unter $2\pi\nu(r)$; $(0 \leq r < 1)$ den Modul des zweifach zusammenhängenden Gebietes, dessen eine Kontur aus dem Einheitskreis $|z| = 1$ und die andere aus dem reellen Segment $0 \leq x \leq r$ besteht. Der Zusammenhang zwischen Φ und ν ist gegeben durch

$$\nu\left(\frac{1}{P}\right) = \frac{1}{2\pi} \log \Phi(P). \qquad (1,27)$$

Für $\nu(r)$ gelten die durch Ausrechnungen leicht zu bestätigenden Beziehungen:

a) $\nu(r)$ ist eine nicht negative monoton fallende Funktion.

b) $\nu(r) = \dfrac{1}{4}\dfrac{K'(r)}{K(r)}$ mit $K(r) = \displaystyle\int_0^1 \frac{dx}{\sqrt{(1 - x^2)(1 - r^2 x^2)}}$

und $K'(r) = K(\sqrt{1 - r^2})$.

c) $\nu(r)\,\nu(\sqrt{1 - r^2}) \equiv {}^1\!/_{16}$.

d) $2\nu(r) = \nu[(1 - \sqrt{1 - r^2})^2/r^2]$; $\dfrac{\nu(r)}{2} = \nu\left(\dfrac{2\sqrt{r}}{1 + r}\right)$.

e) $\nu(r)\,\nu[(1 - r)/(1 + r)] \equiv {}^1\!/_8$.

f) $r \to 0 : \nu = \dfrac{1}{2\pi}\log\dfrac{4}{r} + O(r^2)$.

g) $r \to 1; \dfrac{\pi}{\nu(r)} = 4\log(8/(1 - r)) + O(1 - r)$.

h) $\log[(1 + \sqrt{1 - r})^2/r] \leq 2\pi\nu(r) \leq \log\left(\dfrac{4}{r}\right)$.

i) Speziell gilt $\nu\left(\dfrac{1}{\sqrt{2}}\right) = \dfrac{1}{4}$; $\nu(\sqrt{2} - 1) = \dfrac{1}{2\sqrt{2}}$.

1.13. Der Modul eines Vierecks. Der Modulbegriff läßt sich sinngemäß auf orientierte Vierecke übertragen. Dabei versteht man unter einem orientierten Viereck $\Omega(z_1, z_2, z_3, z_4)$ ein einfach zusammenhängendes Jordangebiet Ω, bei dem 4 verschiedene Randpunkte z_1, z_2, z_3, z_4 (seine Ecken) ausgezeichnet sind, deren Anordnung dem positiven Umlaufssinn der Randkurve entspricht.

Das Viereck läßt sich konform auf einen Kreis abbilden und dieser wieder vermittels eines elliptischen Integrals 1. Gattung auf ein Rechteck $0 < \xi < m,\, 0 < \eta < 2\pi$ der $\zeta = \zeta + i\,\eta$-Ebene. Dabei müssen natürlich z_1, z_2, z_3, z_4 den Ecken des Rechtecks entsprechen, m heißt der Modul des Rechtecks. RENGEL [1], GRÖTZSCH [1] und TEICHMÜLLER [2] betrachten in einem Viereck mit dem Inhalt F und den Ecken z_1, z_2, z_3 und z_4 alle rektifizierbaren Kurven α der Länge $L(\alpha)$, bzw. β der Länge $L(\beta)$, die die Seiten $z_1 z_2$ mit $z_3 z_4$, bzw. $z_2 z_3$ mit $z_1 z_4$ verbinden. Weiter sei

$$L\{\alpha\} = \inf_{\alpha} L(\alpha)\,, \quad L\{\beta\} = \inf_{\beta} L(\beta)\,.$$

$\zeta(z)$ bilde das Viereck in ein Rechteck ab mit der Eckenzuordnung

$$z_1 \leftrightarrow \zeta_1 = 0,\, z_2 \leftrightarrow \zeta_2 = a,\, z_3 \leftrightarrow \zeta_3 = a + ib,\, z_4 \leftrightarrow \zeta_4 = ib,\, (\zeta = \xi + i\,\eta)\,.$$

Aus

$$L\{\alpha\} \leqq \int_0^b \left| \frac{dz}{d\zeta} \right| d\eta$$

folgt nach der Schwarzschen Ungleichung

$$\frac{a}{b} \leqq \frac{F}{L^2\{\alpha\}} \quad \text{und} \quad \frac{b}{a} \leqq \frac{F}{L^2\{\beta\}} \tag{1,28}$$

oder

$$L\{\alpha\}\, L\{\beta\} \leqq F\,. \tag{1,29}$$

Das Gleichheitszeichen gilt nur dann, wenn das Viereck ein Rechteck ist mit den Seiten a und b.

1.14. Moduln und extremale Längen. Für viele Anwendungen ist es zweckmäßig, den Modul eines Gebietes mit Hilfe der extremalen Länge dieser Kurvenschar auszudrücken. Dazu wird in einem Gebiet G der z-Ebene eine Schar $\{\gamma\}$ von streckbaren Kurven γ betrachtet. Unter allen nicht negativen Funktionen $\varrho(x, y) = \varrho(z)$ wählt man diejenigen aus, die in G quadratisch integrierbar sind, für die $\int_\gamma \varrho(z)\,|dz|$ existiert, so daß

$$\int_\gamma \varrho(z)\,|dz| \geqq 1 \tag{1,30}$$

ist. Für diese bildet man

$$\inf_{\varrho} \iint_G \varrho^2\, dx\, dy = \frac{1}{\lambda} \tag{1,31}$$

und nennt λ die extremale Länge der Kurvenschar $\{\gamma\}$. λ ist eine konforme Invariante.

Werden jetzt diese Überlegungen auf den Kreisring $1 < |z| = r < R$ angewendet und betrachtet man alle Kurven γ, die $|z| = 1$ von $|z| = R$ trennen und dazu alle durch $\varrho(z)$ definierten Metriken für die (1,30) gilt, so folgt für

$$\varrho_0(z) = \frac{1}{2\pi r}\,, \quad \text{daß} \quad \lambda = \frac{2\pi}{\log R}\,.$$

Beweis: Es ist

$$0 \leq \int\limits_1^R \int\limits_0^{2\pi} (\varrho - \varrho_0)^2 \, dx \, dy = \int\limits_1^R \int\limits_0^{2\pi} \varrho^2 \, dx \, dy - 2 \int\limits_1^R \int\limits_0^{2\pi} \varrho \varrho_0 \, dx \, dy + \frac{\log R}{2\pi}.$$

Aus

$$\int\limits_1^R \int\limits_0^{2\pi} \varrho \varrho_0 r \, dr \, d\varphi = \int\limits_1^R \varrho_0 \left\{ \int\limits_0^{2\pi} \varrho \, r \, d\varphi \right\} dr \geq \int\limits_1^R \varrho_0 \, dr = \frac{\log R}{2\pi}$$

folgt die Behauptung.

$$\frac{\log R}{2\pi} \leq \int\limits_1^R \int\limits_0^{2\pi} \varrho^2 \, dx \, dy. \tag{1,32}$$

$\varrho_0 (z)$ wird eine extremale Metrik genannt, denn jede andere Metrik, die in (1,32) das Gleichheitszeichen bewirkt, stimmt fast überall mit ϱ_0 überein (vgl. RENGGLI [1]). Für ein beliebiges Ringgebiet gilt ebenfalls

$$\log R = M \leq 2\pi \iint\limits_G \varrho^2 \, dx \, dy. \tag{1,32'}$$

Es ist möglich, die in 1.5. bis 1.8. gefundenen Moduleigenschaften auch mit Hilfe der extremalen Längen zu beweisen.

Natürlich läßt sich auch für das Viereck ein einfacher Zusammenhang zwischen der extremalen Länge und dem Modul finden.

Zur Klasse $\{\alpha\}$ sollen alle rektifizierbaren Kurven gehören, die die Seite $z_1 z_2$ mit $z_3 z_4$ verbinden. Weiter muß für alle α die Integralbedingung (1,30) erfüllt sein. Die Funktion $\zeta (z)$ bilde das Viereck in das Rechteck $0 < \xi < \mu$, $0 < \eta < 1$ der ζ-Ebene ab. Dabei geht eine zulässige Metrik $\varrho (z)$ in eine entsprechende zulässige $\varrho (\zeta)$ über. Jetzt ist

$$0 \leq \int\limits_0^\mu \int\limits_0^1 (\varrho - 1)^2 \, d\xi \, d\eta \leq \int\limits_0^\mu \int\limits_0^1 \varrho^2 \, d\xi \, d\eta - \mu,$$

also

$$\mu \leq \int\limits_0^\mu \int\limits_0^1 \varrho^2 \, d\xi \, d\eta.$$

Da aber für $\varrho (\zeta) \equiv 1$ das Gleichheitszeichen steht, so gilt

$$\lambda \{\alpha\} = \frac{1}{\mu} = \frac{2\pi}{m}. \tag{1,33}$$

Damit ist der erwähnte Zusammenhang zwischen der extremalen Länge $\lambda\{\alpha\}$ der Kurvenschar $\{\alpha\}$ und dem Modul m des Vierecks gefunden. Vgl. hierzu auch JENKINS [1], AHLFORS und BEURLING [1].

1.15. DIRICHLET-Integral und Modul. Im Ringgebiet G mit den Randkurven Γ_0 und Γ_1 werden alle eindeutigen harmonischen Funktionen

$u(z)$ betrachtet, die der Nebenbedingung

$$\int_\Gamma \frac{\partial u}{\partial n}\, ds = 2\pi \tag{1,34}$$

genügen, wenn Γ eine glatte Kurve im Ringgebiet darstellt, die Γ_0 von Γ_1 trennt und n ihre innere Normale bedeutet.

Das DIRICHLET-Integral

$$D(u) = \iint_G (u_x^2 + u_y^2)\, dx\, dy \tag{1,35}$$

wird dann und nur dann zum Minimum, wenn $u(z)$ auf Γ_0 und Γ_1 je einen konstanten Wert hat. Ist $v_0(z)$ die zur Extremalen $u_0(z)$ konjugiert harmonische Funktion, so bildet bekanntlich

$$w(z) = e^{u_0(z) + i\, v_0(z)}$$

G schlicht und konform in einen Kreisring $1 < |w| < e^M$ ab, vorausgesetzt, daß $u_0(z)$ auf Γ_0 zu Null normiert ist. Ist M der Modul von G, so gilt für die Extremale

$$M = \frac{1}{2\pi} D(u_0)\,. \tag{1,36}$$

Nach einer Verallgemeinerung von PFLUGER [4] betrachtet man ein Gebiet, dessen Rand aus n Kurven Γ_1', Γ_2', ..., Γ_n' zusammengesetzt ist. Die Randkurven Γ_ι' werden in 2 Klassen Γ_0 und Γ_1 geteilt, wobei Γ_0 aus Γ_1', Γ_2', ..., Γ_μ' und Γ_1 aus $\Gamma_{\mu+1}'$, $\Gamma_{\mu+2}'$, ..., Γ_n' bestehen mögen. Unter der Nebenbedingung analog zu (1,34) wird für alle in G eindeutigen harmonischen Funktionen $u(z)$ das DIRICHLET-Integral (1,35) dann und nur dann zum Minimum, wenn $u(z)$ auf Γ_0 und auf Γ_1 je einen konstanten Wert annimmt. Entsprechend zu (1,36) bezeichnet man

$$M = \frac{1}{2\pi} D(u_0) \tag{1,36'}$$

als den Modul des Ringes (Γ_0, Γ_1). Dieser stimmt bei zweifachem Zusammenhang mit dem klassischen Modul überein.

1.16. Die beiden Teichmüllerschen Modulsätze. Für gewisse Untersuchungen in der Theorie der quasikonformen Abbildungen sind die beiden von TEICHMÜLLER [2] stammenden Modulsätze von Bedeutung. Man betrachtet dazu den Kreisring G: $r < |z| < R$ mit dem Modul $M = \log R - \log r$. In G mögen zwei punktfremde Ringgebiete G' und G'' liegen, die beide 0 von ∞ trennen. Für ihre Moduln gilt nach (1,4) die Ungleichung $M' + M'' \leqq M$. Steht das Gleichheitszeichen, so entstehen G' und G'' aus G durch Zerschneiden längs $|z| = \varrho$ $(r < \varrho < R)$. Man sollte jetzt annehmen, daß schon dann, wenn $M' + M''$ sich wenig von $M = \log R/r$ unterscheidet, G' und G'' sich auch wenig von Kreisringen abheben. In der präzisen Fassung lautet der

1. Modulsatz: Zu jedem $\varepsilon > 0$ gibt es ein $\delta > 0$, so daß unter den oben erwähnten Voraussetzungen aus

$$M' + M'' \geqq M - \delta$$

folgt, daß jeder durch G' von 0 und durch G'' von ∞ getrennte Punkt dem Kreisring

$$\log r + M' - \varepsilon \leqq \log |z| \leqq \log R - M'' + \varepsilon \qquad (1,37)$$

angehört.

Der zuletzt erwähnte Kreisring zieht sich für $\delta \to 0$, $\varepsilon \to 0$ auf den Kreis

$$\log |z| = \log r + M' = \log R - M''$$

zusammen.

Dieser 1. Modulsatz weist, wie man leicht erkennt, eine Gleichmäßigkeitsaussage auf, indem δ nur von ε abhängt, nicht aber von r und R. Um diesen Satz zu beweisen, formuliert man zweckmäßig zuerst den 2. Modulsatz, der einen spezielleren Charakter hat, aus dem sich dann der allgemeinere leicht herleiten läßt.

2. Modulsatz: Zu jedem $\varepsilon > 0$ gibt es ein $\delta(\varepsilon) > 0$ mit folgender Eigenschaft: Sind G_0 und G_∞ zwei fremde einfach zusammenhängende Gebiete, von denen G_0 den Punkt 0 und G_∞ den Punkt ∞ enthält und sind $\widetilde{M}_0$ und $\widetilde{M}_\infty$ ihre reduzierten Moduln, dann folgt aus

$$\widetilde{M}_0 + \widetilde{M}_\infty \geqq -\delta \,,$$

daß alle Punkte, die weder in G_0, noch in G_∞ liegen, dem Kreisring

$$\widetilde{M}_0 - \varepsilon \leqq \log |z| \leqq -\widetilde{M}_\infty + \varepsilon$$

angehören.

Beweis: Dieser speziellere Satz wird indirekt bewiesen, indem man annimmt, die Behauptung sei falsch und es gäbe eine Folge von Paaren $G_0^{(n)}$ und $G_\infty^{(n)}$ einfach zusammenhängender Gebiete, wo $G_0^{(n)}$ den Punkt 0 und $G_\infty^{(n)}$ den Punkt ∞ enthielte, mit den Moduln $\widetilde{M}_0^{(n)}$ und $\widetilde{M}_\infty^{(n)} = 0$ (die letzte Festlegung ergibt sich durch eine Transformation $z = a z'$), wo $\lim_{n \to \infty} M_0^{(n)} = 0$ wäre und trotzdem entweder alle $G_0^{(n)}$ den Kreis $\log |z| < \widetilde{M}_0^{(n)} - \varepsilon \, (\leqq -\varepsilon)$ oder alle $G_\infty^{(n)}$ das Gebiet $\log |z| > \varepsilon$ nicht ganz enthielten. Dies führt aber auf einen Widerspruch.

Der 1. Modulsatz folgt nun aus dem zweiten, indem man G' zu einem Gebiet $G_0 = G' + \overline{G}'$ erweitert, wobei $\overline{G}'$ das zu G' gehörige Komplementärkontinuum ist, welches $z = 0$ enthält. Entsprechend wird G'' zu G_∞ ergänzt. Nach der Definition der reduzierten Moduln gilt: $\widetilde{M}_0 \geqq M' + \log r$ und $\widetilde{M}_\infty \geqq M'' - \log R$, also $\widetilde{M}_0 + \widetilde{M}_\infty \geqq M' + M'' - \log R/r$. Zu einem beliebigen $\varepsilon > 0$ sei $\delta(\varepsilon)$ das δ des speziellen Modulsatzes, dann folgt aus

$$M' + M'' \geqq \log \frac{R}{r} - \delta(\varepsilon) \,; \quad \widetilde{M}_0 + \widetilde{M}_\infty \geqq -\delta(\varepsilon) \,.$$

Die Punkte, die weder zu G_0 noch zu G_∞ gehören, liegen also im Kreisring

$$\widetilde{M}_0 - \varepsilon \leq \log |z| \leq -M_\infty + \varepsilon$$

und somit erst recht im Kreisring (1,37). Damit ist die Behauptung bewiesen. Man erkennt auch, daß diese beiden Modulsätze die Aussagen a) und b) des Abschnittes 1.5 wesentlich erweitern.

Es ist TEICHMÜLLER auch gelungen, nicht nur die bloße Existenz des zu ε gehörenden δ nachzuweisen, sondern mit Methoden, die man auch bei GRÖTZSCH antrifft, das δ asymptotisch zu berechnen durch

$$\delta = \frac{\varepsilon^2}{\log \dfrac{1}{\varepsilon}} \left(1 + o\left(1\right)\right).$$

1.17. Anwendung der Modulsätze. In der Funktionentheorie interessiert man sich öfters für gewisse Ausschöpfungen der komplexen Ebene durch Scharen von geschlossenen Kurven. Es stellt sich dann die Frage, unter welchen Bedingungen diese Kurvenscharen nahezu kreisförmig werden. Hierzu bezeichnet man mit t einen reellen Parameter, der stetig auf dem Intervall $0 \leq t_0 \leq t < \infty$ variiert. Jedem Parameterwert t ist eine einfach geschlossene Jordankurve $C(t)$ in einer z-Ebene zugeordnet, die $z = 0$ umschließt. Für $t_1 < t_2$ soll $C(t_2)$ stets $C(t_1)$ von ∞ trennen. $C(t_1)$ und $C(t_2)$ seien punktfremd. $M(t_1, t_2)$ bezeichne den Modul des von $C(t_1)$ und $C(t_2)$ begrenzten Ringgebietes $R(t_1, t_2)$. Für $t_1 < t_2 < t_3$ gilt dann die Ungleichung

$$M(t_1, t_3) \geq M(t_1, t_2) + M(t_2, t_3) .$$

Setzt man noch für

$$r_1(t) = \operatorname*{Min}_{z \in C(t)} |z| , \quad r_2(t) = \operatorname*{Max}_{z \in C(t)} |z|$$

und

$$\omega(t) = \log \frac{r_2(t)}{r_1(t)} ,$$

so beweist TEICHMÜLLER [2] den

Satz: Eine notwendige und hinreichende Bedingung dafür, daß die $C(t)$ für $t \to \infty$ nahezu kreisförmig werden, d. h. daß $\lim_{t \to \infty} \omega(t) = 0$ wird, findet man in der Grenzbeziehung

$$\lim_{\substack{t_1 \to \infty \\ t_1 < t_2 < t_3}} \{M(t_1, t_3) - M(t_1, t_2) - M(t_2, t_3)\} = 0 .$$

Beweis für die notwendige Bedingung: Für $t_1 < t_2 < t_3$ enthält das Ringgebiet $R(t_1, t_2)$ den Kreisring $r_2(t_1) < |z| < r_1(t_2)$, wenn überhaupt $r_2(t_1) < r_1(t_2)$ ist. Entsprechend enthält das Ringgebiet $R(t_2, t_3)$ den

Kreisring $r_2(t_2) < |z| < r_1(t_3)$. Andererseits ist das Ringgebiet $R(t_1, t_3)$ in dem Kreisring $r_1(t_1) < |z| < r_2(t_3)$ enthalten. Es gilt

$$
\begin{aligned}
M(t_1, t_3) &\leq \log r_2(t_3) - \log r_1(t_1) \;\Big|\; + \\
M(t_1, t_2) &\geq \log r_1(t_2) - \log r_2(t_1) \;\Big|\; - \\
M(t_2, t_3) &\geq \log r_1(t_3) - \log r_2(t_2) \;\Big|\; -
\end{aligned}
$$

$$
M(t_1, t_3) - M(t_1, t_2) - M(t_2, t_3) \leq \omega(t_1) + \omega(t_2) + \omega(t_3)
$$

Ist also $\lim\limits_{t_2 \to \infty} \omega(t_2) = 0$, so folgt die Behauptung.

Beweis für die hinreichende Bedingung: Setzt man umgekehrt voraus, daß zu jedem $\delta > 0$ eine Zahl T existiert, so daß aus $t_1 < t_2 < t_3$, $t_1 \geq T$, $M(t_1, t_2) \geq T$, $M(t_1, t_3) \geq T$ stets folgt

$$
M(t_1, t_3) \leq M(t_1, t_2) + M(t_2, t_3) + \delta\,,
$$

dann ist $\lim\limits_{t_2 \to \infty} \omega(t_2) = 0$.

Man bildet jetzt das Ringgebiet $R(t_1, t_3)$ durch $w = f_{t_3}(z)$ konform auf den Kreisring $0 < \log|w| < M(t_1, t_3)$ ab und bildet das Äußere von $C(t_1)$ durch $w = f_\infty(z)$ so auf $|w| > 1$ ab, daß ∞ in ∞ übergeht. Alle diese Abbildungen sind so normiert, daß ein bestimmter Punkt von $C(t_1)$ in $w = 1$ übergeht. Nach dem 1. Modulsatz geht $C(t_2)$ bei der Abbildung f_{t_3} in eine Kurve über, die dem Kreisring

$$
M(t_1, t_2) - \varepsilon \leq \log|w| \leq M(t_1, t_3) - M(t_2, t_3) + \varepsilon \leq M(t_1, t_2) + \delta(\varepsilon) + \varepsilon
$$

angehört. Da wegen der Normierungseigenschaft von f_{t_3} diese gegen f_∞ konvergieren, so liegt auch bei der Abbildung f_∞ das Bild von $C(t_2)$ im Kreisring

$$
M(t_1, t_2) - \varepsilon \leq \log|w| \leq M(t_1, t_2) + \delta(\varepsilon) + \varepsilon\,.
$$

Setzt man jetzt

$$
z = z(w) = aw + a_0 + \frac{a_{-1}}{w} + \cdots,
$$

dann liegt $C(t_2)$ nach dem Verzerrungssatz in dem Kreisring

$$
|a|\,\frac{(e^{M(t_1, t_2) - \varepsilon} - 1)^2}{e^{M(t_1, t_2) - \varepsilon}} \leq |z| \leq |a|\,\frac{(e^{M(t_1, t_2) + \delta(\varepsilon) + \varepsilon} + 1)^2}{e^{M(t_1, t_2) + \delta(\varepsilon) + \varepsilon}}\,.
$$

Daraus folgt für $\omega(t_2)$

$$
\omega(t_2) \leq \delta(\varepsilon) + 2\varepsilon + 2 \log \frac{1 + e^{-M(t_1, t_2) - \delta(\varepsilon) - \varepsilon}}{1 - e^{-M(t_1, t_2) + \varepsilon}}\,.
$$

Wegen $\delta(\varepsilon) \to 0$ für $\varepsilon \to 0$ und da man zudem t_1 und t_2 so wählt, daß $M(t_1, t_2)$ hinreichend groß wird, so fällt $\omega(t_2)$ beliebig klein aus.

Von weiterem Interesse ist auch das Verhalten von $r_1(t_2) \sim r_2(t_2)$. Wendet man die obigen Ergebnisse an, so folgt nach TEICHMÜLLER [2], daß unter der Voraussetzung von

$$|M(t_2, t_3) - (t_3 - t_2)| \leq \varphi(t_2) \quad \left\{ \begin{array}{l} \text{für } t_2 < t_3 \\ M(t_2, t_3) \geq K \end{array} \right.$$

mit

$$\lim_{t_2 \to \infty} \varphi(t_2) = 0$$

die beiden Grenzwerte

$$\lim_{t_2 \to \infty} (\log r_1(t_2) - t_2) = \lim_{t_2 \to \infty} (\log r_2(t_2) - t_2) = \alpha \tag{1,38}$$

existieren.

Zum Beweise setzt man $t_1 < t_2 < t_3$, $M(t_1, t_2) \geq K$ und $M(t_2, t_3) \geq K$. Dann gilt nach Voraussetzung

$$M(t_1, t_3) - (t_3 - t_1) \leq \varphi(t_1)$$
$$(t_2 - t_1) - M(t_1, t_2) \leq \varphi(t_1)$$
$$(t_3 - t_2) - M(t_2, t_3) \leq \varphi(t_2)$$

$$\overline{M(t_1, t_3) - M(t_1, t_2) - M(t_2, t_3) \leq 2\varphi(t_1) + \varphi(t_2)}$$

Ist t_1 hinreichend groß, so wird die rechte Seite beliebig klein. Nach dem speziellen Modulsatz folgt daraus, daß $\lim\limits_{t_2 \to \infty} \omega(t_2) = 0$ wird. Nun ist das von $C(t_1)$ und $C(t_2)$ begrenzte Ringgebiet in dem Kreisring $r_1(t_1) < |z| < < r_2(t_2)$ enthalten, und es enthält den Kreisring $r_2(t_1) < |z| < r_1(t_2)$, vorausgesetzt, daß $r_2(t_1) < r_1(t_2)$ ist. Nach 1.5. folgt aber:

$$\log r_1(t_2) - \log r_1(t_1) - \omega(t_1) \leq M(t_1, t_2) \leq \log r_1(t_2) + \omega(t_2) - \log r_1(t_1)$$

und

$$|M(t_1, t_2) - (\log r_1(t_2) - \log r_1(t_1))| \leq \text{Max} \{\omega(t_1), \omega(t_2)\}.$$

Wegen der Voraussetzung

$$|M(t_1, t_2) - (t_2 - t_1)| \leq \varphi(t_1)$$

ist

$$|(\log r_1(t_2) - t_2) - (\log r_1(t_1) - t_1)| \leq \varphi(t_1) + \text{Max} \{\omega(t_1), \omega(t_2)\}. \tag{1,39}$$

Entsprechend folgt für $t_1 < t_3$, $M(t_1, t_3) \geq K$

$$|(\log r_1(t_3) - t_3) - (\log r_1(t_1) - t_1)| \leq \varphi(t_1) + \text{Max} \{\omega(t_1), \omega(t_3)\}. \tag{1,40}$$

(1,39) und (1,40) ergeben

$$|(\log r_1(t_3) - t_3) - (\log r_1(t_2) - t_2)| \leq 2\varphi(t_1) + 2\,\text{Max}\{\omega(t_1), \omega(t_2), \omega(t_3)\}.$$

Wird t_1 so groß gewählt, daß $\varphi(t_1) \leq \dfrac{\varepsilon}{4}$ und $\omega(t_2) \leq \dfrac{\varepsilon}{4}$ ausfällt für $t_2 \geq t_1$ und setzt man weiter t_2 und t_3 so groß, daß $M(t_1, t_2) \geq K$ und $M(t_1, t_3) \geq K$ herauskommt, dann ist

$$|(\log r_1(t_3) - t_3) - (\log r_1(t_2) - t_2)| \leq \varepsilon.$$

Daraus ergibt sich aber die Konvergenz von

$$\lim_{t_2 \to \infty} (\log r_1 (t_2) - t_2) = \alpha$$

und es ist

$$\lim_{t_2 \to \infty} (\log r_2 (t_2) - t_2) = \lim_{t_2 \to \infty} \omega (t_2) + \lim_{t_2 \to \infty} (\log r_1 (t_2) - t_2) = \alpha .$$

Diese Beziehung bildet die geometrische Grundlage für den im Abschnitt 2.7. folgenden Teichmüller-Wittichschen Verzerrungssatz für quasikonforme Abbildungen.

2. Kapitel

Quasikonforme Homöomorphismen nach der Definition von Grötzsch

2.1. Stetige und stetig differenzierbare Abbildungen. Wird die Aufgabe gestellt, das Innere des Kreises $x^2 + y^2 < 1$ stetig auf die offene Ebene $u^2 + v^2 \neq \infty$ abzubilden, so ist das sicher möglich durch

$$u = \frac{x}{\sqrt{1 - x^2 - y^2}} , \qquad v = \frac{y}{\sqrt{1 - x^2 - y^2}} .$$

Diese Zuordnung ist zudem umkehrbar eindeutig, denn

$$x = \frac{u}{\sqrt{1 + u^2 + v^2}} , \qquad y = \frac{v}{\sqrt{1 + u^2 + v^2}} .$$

Man hat es hier mit einem Homöomorphismus zu tun, d. h. mit einer umkehrbar eindeutigen und stetigen Transformation, die den Einheitskreis einer z-Ebene auf eine im Unendlichen punktierte w-Ebene bezieht.

Für das Folgende interessiert man sich für allgemeine Homöomorphismen $w = h(z) = u(x, y) + iv(x, y)$, welche eine topologische und stetig differenzierbare Abbildung einer Umgebung der Stelle $z = z_0$ darstellen. Dies trifft zu, wenn die Funktionaldeterminate

$$J = u_x v_y - u_y v_x$$

für $z = z_0$ von Null verschieden ist; weiter wird $J > 0$ vorausgesetzt.

Für die soeben erläuterten Homöomorphismen wird jetzt für einen Punkt z_0 die erste Ableitung betrachtet, und zwar in einer bestimmten Richtung φ. Dabei kann man ausgehen von dem Differenzenquotienten

$$\Delta w / \Delta z \text{ und setzt } \Delta z = z - z_0, \ \Delta w = w(z) - w(z_0) .$$

Wegen der stetigen Differenzierbarkeit ist

$$\Delta u = u_x(\zeta) \Delta x + u_y(\zeta) \Delta y = u_x(z_0) \Delta x + u_y(z_0) \Delta y + o(1) (\Delta x + \Delta y) \qquad (2,1)$$

$$\Delta v = v_x(\zeta) \Delta x + v_y(\zeta) \Delta y = v_x(z_0) \Delta x + v_y(z_0) \Delta y + o(1) (\Delta x + \Delta y) . \qquad (2,1')$$

$(2,1)$ und $(2,1')$ gelten in einer ε-Umgebung von z_0, d. h. für $|z - z_0| < r(\varepsilon)$.

2*

Für den Differenzenquotienten

$$\frac{\Delta w}{\Delta z} = \frac{\Delta u + i\,\Delta v}{\Delta x + i\,\Delta y} = \frac{(u_x + i\,v_x)\,\Delta x + (u_y + i\,v_y)\,\Delta y}{\Delta x + i\,\Delta y} + o\,(1)$$

wird die Richtungsabhängigkeit eingeführt durch $\Delta x = r\cos\varphi$ und $\Delta y = r\sin\varphi$, was auf

$$\lim_{\Delta z \to 0} \frac{\Delta w}{\Delta z} = \frac{dw}{dz} = \frac{(u_x + i\,v_x)\cos\varphi + (u_y + i\,v_y)\sin\varphi}{\cos\varphi + i\sin\varphi}$$

führt. Die notwendige Bedingung für Richtungsunabhängigkeit erhält man bekanntlich, indem man zuerst $\varphi = 0$ setzt, so daß

$$\frac{dw}{dz} = u_x + i\,v_x$$

wird und nachher

$$\varphi = \frac{\pi}{2}\,,$$

so daß

$$\frac{dw}{dz} = -\,i\,u_y + v_y$$

herauskommt.

Also gilt

$$u_x = v_y \quad \text{und} \quad u_y = -v_x\,. \tag{2,2}$$

Umgekehrt kann man auch leicht zeigen, daß, wenn neben der gemachten Voraussetzung auch die Beziehung (2,2) erfüllt ist, die Abbildung eine bestimmte richtungsunabhängige Ableitung $\left.\dfrac{dw}{dz}\right|_{z\,=\,z_0}$ besitzt und daß $h\,(z)$ im Punkte $z = z_0$ eine eindeutige analytische Funktion darstellt.

Für den richtungsabhängigen Fall gilt weiter:

$$\left|\frac{dw}{dz}\right|^2 = (u_x^2 + v_x^2)\cos^2\varphi + 2\,(u_x u_y + v_x v_y)\sin\varphi\cos\varphi + (u_y^2 + v_y^2)\sin^2\varphi\,. \tag{2,3}$$

Der Ausdruck rechts in (2,3) wird abgekürzt geschrieben durch

$$\Phi\,(\varphi) = E\cos^2\varphi + 2F\sin\varphi\cos\varphi + G\sin^2\varphi$$

mit

$$E = u_x^2 + v_x^2\,, \quad F = u_x u_y + v_x v_y \quad \text{und} \quad G = u_y^2 + v_y^2\,.$$

Nimmt φ alle Werte zwischen 0 und 2π an, so weist die Funktion $\Phi\,(\varphi)$ ein Maximum M und ein Minimum m auf, so daß für alle φ gilt

$$m \leqq \left|\frac{dw}{dz}\right|^2 \leqq M\,.$$

Die Extremalwerte m und M erhält man, indem die quadratische Form für $\left|\dfrac{dw}{dz}\right|^2$ auf die Hauptachsenform gebracht wird und für die dann die zugehörige Säkulargleichung

$$\begin{vmatrix} E - \lambda & F \\ F & G - \lambda \end{vmatrix} = 0$$

aufzulösen ist. Die beiden reellen Wurzeln ergeben die Werte

$$\lambda_1 = m = \frac{E + G - \sqrt{(E+G)^2 - 4J^2}}{2}$$

$$\lambda_2 = M = \frac{E + G + \sqrt{(E+G)^2 - 4J^2}}{2}$$

$$J^2 = EG - F^2 \,.$$

(2,4)

Besonderes Interesse verdient der Quotient

$$D = \frac{\mathrm{Max} \left| \dfrac{dw}{dz} \right|}{\mathrm{Min} \left| \dfrac{dw}{dz} \right|} = \sqrt{\frac{M}{m}} \,.$$

(2,5)

Um diesen weiter explizite auszurechnen, setzt man nach (2,4)

$$M + m = E + G \quad \text{und} \quad mM = J^2 = EG - F^2 \,.$$

Dann ist

$$1 \leqq \frac{M + m}{2\sqrt{Mm}} = \frac{E + G}{2J} = \varkappa = \frac{1}{2} \left(\sqrt{\frac{M}{m}} + \sqrt{\frac{m}{M}} \right) \,.$$

Daraus aber folgt

$$D = \sqrt{\frac{M}{m}} = \varkappa + \sqrt{\varkappa^2 - 1} \,.$$

(2,6)

Um die geometrische Bedeutung des gefundenen Quotienten näher zu beleuchten, approximiert man die Abbildung $w = h(z)$ in der Umgebung des Punktes z_0 durch eine nicht ausgeartete affine Abbildung mit

$$u - u(z_0) = a\,\Delta x + b\,\Delta y$$
$$v - v(z_0) = c\,\Delta x + d\,\Delta y \,,$$

(2,7)

oder als Umkehrfunktion

$$x - x_0 = \alpha\,\Delta u + \beta\,\Delta v$$
$$y - y_0 = \gamma\,\Delta u + \delta\,\Delta v \,.$$

(2,7′)

Aus

$$|z - z_0|^2 = r^2 = \Delta x^2 + \Delta y^2$$
$$= (\alpha^2 + \gamma^2)\Delta u^2 + 2(\alpha\beta + \gamma\delta)\Delta u\,\Delta v + (\beta^2 + \delta^2)\Delta v^2$$

entnimmt man, daß aus der Kreislinie $|z - z_0| = r$ vermittels der affinen Abbildung in der w-Ebene eine Ellipse $\mathscr{E}$ entsteht, mit dem Mittelpunkt in $w(z_0)$. In Analogie zu (2,3) erhält man jetzt unter Berücksichtigung von (2,7) die Beziehung

$$\frac{|w - w_0|^2}{|z - z_0|^2} = \frac{\varrho^2}{r^2} = (a^2 + c^2)\cos^2\varphi + 2(ab + cd)\sin\varphi\cos\varphi + \qquad (2,8)$$
$$+ (b^2 + d^2)\sin^2\varphi$$

und schließt daraus, daß die Ellipse $\mathscr{E}$ die Halbachsen $r\sqrt{M}$ und $r\sqrt{m}$ aufweist. Damit wird ersichtlich, daß die in (2,6) eingeführte Größe geometrisch das Verhältnis von großer Achse zu kleiner Achse der Verzerrungsellipse $\mathscr{E}$ darstellt. Schreibt man jetzt die ursprüngliche Funktion $w = h(z)$ in der Form

$$w = h(z) = u(x, y) + iv(x, y)$$
$$= u(z_0) + a\,\Delta x + b\,\Delta y + iv(z_0) + ic\,\Delta x + id\,\Delta y + o(|\Delta z|)\,,$$

so schließt man nach den obigen Erläuterungen, daß das Bild des Kreises $|z - z_0| = r < r(\varepsilon)$ eine einfache geschlossene Linie darstellt, die um so weniger von einer Ellipse abweicht, je kleiner der Radius r des Kreises wird, d. h. mit anderen Worten: Die Funktion $w = h(z)$ bildet einen infinitesimalen Kreis um z_0 in eine infinitesimale Ellipse um den Punkt $w(z_0)$ ab mit dem Hauptachsenverhältnis

$$D = \sqrt{\frac{M}{m}} = \varkappa + \sqrt{\varkappa^2 - 1}\,.$$

$D = D_{z/w}$ bezeichnet man als den Dilatationsquotienten der Abbildung, der ebenfalls eine Funktion von z ist und nach Definition ≥ 1 sein muß. Für $D = 1$ folgt nach (2,6), daß auch $\varkappa = 1$ werden muß und weiter

$$\frac{E + G}{2\sqrt{EG - F^2}} = 1 \quad \text{oder} \quad (E - G)^2 = -4F^2\,,$$

das ist richtig für

$$E = G \quad \text{und} \quad F = 0\,. \tag{2,9}$$

(2,9) ist auch gleichbedeutend mit

$$u_x = v_y \quad \text{und} \quad u_y = -v_x \tag{2,10}$$

oder

$$u_x = -v_y \quad \text{und} \quad u_y = v_x\,. \tag{2,10'}$$

In beiden Fällen geht ein infinitesimaler Kreis um z_0 in einen infinitesimalen Kreis um w_0 über. Bei (2,10) bleibt der Umlaufssinn erhalten, und die Abbildung ist im Punkte z_0 konform. (2,10') liefert hingegen eine indirekt konforme Abbildung in der Umgebung von z_0, bei der der Drehsinn durch die Abbildung geändert wird.

Für die Berechnung des Dilatationsquotienten ergeben analoge Überlegungen zu (2,1) und (2,2) die beiden nachfolgenden Beziehungen:

$$\max_{\Theta} |w_x \cos\Theta + w_y \sin\Theta|^2 = D\,J \tag{2,11}$$

$$|w_x|^2 + |w_y|^2 = \left(D + \frac{1}{D}\right) J = 2\varkappa\,J\,. \tag{2,12}$$

Für zahlreiche Betrachtungen ist es zweckmäßig, den Dilatationsquotienten mit Hilfe der komplexen Ableitungen einzuführen. Wenn wiederum $w = h(z)$ eine differenzierbare Abbildung mit positiver Funktionaldeterminante darstellt, so schreibt man für $dw = p\,dz + q\,d\bar{z}$ und versteht unter p und q die komplexen Ableitungen

$$\frac{\partial w}{\partial z} = p = \frac{1}{2}\left(\frac{\partial w}{\partial x} - i\,\frac{\partial w}{\partial y}\right); \quad \frac{\partial w}{\partial \bar{z}} = q = \frac{1}{2}\left(\frac{\partial w}{\partial x} + i\,\frac{\partial w}{\partial y}\right). \quad (2,13)$$

Die Abbildung ist bekanntlich im Kleinen affin und durch die Ungleichung

$$\big||p| - |q|\big|\,|dz| \leqq |dw| \leqq (|p| + |q|)\,|dz|$$

ergibt sich wiederum das Verhältnis der Hauptachsen der Ellipse, dem Bild des infinitesimalen Kreises, durch den Dilatationsquotienten

$$D = \frac{|p| + |q|}{|p| - |q|}\,. \quad (2,14)$$

Für die Funktionaldeterminante, die nach Voraussetzung überall positive Werte annehmen soll, erhält man entsprechend

$$J = \frac{\partial\,(u, v)}{\partial\,(x, y)} = |p|^2 - |q|^2 > 0\,. \quad (2,15)$$

Löst man $dw = p\,dz + q\,d\bar{z}$ nach dz auf, so ist

$$dz = \frac{\bar{p}\,dw - q\,d\bar{w}}{|p|^2 - |q|^2}\,,$$

woraus die komplexen Ableitungen der inversen Funktion $z = h^{-1}(w)$ durch

$$p' = \frac{\bar{p}}{|p|^2 - |q|^2} \qquad q' = \frac{-q}{|p|^2 - |q|^2} \quad (2,16)$$

gegeben sind.

Man schließt daraus, daß die inverse Funktion h^{-1} denselben Dilatationsquotienten besitzt wie die ursprüngliche Funktion $h(z)$.

2.2. Lokale Eigenschaften des Dilatationsquotienten.

a) $\qquad D = D_{z/w} = D_{w/z}\,.$ $\hfill (2,17)$

Dies ergibt sich sofort aus den bekannten Differenzierbarkeitsregeln der Umkehrfunktion.

b) $\qquad \dfrac{1}{D_{z/w}}\dfrac{d\sigma_w}{d\sigma_z} \leqq \left|\dfrac{dw}{dz}\right|^2 \leqq D_{z/w}\dfrac{d\sigma_w}{d\sigma_z}\,.$ $\hfill (2,18)$

Beweis: Aus

$$m \leqq \left|\frac{dw}{dz}\right|^2 \leqq M \quad \text{und} \quad J = \sqrt{mM} = \frac{d\sigma_w}{d\sigma_z}$$

folgt

$$\frac{1}{D_{z/w}}\frac{d\sigma_w}{d\sigma_z} = \frac{m}{J}\,J = m \leqq \left|\frac{dw}{dz}\right|^2 \leqq \frac{M}{J}\,J = \sqrt{\frac{M}{m}}\,J = D_{z/w}\frac{d\sigma_w}{d\sigma_z}\,.$$

c) Für die zusammengesetzte Abbildung

$$\zeta = \zeta(z) \quad \text{und} \quad w = h(\zeta)$$

oder direkt $w = h(z)$ gilt

$$D_{z/w} \leqq D_{z/\zeta}\, D_{\zeta/w} \,. \tag{2,19}$$

Beweis:

$$\mathrm{Max}\left|\frac{dw}{dz}\right| \leqq \mathrm{Max}\left|\frac{d\zeta}{dz}\right|\, \mathrm{Max}\left|\frac{dw}{d\zeta}\right|$$

$$\mathrm{Min}\left|\frac{dw}{dz}\right| \geqq \mathrm{Min}\left|\frac{d\zeta}{dz}\right|\, \mathrm{Min}\left|\frac{dw}{d\zeta}\right|\,.$$

Division der beiden Ungleichungen durcheinander ergibt die Behauptung.

d) Der Dilatationsquotient ist eine konforme Invariante: $w = h(z)$ bilde G_z stetig und stetig differenzierbar in G_w ab. G_ζ und G_ω seien konforme Bilder von G_z und G_w. Die zusammengesetzte Abbildung $\zeta \to z \to w \to \omega$ ergibt wiederum eine stetige und stetig differenzierbare Abbildung von G_ζ in G_ω mit

$$D_{\zeta/\omega} = D_{z/w} \,. \tag{2,20}$$

Beweis: Aus der Richtungsunabhängigkeit von

$$\left|\frac{d\omega}{dw}\right| \quad \text{und} \quad \left|\frac{dz}{d\zeta}\right|$$

folgt

$$D_{\zeta/\omega} = \frac{\mathrm{Max}\left|\dfrac{d\omega}{dw}\right|\,\left|\dfrac{dw}{dz}\right|\,\left|\dfrac{dz}{d\zeta}\right|}{\mathrm{Min}\left|\dfrac{d\omega}{dw}\right|\,\left|\dfrac{dw}{dz}\right|\,\left|\dfrac{dz}{d\zeta}\right|} = \frac{\mathrm{Max}\left|\dfrac{dw}{dz}\right|}{\mathrm{Min}\left|\dfrac{dw}{dz}\right|} = D_{z/w} \,.$$

Weitere Eigenschaften des Dilatationsquotienten folgen im Zusammenhang mit der Entwicklung der zu untersuchenden Funktionsklasse (vgl. auch Künzi [2]).

2.3. Definition der K-quasikonformen Abbildungen nach Grötzsch [1]. Ist die Funktion $w = h(z)$ stetig und stetig differenzierbar mit $J > 0$ und bleibt die Dilatation unter einer vorgegebenen Konstanten K, also $D \leqq K$, so hat man es mit einer K-quasikonformen Abbildung nach der Definition von Grötzsch zu tun, oder auch mit einer glatten K-quasikonformen Abbildung. Häufig spricht man auch von einer stetig differenzierbaren K-quasikonformen Abbildung. Für solche K-quasikonforme Abbildungen gilt dann entsprechend zu (2,14)

$$K \geqq \sup \frac{|p| + |q|}{|p| - |q|} \,. \quad [2] \tag{2,21}$$

In vielen Fällen ist es zweckmäßig, die maximale Exzentrizität k einzuführen durch

$$k = \frac{K-1}{K+1} = \sup \left|\frac{p}{q}\right|\,, \tag{2,22}$$

dabei ist $1 \leqq K < \infty$ und $0 \leqq k < 1$.

---

[1] Die hier eingeführte Größe K steht in keinem Zusammenhang mit dem entsprechenden Symbol in (1,11).

[2] Öfters wird auch die exakte obere Grenze benützt, so daß in (2,21) das Gleichheitszeichen steht.

Die Abbildung wird konform für $K = 1$ bzw. $k = 0$. K und k kann man natürlich auch auf Grund der Beziehung (2,5) entsprechend einführen.

Ist die K-quasikonforme Abbildung eineindeutig, so wird diese im Folgenden als K-quasikonformer Homöomorphismus nach der Definition von GRÖTZSCH oder, falls keine Verwechslung möglich ist, einfach als K-quasikonformer Homöomorphismus bezeichnet, abgekürzt durch $w = H(z)$.

2.4. Funktionentheoretische Anwendungen. Für funktionentheoretische Anwendungen ist es oft zweckmäßig und auch erforderlich, solche Homöomorphismen mit zu berücksichtigen, bei denen sich der Dilatationsquotient in einer der beiden Ebenen in irgendeiner Weise nach oben abschätzen läßt. Bei solchen allgemeineren Homöomorphismen kann z. B. vorgeschrieben werden, daß der Dilatationsquotient am Rande nicht zu schnell wachsen soll oder dann hinreichend schnell gegen eins strebt. Bei diesen Abbildungen sollen auch isolierte Ausnahmepunkte zugelassen sein. Schließlich sei auch erlaubt, daß die partiellen Ableitungen auf analytischen Kurvenbögen, die sich im Innern des Gebietes nicht häufen, springen dürfen.

Schon hier muß darauf hingewiesen werden, daß die quasikonformen Homöomorphismen auch ohne spezielle Differenzierbarkeitsvoraussetzungen, lediglich mit einer Modulbeschränkung, eingeführt werden können. Diese Verallgemeinerung wird im 4. Kapitel näher behandelt.

2.5. Einfache Beispiele für K-quasikonforme Homöomorphismen. Zu den trivialen Beispielen gehören natürlich alle konformen Abbildungen mit $D \equiv 1$, d. h. die 1-quasikonformen Homöomorphismen, die hier nicht weiter erörtert werden sollen. Eine ebenfalls recht einfache Klasse liefern die Abbildungen, bei denen die $z = r\,e^{i\,\varphi}$-Ebene so auf die $w = \varrho\,e^{i\,\vartheta}$-Ebene bezogen wird, daß

$$\varrho = \varrho(r) \quad \text{und} \quad \vartheta = \varphi$$

gilt. Dabei sei $\varrho(r)$ monoton, stetig und stückweise stetig differenzierbar. Unter diesen allgemeinen Voraussetzungen ließe sich natürlich der Einheitskreis auf die punktierte Ebene abbilden. Es empfiehlt sich, zu den Logarithmen überzugehen, wobei

$$\left| \frac{d \log w}{d \log z} \right| \quad \text{zwischen 1 und} \quad \frac{d \log r}{d \log \varrho}$$

schwankt, also ist

$$D_{z/w} = D_{\log z/\log w} = \text{Max} \left\{ \frac{d \log \varrho}{d \log r} \; ; \; \frac{d \log r}{d \log \varrho} \right\}.$$

Daraus folgt

$$\frac{1}{D} \leqq \frac{d \log \varrho}{d \log r} \leqq D \tag{2,23}$$

und integriert

$$\int_{r_1}^{r_2} \frac{1}{D} \frac{dr}{r} \leqq \log \varrho_2 - \log \varrho_1 \leqq \int_{r_1}^{r_2} D \frac{dr}{r} \, . \tag{2,23'}$$

Wenn eine solche Abbildung die punktierte Ebene $z \neq \infty$ $(-\infty \leqq \log r < \infty)$ auf den Einheitskreis $|w| < 1$ $(-\infty \leqq \log \varrho < 0)$ abbildet, dann folgt aus

$$0 \geqq \log \varrho_2 \geqq \log \varrho_1 + \int_{r_1}^{r_2} \frac{1}{D} \frac{dr}{r} \, ,$$

daß das Integral $\int^{\infty} \frac{1}{D} \frac{dr}{r}$ konvergieren muß. Wenn aber umgekehrt $|z| < 1$ auf $w \neq \infty$ abgebildet werden soll, so folgt entsprechend aus

$$\log \varrho_2 \leqq \log \varrho_1 + \int_{r_1}^{r_2} D \frac{dr}{r} \, ,$$

daß $\int^{1} D \frac{dr}{r}$ divergiert, was nur bei besonders starkem Anwachsen von D ermöglicht wird.

Transformiert die Abbildung die Ebene $z \neq \infty$ auf $w \neq \infty$, so kann man schreiben

$$-\int_{r_1}^{r_2} (D-1) \frac{dr}{r} \leqq -\int_{r_1}^{r_2} \left(1 - \frac{1}{D}\right) \frac{dr}{r} \leqq \log \varrho_2 - \log r_2 - \log \varrho_1 +$$

$$+ \log r_1 \leqq \int_{r_1}^{r_2} (D-1) \frac{dr}{r} \, .$$

Falls also

$$\int^{\infty} (D-1) \frac{dr}{r} \tag{2,24}$$

endlich ist, konvergiert

$$\lim_{r \to \infty} (\log \varrho - \log r) = \alpha$$

d. h. für $r \to \infty$ ist

$$\varrho = e^{\alpha} r \left(1 + o(1)\right) . \tag{2,25}$$

Später wird gezeigt, daß entsprechende Sätze auch noch für allgemeinere quasikonforme Homöomorphismen gelten.

2.6. Die Ungleichung von GRÖTZSCH. Will man zwei nicht ausgeartete Ringgebiete G_z und G_w durch einen K-quasikonformen Homöomorphismus aufeinander abbilden, so ist es zweckmäßig, G_z und G_w zuerst konform auf Kreisringe $K_z : 1 < |z| < R$ und $K_w : 1 < |w| < \varrho$ abzubilden. In der nachfolgenden K-quasikonformen eineindeutigen

Abbildung mit $D \leq K\,(|z|) \leq K$ ist dann:

$$\int\limits_{1}^{R} \frac{1}{K\,(r)}\,\frac{dr}{r} \leq \log \varrho \leq \int\limits_{1}^{R} K\,(r)\,\frac{dr}{r}\,. \qquad (2{,}26)$$

Für $K = 1$ geht diese Beziehung in die Invarianzeigenschaft des Moduls bei konformen Abbildungen über. Unter Benutzung der maximalen Dilatation K ergibt (2,26) auch die Ungleichung

$$\frac{1}{K}\,M \leq M' \leq KM\,, \qquad (2{,}27)$$

wenn unter M bzw. M' der Modul des Kreisringes in der z- bzw. der w-Ebene verstanden wird.

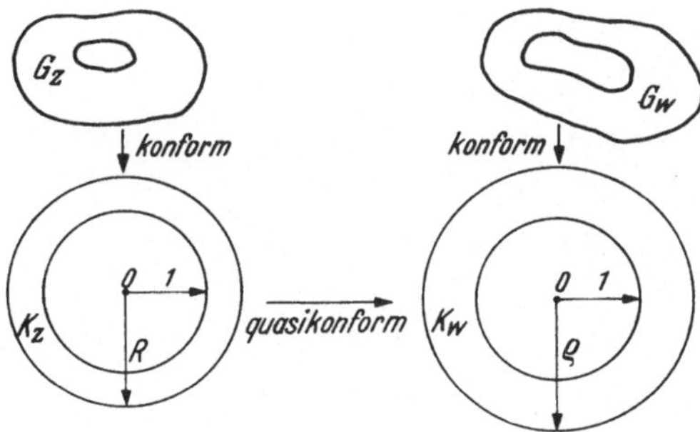

Fig. 4

Da sich zahlreiche weitere Aussagen auf diesen Satz stützen, wird ein kurzer Beweis angegeben. Das hier skizzierte Verfahren, das die Schwarzsche Ungleichung benützt, führt auch bei einigen anderen analogen Sätzen zum Ziel.

Beweis: Man betrachtet den Kreis $|z| = r = c$, dem in der w-Ebene eine geschlossene Kurve, die $|w| = 1$ von $|w| = \varrho$ trennt, entspricht; daraus folgt die Beziehung

$$2\pi \leq \int\limits_{0}^{2\pi} \left| \frac{d \log w}{d \log z} \right| d\varphi\,, \qquad (z = r\,e^{i\varphi})\,.$$

Nach der Schwarzschen Ungleichung ist aber

$$4\pi^2 \leq 2\pi \int\limits_{0}^{2\pi} \left| \frac{d \log w}{d \log z} \right|^2 d\varphi \leq 2\pi\,K\,(r) \int\limits_{0}^{2\pi} \frac{d \log \sigma_w}{d \log \sigma_z}\,d\varphi\,.$$

Division durch $2\pi\,K\,(r)$, Multiplikation mit $\dfrac{dr}{r}$ so wie Integration über r

ergeben

$$2\pi \int\limits_1^R \frac{1}{K(r)}\,\frac{dr}{r} \leqq \int\limits_1^R \int\limits_0^{2\pi} \frac{d\log\sigma_w}{d\log\sigma_z}\,d\varphi\,\frac{dr}{r} = \int\!\!\int d\log\sigma_w = 2\pi\log\varrho\,,$$

also

$$\int\limits_1^R \frac{1}{K(r)}\,\frac{dr}{r} \leqq \log\varrho\,.$$

Die Strecke $1 < |z| < R$, $\arg z = \varphi$ entspricht in der w-Ebene einer Kurve, die mindestens die logarithmische Länge $\log\varrho$ hat, also ist

$$\log\varrho \leqq \int\limits_1^R \left|\frac{d\log w}{d\log z}\right|\,\frac{dr}{r} \leqq \int\limits_1^R \sqrt{K(r)\,\frac{d\log\sigma_w}{d\log\sigma_z}}\,\frac{dr}{r}\,.$$

Die gleiche Idee wie oben führt zu

$$(\log\varrho)^2 \leqq \int\limits_1^R K(r)\,\frac{dr}{r} \int\limits_1^R \frac{d\log\sigma_w}{d\log\sigma_z}\,\frac{dr}{r}\,,$$

dann ergibt Integration über φ

$$2\pi\,(\log\varrho)^2 \leqq \int\limits_1^R K(r)\,\frac{dr}{r} \int\!\!\!\int\limits_{K_w}\!\! d\log\sigma_w = \int\limits_1^R K(r)\,\frac{dr}{r}\,2\pi\log\varrho\,,$$

also

$$\log\varrho \leqq \int\limits_1^R K(r)\,\frac{dr}{r}\,.$$

Ganz entsprechende Formeln erhält man, wenn D nicht nur durch r, sondern auch durch φ beeinflußt wird.

Mit Hilfe des bewiesenen Satzes bestätigt man auch die beiden folgenden Aussagen:

1. Ist die punktierte Ebene $z \neq \infty$ quasikonform auf den Einheitskreis $|w| < 1$ abgebildet, und gilt $D \leqq K(|z|)$, dann ist

$$\int\limits^{\infty} \frac{1}{K(r)}\,\frac{dr}{r}$$

konvergent.

2. Ist der Einheitskreis $|z| < 1$ quasikonform auf die punktierte Ebene $w \neq \infty$ abgebildet und gilt $D \leqq K(|z|)$, dann ist

$$\int\limits^{1} K(r)\,\frac{dr}{r}$$

divergent. Daraus aber folgt: Ein K-quasikonformer Homöomorphismus vom Einheitskreis auf die punktierte Ebene existiert nicht.

Eine entsprechende Ungleichung zu (2,27) ergibt sich, wenn zwei orientierte Vierecke Ω_z und Ω_w nach der Definition von 1.12. durch einen K-quasikonformen Homöomorphismus aufeinander abgebildet werden. Dazu werden die Vierecke Ω_z bzw. Ω_w zuerst konform auf Rechtecke R_z bzw. R_w mit den Seitenverhältnissen $a/1$ und $a'/1$ abgebildet. Bei der Normierung (kleinere Rechteckseite $= 1$ und $a \leftrightarrow a'$) ist also a bzw. a' gleich dem Modul von R_z bzw. R_w oder auch von Ω_z bzw. Ω_w.

Es gilt dann die Ungleichung

$$\frac{1}{K}\, M \leq M' \leq K M \qquad\qquad (2,27\text{a})$$

und Gleichheit gilt nur bei einer affinen Abbildung.

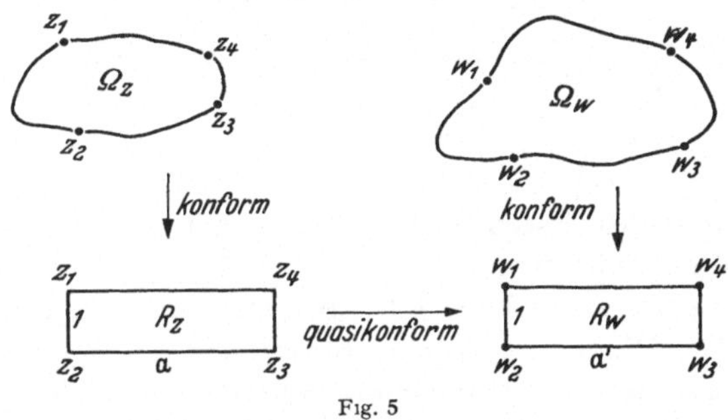

Fig. 5

Beweis: Das Rechteck R_z mit den Seiten $0 < \Re z < a$, $0 < \Im z < 1$ wird durch einen K-quasikonformen Homöomorphismus auf das Rechteck R_w abgebildet mit den Seiten $0 < \Re w < a'$ und $0 < \Im w < 1$ und zwar so, daß sich die Ecken $z = 0$, a, $a + i$, i und $w = 0$, a', $a' + i$, i entsprechen. Das Bild der Strecke $\Im z = y = $ const., $0 < \Re z < a$ hat mindestens die Länge a', also

$$a' \leq \int |dw| = \int\limits_0^a \left|\frac{\partial w}{\partial x}\right| dx\,.$$

Wegen

$$\left|\frac{\partial w}{\partial x}\right|^2 \leq D\,\frac{d\sigma_w}{d\sigma_z} \leq K\,\frac{d\sigma_w}{d\sigma_z}$$

folgt nach der Schwarzschen Ungleichung

$$a'^2 \leq \left(\int\limits_0^a \left|\frac{\partial w}{\partial x}\right| dx\right)^2 \leq a \int\limits_0^a \left|\frac{\partial w}{\partial x}\right|^2 dx \leq a K \int\limits_0^a \frac{d\sigma_w}{d\sigma_z}\, dx\,.$$

Integration über y von 0 bis 1 gibt

$$a'^2 \leq a K \int\limits_0^a \int\limits_0^1 \frac{d\sigma_w}{d\sigma_z}\, dx\, dy = a K \iint\limits_{R_w} d\sigma_w = a K\, a'$$

oder

$$a' \leqq Ka \quad \text{d. h.} \quad M' \leqq KM \,.$$

Gleichheit gilt nur wenn auch oben in allen Abschätzungen das Gleichheitszeichen gilt. Dann aber muß die Strecke $\Im z = y = \text{const.}$ wieder in eine Strecke $\Im w = v = \text{const.}$ übergehen und $\left|\dfrac{\partial w}{\partial x}\right| = \dfrac{\partial u}{\partial x}$ wird eine Funktion von y alleine, also gleich a'/a. Zudem muß

$$\left|\frac{\partial w}{\partial x}\right|^2 = K \frac{d\,\sigma_w}{d\,\sigma_z}$$

sein, obwohl der Dilatationsquotient $\leqq K$ ist, also wird

$$\frac{dv}{dy} = \frac{1}{K} \frac{a'}{a} = \text{const.} = 1 \,.$$

Gleichheit gilt also nur, wenn die Abbildung die Form

$$u = \frac{a'}{a} x \,; \qquad v = y$$

hat.

Zum Beweise des ersten Teils der Ungleichung (2,27a) gelten entsprechende Überlegungen.

Bezeichnet man wie in 1.12. mit λ die extremale Länge einer Kurvenschar $\{\gamma\}$ für ein Ringgebiet R_z oder für ein Viereck Ω_z, so geht λ durch einen K-quasikonformen Homöomorphismus, der R_z bzw. Ω_z in R_w bzw. Ω_w überführt, in λ' über. Auf Grund der Definition aus (1,31) und (1,32) erhält man eine dritte Ungleichung der Form

$$\frac{1}{K} \lambda \leqq \lambda' \leqq K\lambda.^1 \tag{2,27b}$$

2.7. Der Teichmüller-Wittichsche Verzerrungssatz. Bildet $w = F(z)$ eine Umgebung von $z = \infty$ in eine Umgebung von $w = \infty$, $w(\infty) = \infty$ schlicht und konform ab, so folgt aus

$$F(z) = az + a_0 + \frac{a_1}{z} + \cdots = az\left(1 + \left(\frac{1}{z}\right)\right)$$

die Beziehung

$$|w| = A\,|z|\,(1 + o(1)) \qquad \text{für} \quad |z| \to \infty \,.$$

Eine solche Verzerrungsformel gilt auch noch, wenn die Abbildung quasikonform ist und in der Umgebung von $z = \infty$ nur unwesentlich von einer konformen Abbildung abweicht. Weil $D_{z/w} - 1 \leqq K(r) - 1$ als Maß für die Abweichung der quasikonformen von der konformen Abbildung angesehen werden kann, so wird man erwarten, daß ein genügend starkes Verschwinden von $K(r) - 1$ für $r \to \infty$ die hinreichende Bedingung für das Bestehen des Satzes bei quasikonformen Abbildungen ist. Aus diesen Überlegungen folgt der

---

[1] (2,27b) gilt für jede Kurvenschar.

Satz: Wird die punktierte Ebene $z \neq \infty$ quasikonform und schlicht auf die Ebene $w \neq \infty$ abgebildet und gilt $D(z) \leq K(|z|)$, wobei das Integral

$$\int\limits^{\infty} (K(r) - 1)\,\frac{dr}{r} \tag{2,28}$$

konvergiert, dann gibt es eine Konstante $C > 0$ mit der Eigenschaft, daß

$$|w| = C\,|z|\,(1 + o(1)) \tag{2,29}$$

für $|z| \to \infty$.

Für diesen, vom Standpunkt der Funktionstheorie aus wichtigen Verzerrungssatz kennt man verschiedene Beweise, so einen geometrischen von TEICHMÜLLER [2] und einen analytischen von WITTICH [1]. Beide Varianten werden anschließend kurz skizziert.

Der geometrische Beweis nach TEICHMÜLLER: Ausgegangen wird vom allgemeinen Modulsatz (vgl. Abschnitt 1.14.), wobei mit $C(t_2)$ das w-Bild von $|z| = e^{t_2}$ bezeichnet wird. Für genügend großes t_2 trennt $C(t_2)$ den Punkt $w = 0$ von $w = \infty$. Mit $M(t_2, t_3)$ meint man wie üblich den Modul des Ringes $R(t_2, t_3)$. Dann ist nach der Modulabschätzung für $t_2 < t_3$

$$\int\limits_{e^{t_2}}^{e^{t_3}} \frac{1}{K(r)}\,\frac{dr}{r} \leq M(t_2, t_3) \leq \int\limits_{e^{t_2}}^{e^{t_3}} K(r)\,\frac{dr}{r}$$

und weiter

$$-\int\limits_{e^{t_2}}^{e^{t_3}} (K(r) - 1)\,\frac{dr}{r} \leq -\int\limits_{e^{t_2}}^{e^{t_3}} \left(1 - \frac{1}{K(r)}\right)\,\frac{dr}{r} \leq$$

$$\leq M(t_2, t_3) - (t_3 - t_2) \leq \int\limits_{e^{t_2}}^{e^{t_3}} (K(r) - 1)\,\frac{dr}{r},$$

daraus folgt

$$|M(t_2, t_3) - (t_3 - t_2)| \leq \varphi(t_2)$$

mit

$$\varphi(t_2) = \int\limits_{e^{t_2}}^{\infty} (K(r) - 1)\,\frac{dr}{r}.$$

Hier ist $\lim\limits_{t_2 \to \infty} \varphi(t_2) = 0$. Nach dem Teichmüllerschen Modulsatz und der Beziehung (1,38) gibt es eine reelle Konstante α, so daß

$$|\log|w| - t_2 - \alpha| < \varepsilon$$

wird, für alle w auf $C(t_2)$, wo $\varepsilon \to 0$ strebt für $t_2 \to \infty$. Das heißt aber

$$\log\left|\frac{w}{e^\alpha z}\right| \to 0 \quad \text{für} \quad |z| = e^{t_2} \to \infty$$

oder

$$|w| = C\,|z|\,(1 + o\,(1))$$

für $C = e^{\alpha}$.

Wird $K(r) < 1 + \dfrac{\text{const.}}{r^c}$ $(c > 0)$ vorausgesetzt, dann ist sicher das Integral (2,28) konvergent, es ist dann weiter

$$\varphi\,(t_2) = \int\limits_{e^{t_2}}^{\infty} (K\,(r) - 1)\,\frac{d\,r}{r} \leqq k\,e^{-c\,t_2} \qquad (k = \text{konstant})$$

und nach einer Berechnung von TEICHMÜLLER

$$|\log|w| - \log|z| - \alpha| \leqq \frac{k\,\sqrt[c+2]{\log|z|}}{|z|^{\frac{c}{c+2}}}\,.$$

Der analytische Beweis nach WITTICH [1]. Hier wird ein Resultat von AHLFORS [1] über Differenzialungleichungen benutzt, wodurch das Teichmüllersche Resultat noch eine Verschärfung erfährt, indem das Integral (2,28) durch

$$\iint\limits_{|z|\,\geqq r_0} (D_{z/w} - 1)\,d\log\sigma_z \tag{2,28a}$$

ersetzt wird. Es sei wiederum $z = r\,e^{i\varphi}$, $w = \varrho\,e^{i\Theta}$ und $|w| = \varrho$ gehe in die Kurve Γ_ϱ über. Setzt man für

$$r_1\,(\varrho) = \underset{z\in\Gamma_\varrho}{\text{Min}}\,|z|\ ;\quad r_2\,(\varrho) = \underset{z\in\Gamma_\varrho}{\text{Max}}\,|z|\ ;\quad \omega\,(\varrho) = \log\frac{r_2\,(\varrho)}{r_1\,(\varrho)}\,,$$

so ergibt die Anwendung der Schwarzschen Ungleichung zuerst

$$2\,\pi + \frac{\omega^2\,(\varrho)}{2\,\pi} \leqq \int\limits_0^{2\pi} \left|\frac{d\log z}{d\log w}\right|^2 d\Theta \leqq \int\limits_0^{2\pi} \frac{d\log\sigma_z}{d\log\sigma_w}\,D_{z/w}\,d\Theta.$$

Eine folgende Integration über $\log\varrho$ $(\varrho_1 \leqq \varrho \leqq \varrho_2)$ liefert

$$\log\frac{\varrho_2}{\varrho_1} + \frac{1}{4\,\pi^2}\int\limits_{\varrho_1}^{\varrho_2}\frac{\omega^2\,(\varrho)}{\varrho}\,d\varrho \leqq \left(\log\frac{r_1\,(\varrho_2)}{r_1\,(\varrho_1)} + \omega\,(\varrho_2)\right) +$$

$$+ \frac{1}{2\,\pi}\int\limits_{\varrho_1}^{\varrho_2}\int\limits_0^{2\pi} (D_{z/w} - 1)\,\frac{d\log\sigma_z}{d\log\sigma_w}\,\frac{d\varrho}{\varrho}\,d\Theta\,.$$

Das letzte Integral ist wegen $(D_{z/w} - 1) \geqq 0$ sicher

$$\leqq \iint\limits_{|z|\,\geqq r_1\,(\varrho_1)} (D_{z/w} - 1)\,d\log\sigma_z = h\,(r_1\,(\varrho_1))\,.$$

Die Funktion $r_1 = r_1(\varrho)$ ist aber unbekannt. Nach AHLFORS findet man für $\varrho > \varrho_0$ die Beziehung $p\varrho < r_1(\varrho)$, also bei einer Wahl $\varrho_1 > \varrho_0$ ist

$$h\left[r_1(\varrho_1)\right] \leq h(p\varrho_1) \,,$$

wobei p eine Konstante > 0 angibt.

Für alle Werte $\varrho_1, \varrho_2 (\varrho_0 < \varrho_1 < \varrho_2)$ ist daher

$$\log \frac{\varrho_2}{\varrho_1} + \frac{1}{4\pi^2} \int\limits_{\varrho_1}^{\varrho_2} \frac{\omega^2(\varrho)}{\varrho}\, d\varrho \leq \log \frac{r_1(\varrho_2)}{r_1(\varrho_1)} + \omega(\varrho_2) + h(p\varrho_1) \,. \qquad (2,30)$$

Da für genügend große r das w-Bild von $|z| = r$ eine Kurve γ_r ist, die $w = 0$ von $w = \infty$ trennt, so folgt aus

$$2\pi \leq \int\limits_{\gamma_r} |d \log w| = \int\limits_0^{2\pi} \frac{\sqrt{D_{z/w}}}{\sqrt{D_{z/w}}} \left| \frac{d \log w}{d \log z} \right| d\varphi$$

die Ungleichung

$$\log \frac{r''}{r'} \leq \log \frac{\varrho_2}{\varrho_1} + h(r') \,,$$

dabei ist $r' < |z| < r''$ der durch $|z| = r_2(\varrho_1)$ und $|z| = r_1(\varrho_2)$ bestimmte Kreisring.

Aus

$$\log \frac{r''}{r'} \geq \log \frac{r_1(\varrho_2)}{r_2(\varrho_1)} = \log \frac{r_1(\varrho_2)}{r_1(\varrho_1)} - \omega(\varrho_1)$$

und $h(r') \leq h(p\varrho_1)$ erhält man

$$\log \frac{r_1(\varrho_2)}{r_1(\varrho_1)} - \omega(\varrho_1) \leq \log \frac{\varrho_2}{\varrho_1} + h(p\varrho_1) \,. \qquad (2,30a)$$

Aus (2,30) und (2,30a) wird geschlossen, daß $\omega(\varrho) \to 0$ strebt für $\varrho \to \infty$.

Übertragung des Satzes auf Streifengebiete: Der Streifen $0 \leq \mathfrak{Im}\, \zeta \leq b$ sei quasikonform und randstetig auf den gleich breiten Streifen $0 \leq \mathfrak{Im}\, w \leq b$ bezogen, und es gehe $\zeta = +\infty$ in $w = +\infty$ über.

Wenn

$$\iint\limits_{\mathfrak{Re}\,\zeta > \zeta_0} (D_{\zeta/w} - 1)\, d\sigma_\zeta < \infty \qquad (2,31)$$

so existiert der Grenzwert

$$\lim_{\mathfrak{Re}\,\zeta \to +\infty} (\mathfrak{Re}\, w - \mathfrak{Re}\, \zeta) \,.$$

Eine Anwendung des Verzerrungssatzes: S_z sei ein Streifengebiet der z-Ebene, das für $x > x_0$ durch

$$|y| \leq \frac{\pi}{2}(1 - h(x))$$

gegeben ist. $h(x)$ genügt für $x \geq x_0$ den drei Bedingungen:

1. $h(x)$ ist stetig differenzierbar.

2. $0 \leq h(z) < 1$, $h'(x) \leq 0$, $h'(x) \to 0$ für $x \to \infty$.

3. $\int\limits_{x_0}^{\infty} h(x)\, dx < \infty$.

Wird nun der Streifen S_z durch $w = H(z)$ schlicht und konform auf den Streifen $S_w: |v| \leq \dfrac{\pi}{2}$ abgebildet, mit

$$\lim_{x \to \pm \infty} (\Re w) = \pm \infty,$$

so gilt

$$\Re H(z) = \log \lambda + \Re z + o(1) \quad \text{für} \quad x \to \infty.$$

Für den Beweis (vgl. Wittich [2]) kann man sich auf den durch $\Re z \geq x_0$ bestimmten Teil S_z' von S_z und sein Bild S_w' beschränken. Durch $\xi = x,\ \eta = \dfrac{\pi}{2\,\varphi(x)}\, y$ mit $\varphi(x) = \dfrac{\pi}{2}(1 - h(x))$, wird S_z' quasikonform und randstetig auf

$$S_\zeta': \Re\zeta \geq \zeta_0 = x_0, \quad |\Im\zeta| \leq \frac{\pi}{2}$$

abgebildet. Für $x \geq x_1 \geq x_0$ (x_1 hinreichend groß) findet man

$$D_{z/\zeta} \leq 1 + 3\,h(x) - 3\,h'(x).$$

Durch $\zeta \to z \to w$ erhält man eine Funktion, die S_ζ' quasikonform auf S_w' abbildet mit

$$D_{\zeta/w} = D_{\zeta/z} = D_{z/\zeta}.$$

Die Behauptung folgt auf Grund des Verzerrungssatzes für Streifengebiete (2,31).

2.8. Satz von Belinskij[1]. Es ist zuerst Belinskij [1], [3] gelungen, den Teichmüller-Wittichschen Verzerrungssatz so zu verschärfen, daß die Beziehung (2,29) auch ohne Absolutstriche gilt, so daß also neben dem Verzerrungssatz auch ein entsprechender Torsionssatz gilt. Damit erhält man ganz allgemein den

Satz: Wird die punktierte Ebene $z \neq \infty$ quasikonform auf die Ebene $w \neq \infty$ abgebildet und besteht für die Funktion die Integralbeschränkung (2,28a), dann existiert

$$\lim_{z \to \infty} \frac{w}{z} \neq 0,\ \infty.$$

Durch eine Spiegelung am Einheitskreis erhält man den Satz in der ursprünglichen Fassung von Belinskij, dessen Beweis auf den folgenden 5 Lemmas beruht:

---

[1] Für eine andere Beweisanordnung und Verallgemeinerungen vgl. Lehto [1] und Šabat [2].

Lemma 1. Wird der Kreisring $r \leqq |z| \leqq 1$ quasikonform auf den Kreisring $\varrho \leqq |w| \leqq 1$ abgebildet, so gilt die Ungleichung

$$\left|\log \frac{r}{\varrho}\right| \leqq \frac{1}{2\pi} \iint\limits_{r \leqq |z| \leqq 1} \frac{D(z)-1}{|z|^2}\, d\sigma_z, \qquad (2,32)$$

wo $d\sigma_z$ das Flächenelement und $D(z)$ den Dilatationsquotienten in der z-Ebene angeben.

Beweis: Der Kreisring $\varrho \leqq |w| \leqq 1$ werde entlang des Radius vom Punkte $w = \varrho$ bis $w = 1$ aufgeschnitten. Diesem Schnitt entspricht im

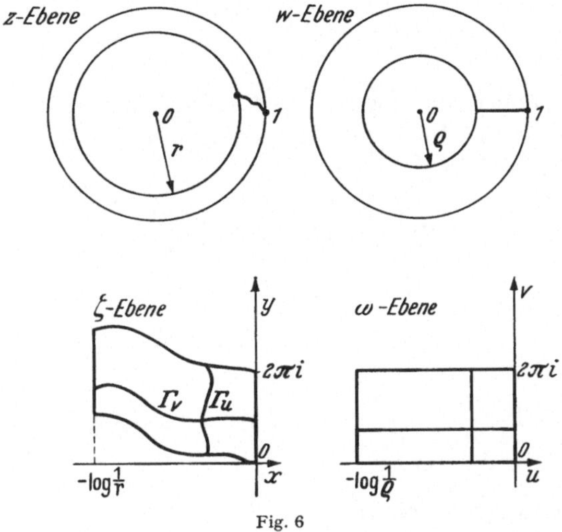

Fig. 6

Kreisring $r \leqq |z| \leqq 1$ irgend ein Schnitt, der die beiden begrenzenden Kreise verbindet. Geht man zu den logarithmischen Flächen über durch $\zeta = \log z$ und $\omega = \log w$ und setzt $\zeta = x + iy$, $\omega = u + iv$, so entsteht eine quasikonforme Abbildung des krummlinigen Vierecks der ζ-Ebene auf das Rechteck der ω-Ebene (Fig. 6).

Im Rechteck der ω-Ebene zeichnet man eine Gerade mit der Abszisse u, das Bild in der ζ-Ebene sei Γ_u. Für die Länge $L(u)$ von Γ_u erhält man die Abschätzung

$$2\pi \leqq L(u) = \int_0^{2\pi} \left|\frac{\partial \zeta}{\partial v}\right| dv.$$

Quadrieren und Anwendung der Schwarzschen Ungleichung ergibt in Verbindung mit (2,18)

$$4\pi^2 \leqq \left(\int_0^{2\pi} \left|\frac{\partial \zeta}{\partial v}\right| dv\right)^2 \leqq 2\pi \int_0^{2\pi} \left|\frac{\partial \zeta}{\partial v}\right|^2 dv \leqq 2\pi \int_0^{2\pi} \frac{d\sigma_\zeta}{d\sigma_\omega}\, D(\omega)\, dv.$$

Durch Integration über u zwischen den Grenzen $-\log\dfrac{1}{\varrho}$ und 0 folgt

$$2\pi \log\frac{1}{\varrho} \leq \int\limits_{-\log\frac{1}{\varrho}}^{0} \int\limits_{0}^{2\pi} \frac{d\sigma_\zeta}{\partial\sigma_\omega} D(\omega)\, du\, dv = \iint\limits_\zeta D(\zeta)\, dx\, dy = \iint\limits_{r\leq|z|\leq 1} \frac{D(z)}{|z|^2}\, d\sigma_z .$$

Subtrahiert man auf beiden Seiten den Ausdruck

$$2\pi \log\frac{1}{r} = \iint\limits_{r\leq|z|\leq 1} \frac{d\sigma_z}{|z|^2} ,$$

so wird schließlich

$$\log\frac{r}{\varrho} \leq \frac{1}{2\pi} \iint\limits_{r\leq|z|\leq 1} \frac{D(z)-1}{|z|^2}\, d\sigma_z . \tag{2,33}$$

Zieht man analog in der Figur 6 im Rechteck der ω-Ebene einen horizontalen Schnitt mit der Ordinate v, dem in der ζ-Ebene eine Kurve Γ_v entspricht mit der Länge $L(v)$ so gilt:

$$\log\frac{1}{r} \leq L(v) = \int\limits_{-\log\frac{1}{\varrho}}^{0} \left|\frac{\partial\zeta}{\partial u}\right| du .$$

Ähnliche Umformungen wie oben führen für diesen Schnitt auf die Ungleichung

$$2\pi \left(\log\frac{1}{r}\right)^2 \leq \log\frac{1}{\varrho} \int\limits_{0}^{2\pi} \int\limits_{-\log\frac{1}{\varrho}}^{0} \frac{d\sigma_\zeta}{d\sigma_\omega}\, D(\omega)\, du\, dv = \log\frac{1}{\varrho} \iint\limits_{r\leq|z|\leq 1} \frac{D(z)}{|z|^2}\, d\sigma_z .$$

Wird beiderseits die Gleichung

$$2\pi \log\frac{1}{r} \log\frac{1}{\varrho} = \log\frac{1}{\varrho} \iint\limits_{r\leq|z|\leq 1} \frac{d\sigma_z}{|z|^2}$$

subtrahiert, so ergibt dies

$$\log\frac{\varrho}{r} \leq \frac{\log\frac{1}{\varrho}}{\log\frac{1}{r}} \frac{1}{2\pi} \iint\limits_{r\leq|z|\leq 1} \frac{D(z)-1}{|z|^2}\, d\sigma_z . \tag{2,34}$$

Der Beweis des 1. Lemmas folgt für $r > \varrho$ aus (2,33) und für $r < \varrho$ aus (2,34), da in diesem Falle

$$\frac{\log\frac{1}{\varrho}}{\log\frac{1}{r}} < 1$$

wird.

Für das nächste Lemma wird ein zweifach zusammenhängendes Gebiet D in der z-Ebene betrachtet, bei dem das eine Komplementärkontinuum den Nullpunkt, das andere den Kreis $|z| = 1$ enthält. D wird homöomorph auf den Ring $\varrho \leq |w| \leq 1$ abgebildet mit $w(1) = 1$. Die Winkelverschiebung eines Punktes bezeichnet die Größe $\delta(w) = \delta(z) = \arg w - \arg z$. Diese Definition wird eindeutig, wenn man den Zweig des Argumentes wählt, den man beim stetigen Übergang vom Punkt $z = 1$ erhält. Weiter sei

$$\underline{\delta}_i (\bar{\delta}_i) = \min (\max) \; \delta(z) \, ,$$

wenn der Punkt den innern Rand durchläuft und

$$\underline{\delta}_e (\bar{\delta}_e) = \min (\max) \; \delta(z)$$

die entsprechende Definition für den äußeren Rand.

Damit beweist man das

Lemma 2: Der zweifach zusammenhängende Bereich D, begrenzt durch Γ_1 und Γ_2, wobei diese beiden Kurven in den Ringen

$$\frac{r^*}{1 + \varepsilon} \leq |z| \leq r^* (1 + \varepsilon) \; ; \frac{1}{1 + \varepsilon} \leq |z| \leq 1 + \varepsilon$$

liegen, werde quasikonform auf den Ring $\varrho^* \leq |w| \leq 1$ mit $w(1) = 1$ abgebildet, dann gilt die Ungleichung

$$\delta = \underline{\delta}_i - \bar{\delta}_e \leq \int\!\!\!\int_D \frac{D(z) - 1}{|z|^2} \, d\sigma_z + \left(1 + \frac{\log \dfrac{1}{r^*}}{\log \dfrac{1}{\varrho^*}} \right) 2 \, \varepsilon \, . \qquad (2,35)$$

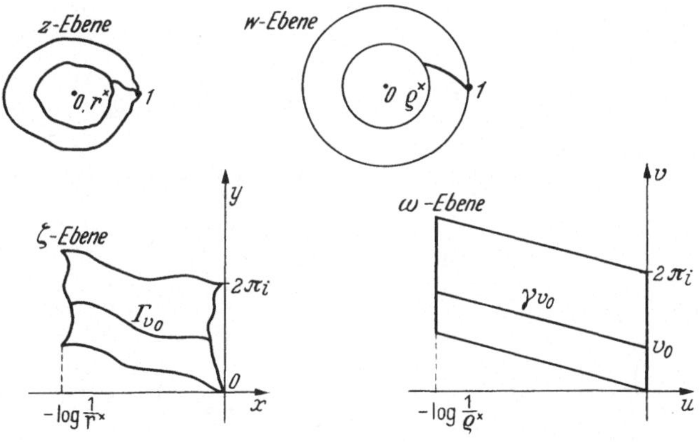

Fig. 7

Beweis: Angenommen, es sei $\delta(z) > 0$. Im Kreisring $\varrho^* \leq w \leq 1$ wird ein Schnitt längs der Spirale $\varrho = e^{-\varphi}$ angebracht. Diesem Schnitt entspricht im Bereich D irgend ein Bogen, der die beiden Ränder verbindet. Kehrt man entsprechend zu den logarithmischen Ebenen wie im letzten Lemma, so entsteht eine quasikonforme Abbildung des krummlinigen Vierecks der ζ-Ebene auf das Parallelogramm der ω-Ebene, dessen spitze Winkel gleich $\frac{\pi}{4}$ sind (vgl. Fig. 7). Jetzt betrachtet man im Parallelogramm einen Schnitt γ_{v_0}, gegeben durch $v = v_0 - u$. Die Endpunkte dieser Strecke haben die Koordinaten $(0, v_0)$ und $\left(-\log\frac{1}{\varrho^*}, \; v_0 + \log\frac{1}{\varrho^*}\right)$. Diesem Schnitt entspreche in der ζ-Ebene die Kurve Γ_{v_0}. Die Abszissendifferenz der Endpunkte von Γ_{v_0} ist größer als $\log\frac{1}{r^*} - 2\,\varepsilon$ und die Ordinatendifferenz ist größer als $\log\frac{1}{\varrho^*} + \delta$.

Daraus folgt

$$L(v_0) \geqq \sqrt{\left(\log\frac{1}{r^*} - 2\,\varepsilon\right)^2 + \left(\log\frac{1}{\varrho^*} + \delta\right)^2}.$$

Durch Einführung neuer Koordinaten u' und v', die aus den alten durch Drehung der Achsen um $-\frac{\pi}{4}$ hervorgehen, wird

$$\left(\log\frac{1}{r^*} - 2\,\varepsilon\right)^2 + \left(\log\frac{1}{\varrho^*} + \delta\right)^2 \leqq [L(v_0)]^2 = \left(\int\limits_{\gamma_{v_0}} \left|\frac{\partial\zeta}{\partial u'}\right| du'\right)^2 \leqq$$

$$\leqq \sqrt{2}\,\log\frac{1}{\varrho^*} \int\limits_{\gamma_{v_0}} \frac{d\sigma_\zeta}{d\sigma_\omega} D(w)\, du'.$$

Integration dieser Ungleichung über v' zwischen den Grenzen des Parallelogramms liefert

$$\frac{2\,\pi}{\sqrt{2}} \left\{\left(\log\frac{1}{r^*} - 2\,\varepsilon\right)^2 + \left(\log\frac{1}{\varrho^*} + \delta\right)^2\right\} \leqq$$

$$\leqq \sqrt{2}\,\log\frac{1}{\varrho^*} \iint \frac{d\sigma_\zeta}{d\sigma_\omega} D(\omega)\, du'\, dv' = \sqrt{2}\,\log\frac{1}{\varrho^*} \iint \frac{D(z)}{|z|^2}\, d\sigma_z.$$

Durch Division mit $2\,\pi\sqrt{2}\,\log\frac{1}{\varrho^*}$ und Subtraktion der Ungleichung

$$\log\frac{1}{r^*} + 2\,\varepsilon \geqq \frac{1}{2\,\pi} \iint\limits_D \frac{d\sigma_z}{|z|^2}$$

erhält man

$$\frac{\left(\log\frac{1}{r^*} - 2\,\varepsilon\right)^2 + \left(\log\frac{1}{\varrho^*} + \delta\right)^2}{2\,\log\frac{1}{\varrho^*}} - \log\frac{1}{r^*} - 2\,\varepsilon \leqq \frac{1}{2\,\pi} \iint \frac{D(z) - 1}{|z|^2}\, d\sigma_z.$$

Eine elementare Umrechnung führt auf

$$\delta - \frac{\log\frac{1}{r^*}}{\log\frac{1}{\varrho^*}}\, 2\,\varepsilon - 2\,\varepsilon < \frac{1}{2\,\pi} \iint\limits_D \frac{D(z) - 1}{|z|^2}\, d\sigma_z,$$

womit das zweite Lemma bewiesen ist.

Lemma 3: Die Funktion $w = w(z)$ bilde den Kreis $|z| \leq 1$ quasi-konform auf den Kreis $|w| \leq 1$ ab, wobei $w(0) = 0$ und

$$\iint (D(z) - 1)\, d\sigma_z \leq \varepsilon$$

ist, dann gilt

$$|z| - \lambda'(\varepsilon) \leq |w(z)| \leq |z| + \lambda'(\varepsilon) . \tag{2,36}$$

$\lambda'(\varepsilon)$ hängt nur von ε ab und $\lim\limits_{\varepsilon \to 0} \lambda'(\varepsilon) = 0$.

Beweis: Die Grundidee beruht auf dem Satz von Grötzsch, nach welchem bei einer konformen Abbildung des Kreisringes $r^* \leq |\zeta| \leq 1$ auf ein zweifachzusammenhängendes Gebiet, das durch den Kreis $|z| = 1$ und ein Kontinuum, das den Nullpunkt enthält, begrenzt wird, der kürzeste Abstand zwischen den Grenzen des Gebietes dann erreicht wird, wenn die innere Grenze ein Radiussegment ist.

Sei $r = \varphi(r^*)$ die Länge des Radialschnittes des extremalen Gebietes nach Grötzsch. Geometrisch ist es klar, daß $\varphi(r^*)$ monoton und stetig ist. Mit $\zeta = F(z, r)$ bezeichnet man die Funktion, die den Kreis $|z| \leq 1$ mit dem Schnitt von 0 bis $re^{i\Psi}$ auf den Ring $r^* \leq |\zeta| \leq 1$ abbildet. Für jedes r ist $\dfrac{dF}{dz}$ nicht beschränkt im aufgeschlitzten Kreis, denn an den Schnittenden verhält sich $F(z, r)$ wie $\sqrt{z}$ bei $z = 0$ und entsprechend wie $\sqrt{z - r}$ bei $z = r$. Beschränkt man sich auf diejenigen z, für welche $|\zeta| \geq r^* + \delta$ ist, wobei $\delta = \delta(\varepsilon)$ eine beliebig kleine Größe in Ab-hängigkeit von ε angibt, die noch festzulegen ist, so wird

$$\max \left| \frac{dF}{dz} \right| = M(r, \delta)$$

gesetzt.

Weil für

$$r \to 0, \qquad\qquad M(r, \delta) \to 1$$

und für

$$r \to \varphi(1 - \delta)$$

$$M(r, \delta) \to \max_{|z| = 1} \left| \frac{dF(z, \varphi(1 - \delta))}{dz} \right| ,$$

so gilt für die festgelegte Punktmenge

$$\left| \frac{dF}{dz} \right| \leq \max_{0 \leq r \leq \varphi(1 - \delta)} M(r, \delta) = M(\delta) .$$

Das Urbild des Kreises $|\zeta| = r^* + \delta$ bei der Abbildung $\zeta = F(z, r)$ mit $r = \varphi(r^*)$ sei $\Gamma_{\delta, r}$; weiter bezeichnet man den Schnittpunkt von $\Gamma_{\delta, r}$ mit der Verlängerung des Schnittes $(0, re^{i\Psi})$ als Spitze von $\Gamma_{\delta, r}$. Diese Spitze ist der am weitesten von Null entfernte Punkt von $\Gamma_{\delta, r}$ und für $0 \leq r \leq \varphi(1 - \delta)$ durchläuft sein Abstand alle Werte von δ bis 1. Jetzt folgt der eigentliche Beweis, wobei wir uns auf den rechten Teil der Ungleichung (2,36) beschränken. Es sei $|z| \geq \delta$ und man legt durch den Punkt z die Kurve $\Gamma_{\delta,z}$ so, daß ihre Spitze mit z zusammenfällt (Fig. 8). Der Kreis $|z| \leq 1$, versehen mit dem Schnitt von 0 bis $re^{i\psi}$ wird

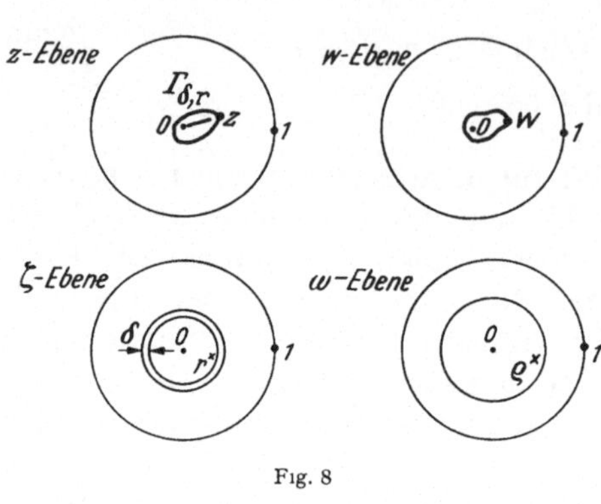

Fig. 8

durch die Funktion $F(z, r)$ auf den Ring $r^* \leq |\zeta| \leq 1$ abgebildet. Hier ist $\psi = \arg z$ und r ergibt sich durch die Bedingung, daß die Spitze von $\Gamma_{\delta,r}$ durch z hindurchgehen muß. Wenn man jetzt noch den zweifach zusammenhängenden Bereich D der w-Ebene, also das Bild des Ringes in der z-Ebene, konform auf den Kreisring $\varrho^* \leq |\omega| \leq 1$ abbildet, so wird wegen (2,32)

$$\log \frac{\varrho^*}{r^* + \delta} \leq \frac{1}{2\pi} \iint\limits_{r^* + \delta \leq |\zeta| \leq 1} \frac{D(\zeta) - 1}{|\zeta|^2} \, d\sigma_\zeta \leq \frac{1}{2\pi \delta^2} \iint\limits_{r^* + \delta \leq |\zeta| \leq 1} (D(\zeta) - 1) \, d\sigma_\zeta$$

$$= \frac{1}{2\pi \delta^2} \iint\limits_{|z| \leq 1} (D(z) - 1) \left|\frac{d\zeta}{dz}\right|^2 d\sigma_z \leq \frac{M^2(\delta)}{2\pi \delta^2} \varepsilon = \mu(\delta) \, \varepsilon.$$

Man legt jetzt fest, daß $\delta = \delta(\varepsilon)$ so abnimmt, daß $\mu(\delta) \varepsilon \to 0$, wegen der Annahme von r gilt sicher $|z| > r = \varphi(r^*)$.

Andererseits folgt nach Grötzsch

$$|w| = |f(z)| \leq \varphi(\varrho^*) \leq \varphi\left((r^* + \delta) \, e^{\mu(\delta)\,\varepsilon}\right).$$

Daher ist

$$|w(z)| - |z| \leq \varphi\left((r^* + \delta) \, e^{\mu(\delta)\varepsilon}\right) - \varphi(r^*). \tag{2,37}$$

$\mu(\delta) \varepsilon$ sei so klein, daß $e^{\mu(\delta)\varepsilon} < 1 + 2\mu(\delta) \varepsilon$ erfüllt wird; dann schätzt man die Argumentendifferenz der Funktion im rechten Teil der Ungleichung (2,37) ab und erhält

$$(r^* + \delta) \, e^{\mu(\delta)\varepsilon} - r^* \leq (r^* + \delta)(1 + 2\mu(\delta)\varepsilon) - r^* = \delta + 2\delta\mu(\delta)\varepsilon +$$
$$+ r^* 2\mu(\delta)\varepsilon \leq \delta + 2\mu(\delta)\varepsilon.$$

Wegen der Stetigkeit der Funktion φ im abgeschlossenen Intervall $[0,1]$ wird der rechte Teil von (2,37) unendlich klein mit $\delta + 4\mu(\delta)$, und zwar unabhängig von r^* und somit auch von z (für $|z| \geq \delta$). Daher ist der rechte Teil von (2,37) für $|z| \geq \delta$ bewiesen. Für $|z| \leq \delta$ ergibt sich wegen der Homöomorphie und der Bedingung $w(0) = 0$

$$|w(z)| \leq \max_{|z| = \delta} |w(z)| \leq \delta(\varepsilon) + \lambda_1(\varepsilon) = \lambda_2(\varepsilon)$$

mit

$$\lim_{\varepsilon \to 0} \lambda_2(\varepsilon) = \lim_{\varepsilon \to 0} \delta(\varepsilon) + \lim_{\varepsilon \to 0} \lambda_1(\varepsilon) ,$$

was den rechten Teil von (2,36) vollständig beweist.

Lemma 4. Die Funktion $w = f(z)$ bilde den Kreis $|z| \leq 1$ quasikonform auf den Kreis $|w| \leq 1$ ab, wobei $w(0) = 0$ sowie $w(1) = 1$ und

$$\iint\limits_{|z| \leq 1} (D(z) - 1)\, d\sigma_z \leq \varepsilon$$

gelten. Dann wird

$$|w(z) - z| \leq \lambda(\varepsilon) , \tag{2,38}$$

wo $\lambda(\varepsilon)$ nur von ε abhängt und $\lim\limits_{\varepsilon \to 0} \lambda(\varepsilon) = 0$ wird.

Beweis: Man setzt die Abbildung $w = f(z)$ auf den Kreis $|z| \leq 2$ fort, durch die Festlegung

$$f(z) = \frac{1}{\overline{f\left(\dfrac{1}{\overline{z}}\right)}} \qquad \text{für} \quad 1 < |z| \leq 2 .$$

Mit Hilfe dieser Ergänzung wird der Kreis $|z| \leq 2$ auf den Bereich D, dessen Rand wegen (2,36) im Ring

$$\frac{1}{\tfrac{1}{2} + \lambda'(\varepsilon)} \leq |w| \leq \frac{1}{\tfrac{1}{2} - \lambda'(\varepsilon)}$$

liegt, abgebildet. Weiter wendet man die Abbildungen $\zeta = \tfrac{1}{2} z$ und $\omega_1 = \tfrac{1}{2} w$ an und bildet den aus D erhaltenen Bereich D_1 in der ω_1-Ebene konform auf den Kreis $|\omega| \leq 1$ ab, mit $\omega(0) = 0$ und $\omega'(0) > 0$. Es gilt dann $|\omega_1 - \omega| = o(1)$, wenn $\varepsilon \to 0$, für $|\omega_1| \leq 1$, was aus einem Lemma von WARSCHAWSKY [1] hervorgeht.

Da

$$|w(z) - z| = 2\,|\omega_1 - \zeta| \leq 2\,|\omega_1 - \omega| + 2\,|\omega - \zeta|$$

wird, genügt es für den Beweis des Lemmas, sich auf $\omega(\zeta)$ zu beschränken mit $|\zeta| < \tfrac{1}{2}$.

Man bezeichne als nichteuklidischen Abstand $\varrho(\zeta_1, \zeta_2)$ zwischen zwei Punkten des Einheitskreises ihren gewöhnlichen Abstand, erhalten durch eine lineare Transformation, wenn einer der Punkte in den Nullpunkt übergeht. Dann gilt

$$|\varrho(\omega_1, \omega_2) - \varrho(\zeta_1, \zeta_2)| \leq \lambda'\left(\tfrac{81}{4}\,\varepsilon\right) ,$$

wobei

$$|\zeta_1| \leq \tfrac{1}{2} .$$

Dazu bildet man die Kreise $|\zeta| \leq 1$, $|\omega| \leq 1$ linear auf sich selber ab durch $\zeta' = \zeta'(\zeta)$ und $\omega' = \omega'(\omega)$, so daß ζ_1 und ω_1 in den Nullpunkt übergehen. Berücksichtigt man, daß die Dehnung im Kreise $|\zeta| \leq 1$ durch $\left|\dfrac{d\zeta'}{d\zeta}\right| \leq 9$ gegeben ist, so folgt

$$\iint\limits_{|\zeta'|\leq 1} (D(\zeta') - 1)\, d\sigma_{\zeta}' \leq 9 \iint\limits_{|\zeta|\leq 1} (D(\zeta) - 1)\, d\sigma_{\zeta} \leq$$

$$\leq 9 \cdot \tfrac{9}{4} \iint\limits_{|z|\leq 1} (D(z) - 1)\, d\sigma_z \leq \tfrac{81}{4}\, \varepsilon \,.$$

Daraus schließt man nach der Definition von $\varrho\,(\zeta_1, \zeta_2)$ und mit der Ungleichung (2,36), auf

$$|\varrho\,(\omega_1, \omega_2) - \varrho\,(\zeta_1, \zeta_2)| \leq \lambda'\,(\tfrac{81}{4}\,\varepsilon)\,.$$

Jetzt ergibt sich offensichtlich der Beweis des Lemmas indem festgestellt wird, daß die Abbildung unendlich nahe zur Identität liegt. Nach Warschawsky [1] kann man zeigen, daß $\lambda\,(\varepsilon) \leq k\lambda'\,(\tfrac{81}{4}\,\varepsilon)$ ist.

Lemma 5. Für $0 < |z| \leq 1$ sei $f(z)$ beschränkt und quasikonform und es gelte

$$\lim_{r\to 0} \frac{1}{r^2} \iint\limits_{0<|z|\leq r} (D(z) - 1)\, d\sigma_z = 0\,,$$

dann kann man die Abbildung erweitern zu einem Homöomorphismus in $|z| \leq 1$ und ein genügend kleiner Kreis mit dem Zentrum in 0 geht in einen kleinen Kreis über, wobei die Abstandsverhältnisse [im Sinne von (2,39)] erhalten bleiben.

Beweis: Man zeigt, daß die Abbildung $w = f(z)$ im Punkte $z = 0$ homöomorph ist. Hierfür genügt es wegen der Beschränktheit von $f(z)$ zu zeigen, daß der Modul eines zweifach zusammenhängenden Bereiches D, welcher Bild des Ringes $0 < |z| \leq 1$ ist, unendlich wird. Wegen der Voraussetzung des Satzes ist

$$\lim_{m\to\infty} e^{2m} \iint\limits_{|z|\leq e^{-m}} (D(z) - 1)\, d\sigma_z = 0\,,$$

und deshalb existiert

$$\max_{m=1,2\ldots} \frac{e^{2m}}{2\pi} \iint\limits_{|z|\leq e^{-m+1}} (D(z) - 1)\, d\sigma_z = a\,.$$

Man betrachtet jetzt den Ring $e^{-n} \leq |z| \leq 1$ und bezeichnet mit $\mu\,(n)$ den Modul seines Bildes. Dann gilt wegen (2,34)

$$n - \mu\,(n) \leq \frac{\mu\,(n)}{n} \frac{1}{2\pi} \iint \frac{D(z)-1}{|z|^2}\, d\sigma_z =$$

$$= \frac{\mu\,(n)}{2\pi n} \sum_{m=1}^{n} \iint\limits_{e^{-m}\leq|z|\leq e^{-m+1}} \frac{D(z)-1}{|z|^2}\, d\sigma_z \leq$$

$$\leq \frac{\mu\,(n)}{n} \sum_{m=1}^{n} \frac{1}{2\pi} e^{2m} \iint\limits_{e^{-m}\leq|z|\leq e^{-m+1}} (D(z) - 1)\, d\sigma_z \leq \frac{\mu}{n}\, n a = \mu\,(n)\, a$$

oder

$$\mu(n) \geqq \frac{1}{1+a}\, n\,.$$

Daher ist die Abbildung in der Umgebung von 0 stetig und sogar homöomorph. Weiter sei $f(0) = 0$, dann betrachtet man in der z-Ebene einen beliebig kleinen Kreisring konstanter Breite: $\frac{\varrho}{2} \leqq |z| \leqq \varrho$, wobei also ϱ beliebig klein sei. Dann läßt sich zeigen, daß für zwei beliebige Punkte z_1 und z_2 dieses Ringes die Ungleichung

$$\left| \frac{z_2}{z_1} - \frac{w_2}{w_1} \right| \leqq \eta(\varrho) \tag{2,39}$$

gilt, mit $\eta(\varrho) \to 0$ für $\varrho \to 0$. (2,39) beweist das Lemma vollständig.

Dazu zeigt man, daß für jedes beliebige $\varepsilon > 0$, bei genügend kleinem ϱ die Beziehung $\left| \frac{z_2}{z_1} - \frac{w_2}{w_1} \right| < \varepsilon$ gilt. Hierzu betrachtet man die Abbildung im Kreise $|z| \leqq m\varrho$ mit $m = m(\varepsilon) > 1$.

Man geht jetzt zu den Hilfsflächen $\zeta = \frac{z}{m\varrho}$ und $\omega = F(w)$ über, wobei $F(w)$ das Bild des Kreises $|z| \leqq m\varrho$ konform auf den Einheitskreis bezieht, so daß dem Punkt $\zeta = 1$ der Punkt $\omega = 1$ entspricht. Für die Funktion $\omega = \omega(\zeta)$ wird die Größe

$$\iint\limits_{|\zeta| < 1} (D(\zeta) - 1)\, d\sigma_\zeta = \frac{1}{(m\varrho)^2} \iint\limits_{|z| \leqq m\varrho} (D(z) - 1)\, d\sigma_z$$

beliebig klein mit ϱ. Deshalb wird auch

$$\left| \frac{\zeta_2}{\zeta_1} - \frac{w_2}{w_1} \right|$$

beliebig klein mit ϱ, denn

$$|\zeta_1| \geqq \frac{1}{2m} \quad \text{und} \quad |\zeta_2 - \omega_2| \quad \text{sowie} \quad |\zeta_1 - \omega_1|$$

sind nach Lemma 4 klein. Es bleibt noch zu bemerken, daß $\frac{z_2}{z_1} = \frac{\zeta_2}{\zeta_1}$ und die Größe $\left| \frac{\omega_2}{\omega_1} - \frac{w_2}{w_1} \right|$ genügend klein gemacht werden können, bei genügend großem $m = m(\varepsilon)$, womit auch das letzte Lemma bewiesen ist.[1]

Aus diesen 5 Lemmas ergibt sich der *Satz von* Belinskij nach dem folgenden

Beweis: Da das Integral $\displaystyle\iint\limits_{0 \leqq |z| \leqq 1} \frac{D(z) - 1}{|z|^2}\, d\sigma_z$ konvergiert, so wird

$$\iint\limits_{0 \leqq |z| \leqq r} \frac{D(z) - 1}{|z|^2}\, d\sigma_z$$

klein mit r.

---

[1] Lemma 5 ist eine Verallgemeinerung eines Satzes von Lavrentieff [2].

Nun ist

$$\frac{1}{r^2} \iint\limits_{0 < |z| \leq r} (D(z) - 1)\, d\sigma_z \leq \iint\limits_{0 < |z| \leq r} \frac{D(z) - 1}{|z|^2}\, d\sigma_z$$

und deshalb existiert nach Lemma 5 der Limes

$$\lim_{z \to 0} w = w_0 \,.$$

Man setzt $w_0 = 0$ und beweist, daß

$$\frac{1}{\mu} \leq \left|\frac{w}{z}\right| \leq \mu \,.$$

Da wegen desselben Lemmas der unendlich kleine Kreis $|z| = r$ in einen Kreis übergeht, so genügt es zu zeigen, daß die Größe $\left|\mu(r) - \log \frac{1}{r}\right| < M$, wobei $\mu(r)$ der Modul des Bildes $r \leq |z| \leq 1$ ist. Jedoch gilt wegen Lemma 1

$$\left|\mu(r) - \log \frac{1}{r}\right| \leq \frac{1}{2\pi} \iint\limits_{r \leq |z| \leq 1} \frac{D(z) - 1}{|z|^2}\, d\sigma_z < \frac{A}{2\pi} \,,$$

mit

$$A = \iint\limits_{0 \leq |z| \leq 1} \frac{D(z) - 1}{|z|^2}\, d\sigma_z \,.$$

Daher ist der Limes $\lim\limits_{z \to 0} \frac{w}{z}$, falls er existiert, von 0 und ∞ verschieden. Im Falle der Abbildung auf den Kreis $|w| \leq 1$ gilt

$$e^{-\frac{A}{2\pi}} \leq \liminf \left|\frac{w}{z}\right| \leq \limsup \left|\frac{w}{z}\right| \leq e^{\frac{A}{2\pi}} \,.$$

Jetzt beweist man, daß für genügend kleine z_1 und z_2, oder was dasselbe bedeutet, für genügend kleine $w_1 = w(z_1)$ und $w_2 = w(z_2)$ die Größe $\left|\frac{w_2}{z_2} - \frac{w_1}{z_1}\right|$ kleiner ist, als eine beliebig vergebene Zahl $\varepsilon > 0$. Man betrachtet zunächst den Fall

$$\frac{1}{2} \leq \left|\frac{z_1}{z_2}\right| \leq 1 \,.$$

Hier gilt

$$\left|\frac{w_2}{z_2} - \frac{w_1}{z_1}\right| = \left|\frac{w_1}{z_1}\right| \left|\frac{z_1}{z_2}\right| \left|\frac{w_2}{w_1} - \frac{z_2}{z_1}\right| \leq \mu\, \eta(\varrho) \to 0 \qquad \text{für } \varrho \to 0$$

denn

$$\left|\frac{w_1}{z_1}\right| \leq \mu \,; \quad \left|\frac{z_1}{z_2}\right| \leq 1 \text{ und } \left|\frac{w_2}{w_1} - \frac{z_2}{z_1}\right| \leq \eta(\varrho)$$

nach Ungleichung (2,39). Wählt man jetzt $|z_2| > 2\,|z_1|$, so gilt wegen (2,39) und der Homöomorphie: $|w_2| > (2 - \eta(\varrho))\,|w_1|$.

Betrachtet man die Abbildung im Kreis $|z| \leq |z_2|$ und geht zu den Veränderlichen $\zeta = \dfrac{z}{z_2}$, $\omega = \dfrac{w}{w_2}$ über, so läßt sich die Größe

$$\left| \frac{w_2}{z_2} - \frac{w_1}{z_1} \right| ,$$

die wir abschätzen müssen, in der Form

$$\left| \frac{w_2}{z_2} - \frac{w_1}{z_1} \right| = \left| \frac{w_2}{z_2} - \frac{\omega_1}{\zeta_1} \frac{w_2}{z_2} \right| = \left| \frac{w_2}{z_2} \right| \left| 1 - \frac{\omega_1}{\zeta_1} \right|$$

schreiben und ist wegen der Beschränktheit von $\left| \dfrac{w_2}{z_2} \right|$ von derselben Größenordnung wie $\left| 1 - \dfrac{\omega_1}{\zeta_1} \right|$.

Der Kreisring $|\zeta_1| \leq |\zeta| \leq 1$, der dem Kreisring $|z_1| \leq |z| \leq z_2$ entspricht, geht nach Lemma 5 fast in den Ring D über, dessen Rand nahe zum Kreis $|\omega| = 1$ und $|\omega| = |\omega_1|$ ist $\left(\text{nahe im Sinne des Verhältnisses } \dfrac{\max |w|}{\min |w|}\right)$.

Deshalb liegt wegen der bekannten Eigenschaft zweifach zusammenhängender Gebiete der Modul von D nahe beim Wert $\log \dfrac{1}{|\omega_1|}$. Dieser Modul unterscheidet sich jedoch von der Größe $\log \dfrac{1}{|\zeta_1|}$ um nicht mehr als

$$\frac{1}{2\pi} \iint\limits_{|\zeta_1| \leq |\zeta| \leq 1} \frac{D(\zeta)-1}{|\zeta|^2} \, d\sigma_\zeta = \frac{1}{2\pi} \iint\limits_{|z_1| \leq |z| \leq |z_2|} \frac{D(z)-1}{|z|^2} \, d\sigma_z = o(1) .$$

Deshalb gilt

$$\left| \log \frac{1}{|\omega_1|} - \log \frac{1}{|\zeta_1|} \right| = o(1)$$

oder

$$\left| \frac{\omega_1}{\zeta_1} \right| = e^{o(1)} = 1 + o(1) .$$

Es bleibt zu zeigen, daß $\arg \dfrac{\omega_1}{\zeta_1}$ auch eine beliebig kleine Größe ist.

Hierfür betrachtet man den Kreisring $|\omega_1| \leq |\omega| \leq 1$, dem in der ζ-Ebene ein kreisringähnlicher Bereich Γ_ζ entspricht. Nach Lemma 5 gilt

$$\underline{\delta}_i = \min_{|\omega| = |\omega_1|} \arg \frac{\omega(\zeta)}{\zeta} \;;\; \overline{\delta}_e = \max_{|\omega| = 1} \arg \frac{\omega(\zeta)}{\zeta} = o(1)$$

und

$$\arg \frac{\omega}{\zeta} - \delta = o(1) \text{ mit } \delta = \underline{\delta}_i - \overline{\delta}_e.$$

Nach Lemma 2 ist

$$\delta \leq \frac{1}{2\pi} \iint\limits_{\Gamma_\zeta} \frac{D(\zeta)-1}{|\zeta|^2} \, d\sigma_\zeta + \left(1 + \frac{\log \dfrac{1}{|\zeta_1|}}{\log \dfrac{1}{|\omega_1|}} \right) o(1) .$$

Da δ beliebig klein wird, so ist der Satz von Belinskij bewiesen.

2.9. Satz von R. NEVANLINNA. Es sei $w = h(z)$ für $0 < |z| \leq R$ stetig differenzierbar eineindeutig und

$$\liminf_{r \to 0} M(r)\, r = 0 \; ; \quad \int_0 E_r \frac{dr}{r} < \infty \tag{2,40}$$

mit

$$M(r) = \max_{|z| = r} |h(z)| \quad \text{und}$$

$$E_r = \max_{0 \leq |z| \leq r} |E_{wz}(z)| \, , \quad \text{wenn} \quad E_{wz} = 2iq$$

[hier bedeutet q die komplexe Ableitung nach (2,13)]. Dann ist

$$h(z) = c_0 + c_1 z \, (1 + o(1)) \quad \text{für} \quad |z| \to 0 \, ,$$

wobei c_0 und c_1 die von ϱ $(0 < \varrho \leq R)$ unabhängigen Zahlen

$$c_0 = \frac{1}{2\pi i} \int_{|z| = \varrho} \frac{h(z)}{z}\, dz - \frac{1}{2\pi i} \iint_{|z| \leq \varrho} \frac{E_{wz}(z)\, d\sigma_z}{z}$$

und

$$c_1 = \frac{1}{2\pi i} \int_{|z| = \varrho} \frac{h(z)\, dz}{z^2} - \frac{1}{2\pi i} \iint_{|z| \leq \varrho} \frac{E_{wz}(z)\, d\sigma_z}{z^2}$$

bedeuten. (Vgl. R. NEVANLINNA [5].)

Beweis: Aus dem „verallgemeinerten Cauchyschen Integralsatz" folgt sofort die Unabhängigkeit der Werte c_0 und c_1 von ϱ. Die Flächenintegrale sind wegen (2,40) absolut konvergent.

Nach der verallgemeinerten Cauchyschen Integralformel ist

$$2\pi i\, h(t) = \int_{|z| = \varrho} \frac{h(z)}{z - t}\, dz - \int_{|z| = r} \frac{h(z)}{z - t}\, dz - \iint_{r \leq |z| \leq \varrho} \frac{E_{wz}(z)}{z - t}\, d\sigma_z$$

für

$$0 < r < |t| < \varrho \qquad (\leq R) \, .$$

Hier gilt

$$\left| \int_{|z| = r} \right| \leq M(r) \int_{|z| = r} \frac{|dz|}{|t| - |z|} = \frac{2\pi r\, M(r)}{|t| - r} \, .$$

Wegen (2,40) verschwindet dieses Integral, wenn man r durch passende Werte gegen 0 streben läßt.

Also ist

$$h(t) = \frac{1}{2\pi i} \int_{|z| = \varrho} \frac{h(z)}{z - t}\, dz - \frac{1}{2\pi i} \iint_{|z| \leq \varrho} \frac{E_{wz}}{z - t}\, d\sigma_z \, . \tag{2,41}$$

Durch Entwickeln von

$$\frac{1}{z - t} = \frac{1}{z} + \frac{t}{z^2} + \frac{t^2}{z^2(z - t)}$$

und nachheriges Einsetzen erhält man

$$h(t) = c_0 + c_1(t) + t\, J \, ,$$

mit

$$J = \frac{1}{2\pi i} \int\limits_{|z|=\varrho} \frac{t \cdot h(z)}{z^2(z-t)}\, dz - \frac{1}{2\pi i} \int\limits_{|z|\leq\varrho}\!\!\int \frac{tE_{wz}(z)}{z^2(z-t)}\, d\sigma_z\,.$$

Zu zeigen ist, daß

$$J \to 0 \quad \text{geht für} \quad t \to 0\,.$$

Das ist für das erste Linienintegral evident. Man hat also nur das Flächenintegral

$$\frac{1}{2\pi i} \int\limits_{|z|\leq\varrho}\!\!\int \frac{t\,E_{wz}(z)}{z^2(z-t)}\, d\sigma_z \tag{2,42}$$

zu untersuchen. Zu diesem Zwecke fixiert man $t \neq 0$ daß $|t| \leq 2\,\varrho$ gilt und setzt $|t| = 2\,\tau$.

Jetzt folgt die Zerlegung

$$\int\limits_{|z|\leq\varrho}\!\!\int \frac{t\,E_{wz}(z)}{z^2(z-t)}\, d\sigma_z = \int\limits_{|z-t|\leq\tau}\!\!\int + \int\limits_{\left\{\substack{|z-t|\geq\tau \\ |z|\leq\varrho}\right\}}\!\!\int = J_1 + J_2\,.$$

Abschätzung von J_2:

Hier ist

$$|z-t| \geq \tau\,, \quad \left|\frac{t}{z-t}\right| \leq \frac{2\tau}{\tau} = 2$$

also

$$|J_2| \leq 2 \int\!\!\int \frac{|E_{wz}|}{|z|^2}\, d\sigma_z \leq 2 \int\limits_{|z|\leq\varrho}\!\!\int \frac{|E_{wz}|\, d\sigma_z}{|z|^2} =$$

$$= 2 \int\limits_{r=0}^{\varrho} \int\limits_{\varphi=0}^{2\pi} \frac{|E_{wz}(re^{i\varphi})|}{r}\, dr\, d\varphi \leq 4\pi \int\limits_{r=0}^{\varrho} \frac{E_r}{r}\, dr\,.$$

Abschätzung von J_1:

Für J_1 ist $|z| \geq \tau$, also

$$\left|\frac{t}{z^2}\right| = \frac{2\tau}{|z|^2} \leq \frac{2}{\tau}\,,$$

das heißt

$$|J_1| \leq \int\limits_{|z-t|\leq\tau}\!\!\int \left|\frac{t}{z^2}\right| \frac{|E_{wz}(z)|}{|z-t|}\, d\sigma_z \leq \frac{2}{\tau} \int\limits_{|z-t|\leq\tau}\!\!\int \frac{|E_{wz}(z)|}{|z-t|}\, d\sigma_z\,.$$

Setzt man $\omega = z - t = \lambda e^{i\vartheta}$, $d\sigma_z = \lambda\, d\lambda\, d\vartheta$ dann wird

$$|J_1| \leq \frac{2}{\tau} \int\limits_{\lambda=0}^{\tau} \int\limits_{\vartheta=0}^{2\pi} |E_{wz}(z)|\, d\lambda\, d\vartheta$$

und ferner

$$|E_{wz}(z)| \leq E_{|z|} \leq E_{|\omega+t|} \leq E_{|\omega|+2\tau} = E_{\lambda+2\tau}$$

also

$$|J_1| \leq \frac{4\pi}{\tau} \int\limits_{\lambda=0}^{\tau} E_{\lambda+2\tau}\, d\lambda\,.$$

Schreibt man $r = \lambda + 2\,\tau$, $dr = d\lambda$, so folgt daraus

$$|J_1| \leq \frac{4\,\pi}{\tau} \int\limits_{r=2\tau}^{3\,\tau} E_r\, dr$$

und schließlich wegen

$$r \leq 3\,\tau\,, \quad \tau \geq \frac{r}{3}\,, \quad \frac{1}{\tau} \leq \frac{3}{r}$$

$$|J_1| \leq 12\,\pi \int\limits_{r=2\tau}^{3\,\tau} \frac{E_r}{r}\, dr \leq 12\,\pi \int\limits_{0}^{3\,\tau} \frac{E_r}{r}\, dr \leq 12\,\pi \int\limits_{0}^{\varrho} \frac{E_r}{r}\, dr\,.$$

Zusammenfassend wird also

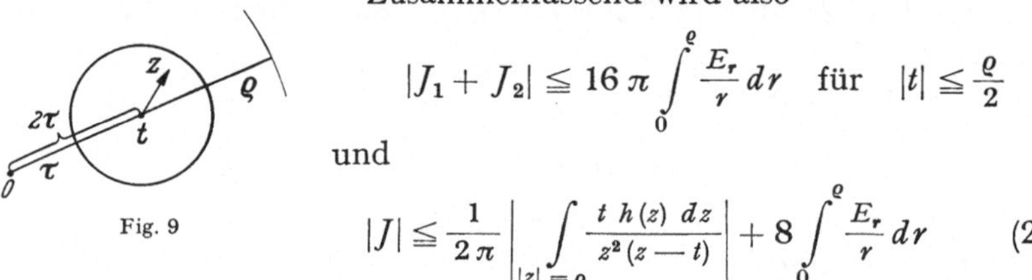

Fig. 9

$$|J_1 + J_2| \leq 16\,\pi \int\limits_{0}^{\varrho} \frac{E_r}{r}\, dr \quad \text{für} \quad |t| \leq \frac{\varrho}{2}$$

und

$$|J| \leq \frac{1}{2\,\pi} \left| \int\limits_{|z|=\varrho} \frac{t\,h\,(z)\,dz}{z^2\,(z-t)} \right| + 8 \int\limits_{0}^{\varrho} \frac{E_r}{r}\, dr \qquad (2,43)$$

für $|t| \leq \frac{\varrho}{2}$ und $\varrho \leq R$.

Sei nun ε eine beliebig kleine Zahl > 0, dann kann man wegen (2,40) eine so kleine Zahl $\varrho_\varepsilon > 0$ finden, daß das letzte Glied in (2,43) $< \frac{\varepsilon}{2}$ ausfällt, für $\varrho = \varrho_\varepsilon$ und $|t| \leq \frac{\varrho_\varepsilon}{2}$.

Ferner hat man eine Zahl $\varrho'_\varepsilon > 0$ so zu bestimmen, daß das erste Glied rechts in (2,43) für $\varrho = \varrho_\varepsilon$ kleiner als $\frac{\varepsilon}{2}$ wird für $|t| \leq \varrho'_\varepsilon$.

Sei jetzt $\delta_\varepsilon = \min\left(\frac{\varrho_\varepsilon}{2},\, \varrho'_\varepsilon\right)$, dann wird

$$|J| \leq \varepsilon \quad \text{sobald} \quad |t| < \delta_\varepsilon\,,$$

das heißt, es ist $J \to 0$ für $t \to 0$, womit der Satz bewiesen ist[1].

Ein Vergleich von E_{wz} mit dem Dilatationsquotienten $D_{z/w}$ ergibt

$$E_r \leq (D\,(r) - 1)\,\max_{|z| \leq r} |h'\,(z)| \qquad (D\,(r) = \max D_{z/w})\,.$$

Hieraus folgt, daß wenn der Abbildungsmodul $|h'\,(z)|$ beschränkt ist, sich die Konvergenz von $\int\limits_{0} \frac{E_r}{r}\, dr$ aus der Konvergenz von $\int\limits_{0} \frac{D(r) - 1}{r}\, dr$ ergibt.

Wie aus der Betrachtung in 2.8. hervorging, zieht die Konvergenz des Integrals $\int\limits_{0} \frac{D(r) - 1}{r}\, dr$ die Differenzierbarkeit von $h\,(z)$ im Punkte $z = 0$ nach sich[2].

---

[1] Den Beweis dieses Satzes verdanke ich einer mündlichen Mitteilung von Herrn R. NEVANLINNA.

[2] Man vergleiche zu diesem Abschnitt auch die Untersuchungen von S. KAHRAMANER [1].

2.10. Eine Verallgemeinerung der Ungleichung von GRÖTZSCH. Ausgehend von der Darstellung der verallgemeinerten Ringgebiete nach Abschnitt 1.15. ist man in der Lage, Sätze, die am Anfang dieses Kapitels betrachtet wurden, genereller zu gestalten. Das von PFLUGER definierte Ringgebiet (Γ_0, Γ_1) (vgl. 1. 15.) wird durch einen K-quasikonformen Homöomorphismus

$$z' = \Phi(z)$$

auf den Ring (Γ_0', Γ_1') abgebildet mit $M = \mathrm{mod}(\Gamma_0, \Gamma_1)$ und $M' = \mathrm{mod}(\Gamma_0', \Gamma_1')$. Die Funktion u bzw. u' sei im Gebiete G bzw. G' eindeutig, harmonisch und verschwinde auf Γ_0 bzw. Γ_0', so daß $\int_{\Gamma_0} \frac{\partial u}{\partial n}\, ds = 2\,\pi$. Auf Γ_1 bzw. Γ_1' nehme sie den Wert M bzw. M' an. Mit v und v' seien die konjugiert harmonischen Funktionen bezeichnet, so daß die Funktionen $w = u + iv$ und $w' = u' + iv'$ im Kleinen eindeutig sind. Es ist dann $|dw|$ das $|dz|$ entsprechende Längenelement in der w-Ebene, $|dw'|$ das $|dz'|$ zugeordnete in der w'-Ebene. Für die Flächenelemente gelten die gleichen Überlegungen. Mit $\Gamma_\lambda\,(0 \leq \lambda \leq M)$ bezeichnet man die Niveaulinien von $u = \lambda$ und ihr Bild sei Γ_λ'. Dieses ist i. a. von den Niveaulinien $u' = \lambda$ verschieden. Wird

$$\max_{z \in \Gamma_\lambda} D(z) = K_\lambda \tag{2,44}$$

gesetzt, so ist natürlich $K_\lambda \leq K$. Liegt auf Γ_λ keine kritische Stelle von u, so ist

$$2\,\pi = \int_{\Gamma_\lambda} dv' \leq \int_{\Gamma_{\lambda'}} \left|\frac{dw'}{dw}\right|\,|dw|\,. \tag{2,45}$$

Die Anwendung der Schwarzschen Ungleichung sowie (2,18) ergeben

$$4\pi^2 \leq \int_{\Gamma_\lambda} \left|\frac{dw'}{dw}\right|^2 |dw| \int_{\Gamma_\lambda} |dw| \leq 2\,\pi\,K_\lambda \int_{\Gamma_\lambda} \left(\frac{d\sigma_w'}{d\sigma_w}\right) |dw|\,.$$

Enthält der Ring $(\Gamma_{\lambda_1}, \Gamma_{\lambda_2})$ keine kritischen Stellen von u, so folgt wegen $d\sigma_w' = |\mathrm{grad}\,u'|^2\, d\sigma_z'$

$$2\,\pi \int_{\lambda_1}^{\lambda_2} \frac{d\lambda}{K_\lambda} \leq \int_{\lambda_1}^{\lambda_2} \left(\int_{\Gamma_\lambda} \left(\frac{d\sigma_w'}{d\sigma_w}\right) |dw|\right) d\lambda = \int\!\!\int_{\lambda_1 \leq u \leq \lambda_2} \left(\frac{d\sigma_w'}{d\sigma_w}\right) d\sigma_w =$$

$$= \int\!\!\int_{(\Gamma_{\lambda_1}', \Gamma_{\lambda_2}')} |\mathrm{grad}\,u'|^2\, dx'\, dy'\,.$$

Daraus schließt man, da nur endlich viele kritische Stellen vorhanden sind, auf

$$\int_0^M \frac{d\lambda}{K_\lambda} \leq \frac{1}{2\,\pi} \int\!\!\int_{G'} |\mathrm{grad}\,u'|^2\, dx'\, dy' = M'\,.$$

Aus diesen Überlegungen folgt der

Satz: Sind die beiden allgemeinen Ringe (Γ_0, Γ_1) und (Γ_0', Γ_1') durch einen K-quasikonformen Homöomorphismus aufeinanderbezogen, so ist

$$\int\limits_0^M \frac{d\lambda}{K_\lambda} \leqq M'$$

und

$$K^{-1}M \leqq M' \leqq KM . \tag{2,27c}$$

(2,27c) ist eine Verallgemeinerung von (2,27).

2.11. Punktmengen der Kapazität Null. G sei ein Gebiet in der z-Ebene, das durch eine wachsende Folge von Teilgebieten

$$G_0 \subset G_1 \subset G_2 \subset \cdots \subset G_n \subset \cdots$$

ausgeschöpft wird, deren Rand Γ_n nur aus endlich vielen Jordankurven besteht. Es ist dann mod $(\Gamma_0, \Gamma_n) = M_n$ monoton wachsend und der Rand Γ des Gebietes G ist von positiver oder von verschwindender logarithmischer Kapazität, je nachdem, ob $\lim\limits_{n \to \infty} M_n = M$ endlich oder unendlich ist. Wird jetzt G durch einen K-quasikonformen Homöomorphismus abgebildet, so ist der Rand des Bildgebietes nach dem Satz aus 2.10. von der Kapazität 0, falls jener von G es ist, damit gilt also der

Satz: Die Eigenschaft eines Randes, daß seine logarithmische Kapazität verschwindet, ist invariant gegenüber einem K-quasikonformen Homöomorphismus.

Für die Invarianz der Randkapazität genügt bereits, daß der Dilatationsquotient $D(z)$ gegen den Rand nicht zu stark anwächst (vgl. Pfluger [4]).

2.12. Die Robinsche Konstante. Um auch Aussagen über das Verhalten der Robinschen Konstanten gegenüber einem K-quasikonformen Homöomorphismus zu erhalten, werde das Gebiet G quasikonform auf G' so abgebildet, daß für $|z| \to \infty$ die Normierung

$$|z'| = c\,|z|^\eta\,(1 + o(1)) \tag{2,46}$$

gilt mit $c > 0$, $\eta > 0$. Sei jetzt γ die Robinsche Konstante von Γ und γ' diejenige des Bildrandes Γ'. Mit $g(z, \infty)$ bezeichnet man die Greensche Funktion von G und mit Γ_λ die Niveaulinien $g = \lambda$, weiter gibt Γ_λ' die Bildkurve von Γ_λ an und $M_\lambda = \mathrm{mod}\,(\Gamma, \Gamma_\lambda)$, $M_\lambda' = \mathrm{mod}\,(\Gamma', \Gamma_\lambda')$. Da $M_\lambda = \lambda$ ist und wegen des Satzes in Abschnitt 2.10., d. h.

$$\int\limits_0^\Lambda \frac{d\lambda}{K_\lambda} \leqq M_\Lambda' .$$

ergibt die Subtraktion von

$$\log \varrho'_\Lambda = \log c + \eta \, (\Lambda - \gamma)$$

den Ausdruck

$$\eta \, \gamma - \log c + \int\limits_0^\Lambda \left(\frac{1}{K_\lambda} - \eta \right) d\lambda \leqq M'_\Lambda - \log \varrho'_\Lambda \; .$$

Daraus schließt man nach PFLUGER [4] auf den

Satz 1: Sind die beiden Gebiete G und G' vermittels eines K-quasi-konformen Homöomorphismus aufeinander bezogen, so daß der unendlich ferne Punkt festbleibt und die Normierung (2,46) gilt, dann besteht zwischen den Robinschen Konstanten ihrer Ränder Γ und Γ' die Ungleichung

$$\gamma' \geqq \eta \, \gamma - \log c + \int\limits_0^\infty \left(\frac{1}{K_\lambda} - \eta \right) d\lambda \; .$$

Für $c = 1$ und $\eta = 1$ gilt speziell

$$\gamma - \gamma' \leqq \int\limits_0^\infty \left(\frac{1}{K_\lambda} - 1 \right) d\lambda$$

und für $c = 1$, $\eta = \dfrac{1}{K}$ ist

$$\gamma \leqq K \gamma' \; .$$

Die Konvergenz des Integrals $\int\limits_\infty^\infty \left(1 - \dfrac{1}{K_\lambda} \right) d\lambda$ ist gleichbedeutend mit der des Integrals $\int (K_\lambda - 1) \, d\lambda$. Im letzten Fall hat TEICHMÜLLER die Existenz der Konstanten c nachgewiesen, für die nach 2.7. gilt

$$|z'| = c \, |z| \, (1 + o \, (1)) \; .$$

Man kann auch zeigen, daß die obige Ungleichung exakt ist, denn für $K = 1$, $\eta = 1$ und $c = 1$ folgt daraus die Invarianz der Robinschen Konstante. Nach HÄLLSTRÖM gilt der

Satz 2: Werden die beiden Gebiete G und G' vermittels eines quasikonformen Homöomorphismus, der den Bedingungen des Teichmüller-Wittichschen Verzerrungssatzes mit der Konstanten $c = 1$ genügt, aufeinander abgebildet, so ändert sich die Robinsche Konstante höchstens um den Betrag des Integrals (2,28a), erstreckt über G.

Für weitere verwandte Abschätzungen sei auf die Arbeit von HÄLLSTRÖM [1] verwiesen.

Nimmt man anstelle des Gebietes $G - \infty$ das Gebiet $G - a$, so ist das Glied γ_a in

$$g \, (z, a) = \log \left| \frac{1}{z - a} \right| + \gamma_a + o \, (1)$$

gleich dem reduzierten Modul und $R_a = e^{\gamma_a}$ heißt bekanntlich der Abbildungsradius. Es gilt der

Satz 3: Sind die beiden Gebiete G und G' durch einen K-quasikonformen Homöomorphismus aufeinander bezogen, so daß der Punkt $a \in G$ festbleibt und gilt die Normierung

$$|z' - a| = |z - a|^\eta \, (1 + o\,(1)) \quad \text{für} \quad z \to a$$

und $\eta > 0$, so besteht zwischen den Abbildungsradien R_a und R_a' der Gebiete G und G' im Punkte a die Ungleichung

$$\log R_a' \geqq \eta \log R_a + \int\limits_0^\infty \left(\frac{1}{K_\lambda} - \eta \right) d\lambda \; .$$

Für $\eta = 1$ folgt

$$\log \frac{R_a'}{R_a} \geqq \int\limits_0^\infty \left(\frac{1}{K_\lambda} - 1 \right) d\lambda$$

und für $\eta = \dfrac{1}{K}$

$$R_a \leqq (R_a')^K.$$

2.13. Durchmesser und Kapazität. Die beiden letzten Sätze lassen sich für weitere Verzerrungsbetrachtungen verwenden. Es soll zunächst das Gebiet G den unendlich fernen Punkt enthalten. Zwischen dem Durchmesser D und der Kapazitätskonstanten C seines Randes gilt die bekannte Ungleichung

$$D\,(\Gamma) \leqq 4\,C\,(\Gamma) = 4\,e^{-\gamma}.$$

Diese Ungleichung liefert in Verbindung mit Satz 1. aus 2.12. den

Satz 1: Wird das Kreisäußere $|z| > r$ durch einen K-quasikonformen Homöomorphismus in die z'-Ebene abgebildet, daß der unendlich ferne Punkt festbleibt und dort die Normierung

$$|z'| = |z|\,(1 + o\,(1)) \quad \text{bzw.} \quad |z'| = |z|^{1/K}\,(1 + o\,(1)) \quad \text{für} \quad z \to \infty$$

erfüllt ist, so gilt für den Durchmesser $D\,(\Gamma')$ des Bildrandes

$$D(\Gamma') \leqq 4\,r\,e^\mu \quad \text{bzw.} \quad D(\Gamma') \leqq 4\,r^{1/K}$$

mit

$$\mu = \int\limits_r^\infty \left(1 - \frac{1}{K_\varrho} \right) \frac{d\varrho}{\varrho} \; ; \; K_\varrho = \operatorname*{Max}_{|z|=\varrho} D\,(z) \; .$$

Ist der Nullpunkt nicht in G' enthalten, so folgt nach Ausübung der Inversion $w = \dfrac{1}{z}$ und $w' = \dfrac{1}{z'}$, entsprechend

Satz 2: Wird der Kreis $|w| < r$ durch einen K-quasikonformen Homöomorphismus auf ein Gebiet der w'-Ebene abgebildet, das den unendlich fernen Punkt nicht enthält, und zwar so, daß der Nullpunkt fest bleibt und dort die Normierung

$$|w'| = |w|^{1/K} (1 + o\,(1)) \quad \text{für} \quad w \to 0$$

gilt, so enthält die Kreisscheibe

$$|w'| < \tfrac{1}{4}\, r^{1/K}$$

keinen Randpunkt des Bildgebietes.

Satz 2 geht für $K = 1$ in den Koebe-Bieberbachschen Viertelsatz über.

Für die Gültigkeit der letzten Sätze war die Normierung im Nullpunkt wesentlich. Will man Schranken in der anderen Richtung haben, so ist eine entsprechende Normierung anzubringen. Satz 2 lieferte eine untere Schranke für den nächsten Randpunkt des Bildgebietes. Will man aber für diesen nächsten Randpunkt eine obere Schranke geben, so ist die Abbildung zu normieren durch

$$|z'| = |z|^{K}(1 + o\,(1)) \quad \text{für} \quad z \to 0 \; ; \tag{2,47}$$

dadurch erhält man

Satz 3: Wird der Einheitskreis $|z| < 1$ durch einen K-quasikonformen Homöomorphismus in die z'-Ebene abgebildet, wobei der Nullpunkt fest bleibt und dort der Bedingung (2,47) genügt, so ist der nächste Randpunkt um weniger als 1 vom Nullpunkt entfernt, ausgenommen wenn

$$z' = e^{i\,\alpha}z\,|z|^{K-1}$$

ist.

Satz 4: Der Kreis K_z: $|z| < 1$ wird durch einen K-quasikonformen Homöomorphismus auf K_w: $|w| < 1$ abgebildet, dadurch entsteht auch eine entsprechende Abbildung der Kreisperipherien. Eine Punktmenge E_z auf $|z| = 1$ und die Bildmenge E_w auf $|w| = 1$ sind immer gleichzeitig von der äußeren Kapazität 0 (vgl. PFLUGER [5] und JENKINS [1]).

Beweise: Es wird eine Jordankurve Γ_0 in K_z betrachtet mit dem Bild Γ_0' in K_w. J sei die Menge der Wege, die Γ_0 in K_z mit E_z verbinden und J' bezeichne ihre Bildmenge in K_w. Benutzt man die Verzerrungseigenschaft für die extremale Länge nach (2,27b) und die bekannte Relation:

$$\overline{\text{Kap}}\,E_z = 0 \leftrightarrow \lambda_J = \infty \,,$$

so ist also mit $\overline{\text{Kap}}\,E_z = 0$ entsprechend $\lambda_J = \infty$, also auch $\lambda_{J'} = \infty$ und daher natürlich $\overline{\text{Kap}}\,E_w = 0$. Das gilt auch für die inverse Abbildung von K_w auf K_z.

2.14. Über die Koebesche Konstante. In der Funktionentheorie gilt der Koebesche Verzerrungssatz: Die durch $f(0) = 0$ und $f'(0) = 1$ normierte Funktion $w = f(z)$ bilde den Einheitskreis holomorph und schlicht ab, dann ist

a) $$\frac{1 - |z|}{(1 + |z|)^3} \leqq |f'(z)| \leqq \frac{1 + |z|}{(1 - |z|)^3}$$

b) $$\frac{|z|}{(1 + |z|)^2} \leqq |f(z)| \leqq \frac{|z|}{(1 - |z|)^2} \, .$$

c) Das Bildgebiet des Einheitskreises überdeckt die Kreisscheibe mit dem Zentrum in 0 und dem Radius $\varrho = \tfrac{1}{4}$.

Mit Übertragungen, die sich vorwiegend auf die Aussage c) beziehen, befaßte sich Juve [1], indem er gleichzeitig auch Erweiterungen der Pflugerschen Resultate aus 2.12. bis 2.14. erzielte.

Für den quasikonformen Fall werden Abbildungen mit den folgenden Bedingungen untersucht:

1. Die Funktion $w = H(z)$ bilde den Einheitskreis homöomorph und stetig differenzierbar mit der Funktionaldeterminante $J > 0$ auf ein Gebiet ab, das den unendlich fernen Punkt nicht enthält.

2. $H(0) = 0$.

3. $\lim\limits_{z \to 0} \dfrac{|H(z)|}{|z|^{1/D(0)}} = 1$.

Ist $D(0) = 1$ so bedeutet diese Normierung, daß $|H'(0)| = 1$ sei.

Es stellt sich nun die Frage, welchen Bedingungen der Dilatationsquotient unterworfen werden muß, damit die entsprechende Abbildungsklasse eine Koebesche Konstante besitzt. Die bloße Beschränktheit des Dilatationsquotienten reicht noch nicht hin, wie das folgende einfache Beispiel zeigt: Die Funktion $z = aw + (1 - a)\,|w|\,w$ $(0 < a < 1)$, vermittelt eine Abbildung des Einheitskreises $|w| < 1$ in sich. Dieser werde durch

$$\zeta = \frac{a\,w}{1 + w\sqrt{1 - a}}$$

konform auf den Kreis

$$|\zeta + \sqrt{1 - a}\,| \leqq 1$$

abgebildet. Die zusammengesetzte Abbildung weist den Dilatationsquotienten $1 \leqq D(z) \leqq 2 - a$ auf. Da a beliebig klein gemacht werden kann, so erkennt man, daß die durch $D(z) \leqq 2$ bestimmte Klasse von quasikonformen Homöomorphismen keine Koebesche Konstante besitzen kann. Die Einschränkungen, welche man an den Dilatationsquotienten stellen muß, ergeben sich auf Grund bestimmter Hilfsabbildungen. Der Kreis $|z| < 1$ sei quasikonform auf ein Gebiet G der w-Ebene bezogen, unter Berücksichtigung der Bedingungen 1.—3.

Die Berandung von G habe die kürzeste Nullpunktentfernung a, wobei dieser Punkt auf der negativen reellen Achse liege. Mittels

$$w_1 = \frac{\sqrt{a} - \sqrt{a+w}}{\sqrt{a} + \sqrt{a+w}}$$

wird G auf ein Gebiet G_1 transformiert. Dieses Gebiet G_1 soll längs der positiven reellen Achse aufgeschnitten und dann vermittels $\zeta = \log w_1$ in ein Gebiet $\overline{G}$ der ζ-Ebene abgebildet werden. Die Berandung von $\overline{G}$ besteht aus 2 Strahlen ($\eta = 0$ und $\eta = 2\pi$) und aus einem Kontinuum Θ_0, das diese Strahlen verbindet. Den Strahlen entspreche die Kurve C in der z-Ebene. Der längs C aufgeschlitzte Kreis $|z| \leq 1$ werde ebenfalls durch

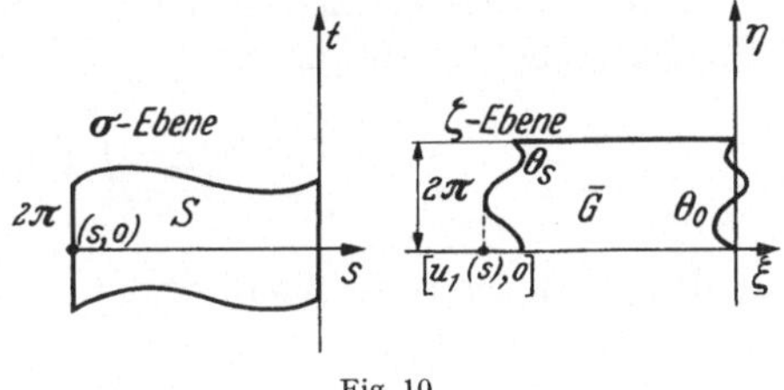

Fig. 10

$\sigma = \log\ z$ auf ein Streifengebiet S der σ-Ebene bezogen. Die zusammengesetzte Funktion $\zeta = \zeta(\sigma)$ bildet jede in S gelegene Strecke $s = $ const. auf eine Kurve Θ_s in $\overline{G}$ ab, die $\eta = 0$ und $\eta = 2\pi$ verbindet. Bezeichnet man ihre Länge mit $\Theta(s)$, so folgt

$$\Theta(s)^2 = \left(\int_0^{2\pi} \left|\frac{d\zeta}{dt}\right| dt\right)^2 \leq \int_0^{2\pi} \left|\frac{d\zeta}{dt}\right|^2 \frac{dt}{J} \int_0^{2\pi} J\, dt = l(s) \int_0^{2\pi} J\, dt$$

wo

$$J = \frac{\partial(\xi, \eta)}{\partial(s, t)} \quad \text{und} \quad l(s) = \int_0^{2\pi} \left|\frac{d\zeta}{dt}\right|^2 \frac{dt}{J}.$$

Division durch $l(s)$ und nachfolgende Integration ergibt

$$\int_s^0 \frac{\Theta(s)^2}{l(s)}\, ds \leq \int_0^{2\pi} \int_s^0 J\, ds\, dt.$$

Die rechte Seite mißt den Flächeninhalt des Streifens, der zwischen Θ_s und Θ_0 liegt. Dann ist auch die Ungleichung erfüllt:

$$A(s) = \int_0^{2\pi} \int_s^0 J\, ds\, dt \leq -2\pi\, u_1(s),$$

wo $u_1(s)$ das Minimum von $\mathfrak{Re}\,[\zeta(\sigma)] = \xi(s)$ auf der Strecke $s = $ const. bezeichnet.

Daraus aber folgt die Ungleichung

$$-u_1(s) + \frac{s}{D(0)} \geq \frac{1}{2\pi} \int_s^0 \left(\frac{\Theta(s)^2}{l(s)} - \frac{2\pi}{D(0)}\right) ds. \tag{2,48}$$

Kehrt man wieder zur alten Variablen z zurück, so schreibt sich (2,48) durch

$$\log \frac{|\sqrt{a}-\sqrt{a+\overline{w}}\,|}{|z|^{1/D\,(0)}|\sqrt{a}+\sqrt{a+\overline{w}}\,|} \leqq -\frac{1}{2\pi} \int\limits_{s}^{0} \left(\frac{\Theta\,(s)^2}{l\,(s)} - \frac{2\pi}{D\,(0)}\right) d\,s\,, \quad (2,49)$$

wo $\overline{w}$ einen bestimmten Punkt auf der Bildkurve des Kreises $\log|z| = s$ bezeichnet. Nach einigen Umformungen des Ausdruckes links in (2,49) und unter Berücksichtigung der Normierung im Nullpunkt erhält man für a die gesuchte Abschätzung

$$a \geqq \tfrac{1}{4}\, e^{\dfrac{1}{2\pi} \int\limits_{-\infty}^{0} \left(\frac{\Theta\,(s)^2}{l\,(s)} - \frac{2\pi}{D\,(0)}\right) d\,s}\,. \quad (2,50)$$

Für die rechte Seite in (2,50) findet JUVE

$$-\frac{1}{2\pi} \int\limits_{-\infty}^{0} \left(\frac{\Theta\,(s)^2}{l\,(s)} - \frac{2\pi}{D\,(0)}\right) d\,s \leqq \int\limits_{0}^{1} \left(\frac{1}{D\,(0)} - \frac{1}{\overline{D\,(r)}}\right) \frac{d\,r}{r}$$

mit

$$\overline{D\,(r)} = \frac{1}{2\pi} \int\limits_{0}^{2\pi} D\,(r\,e^{i\varphi})\,d\,\varphi\,.$$

Daraus gewinnt man das Ergebnis, daß die durch die Bedingungen 1.—3. und

$$\int\limits_{0}^{1} \left(\frac{1}{D\,(0)} - \frac{1}{\dfrac{1}{2\pi} \displaystyle\int\limits_{0}^{2\pi} D\,(r\,e^{i\varphi})\,d\,\varphi}\right) \frac{d\,r}{r} \leqq M \quad (2,51)$$

bestimmte Klasse von quasikonformen Homöomorphismen die Koebesche Konstante

$$\tfrac{1}{4}\, e^{-M}$$

besitzt.

Ist $D\,(0) = 1$, so ist die Bedingung (2,50) wegen

$$\int\limits_{0}^{1} \left(1 - \frac{1}{\overline{D\,(r)}}\right) \frac{d\,r}{r} \leqq \frac{1}{2\pi} \int\limits_{0}^{2\pi}\int\limits_{0}^{1} (D\,(r\,e^{i\varphi}) - 1)\, \frac{d\,r\,d\,\varphi}{r} \quad (2,52)$$

sicher dann erfüllt, wenn das Integral rechts in (2,52) höchstens gleich M ist. Diese Integralbedingung entspricht derjenigen im Teichmüller-Wittichschen Verzerrungssatz im Abschnitt 2.7.

Für weitere Beispiele in dieser Richtung sei auf JUVE [1] verwiesen.

2.15. Der Ahlforssche Verzerrungssatz. Für konforme Abbildungen gilt der bekannte Ahlforssche Randverzerrungssatz. Man denkt sich dazu in der z-Ebene ein einfach zusammenhängendes Gebiet G gegeben, welches den unendlich fernen Punkt nicht enthält. Es seien $Z_1 = X_1 + i Y_1$ und $Z_2 = X_2 + i Y_2$ $(X_1 < X_2)$ zwei erreichbare Randpunkte von G (die Möglichkeiten $X_1 = -\infty$ und $X_2 = +\infty$ werden nicht ausgeschlossen). Die Gerade $\Re z = x$ weist ein oder mehrere Segmente mit dem Gebiet G gemeinsam auf. Eine jede dieser Strecken ist ein Querschnitt Q des einfach zusammenhängenden Gebietes G.

Für ein gegebenes $X_1 < x < X_2$ betrachtet man einen Querschnitt Q_x, welcher die Punkte Z_1 und Z_2 trennt, seine Länge sei Θ_x, dann gilt der

Satz: G werde auf den Parallelstreifen $0 < v < B$ der $w = u + iv$-Ebene konform so abgebildet, daß Z_1 und Z_2 in die Randpunkte $-\infty$ und $+\infty$ des Parallelstreifens übergehen. Für $\Re Z_1 < x < \Re Z_2$ bezeichne $u_1(x)$ die untere und $u_2(x)$ die obere Grenze von $u = \Re w$, wenn z den Querschnitt Q_x durchläuft, dann folgt aus

$$\int_{x_1}^{x_2} \frac{dx}{\Theta(x)} > 2 \quad \text{mit } \Re Z_1 < x_1 < x_2 < \Re Z_2$$

$$\frac{u_1(x_2) - u_2(x_1)}{B} \geqq \int_{x_1}^{x_2} \frac{dx}{\Theta(x)} - 4 \,.$$

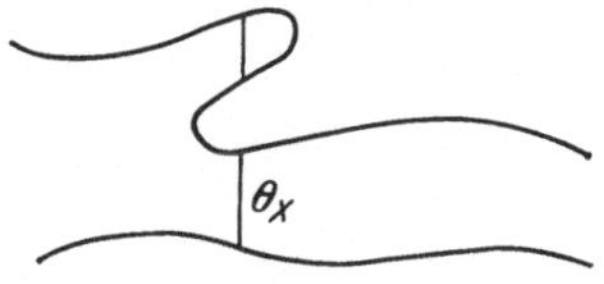

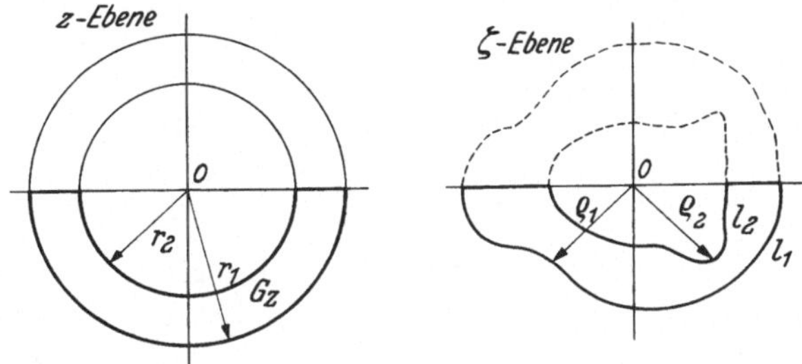

Fig. 11

Nach JUVE [1] erhält man entsprechende Aussagen für quasikonforme Homöomorphismen. Die untere Halbebene der z-Ebene wird dazu quasikonform auf die untere Halbebene der ζ-Ebene abgebildet, so daß $\zeta(0) = 0$ ist und die reellen Achsen einander topologisch entsprechen. Das Bild eines Halbkreisringes G_z: $r_2 < |z| < r_1$, $\Im z < 0$ ist ein Halbringgebiet G_ζ, dessen Begrenzung aus den Bildkurven l_1 und l_2 und aus 2 Strecken der reellen Achse bestehen.

Fig. 12

Für $r_1 (> r_2)$ hinreichend klein trennen sowohl l_1 als auch l_2 in der Halbebene G die Randpunkte 0 und ∞ voneinander. Mit ϱ_2 wird die größte Entfernung des Nullpunktes von der Kurve l_2 und mit ϱ_1 die kürzeste Entfernung des Nullpunktes von der Kurve l_1 bezeichnet. Es gilt für ϱ_1/ϱ_2 eine von r_1/r_2 und $D(z)$ abhängige untere Abschätzung zu finden. Dafür wird G_z und G_ζ an der reellen Achse gespiegelt, dann entsteht aus G_z ein Kreisring R_z und aus G_ζ ein Ringgebiet R_ζ.

Nach TEICHMÜLLER gilt

$$\frac{\varrho_1}{\varrho_2} \geqq \frac{1}{16}\, e^{M_\zeta}\left(1 - 8\, e^{-M_\zeta}\right). \tag{2,53}$$

Will man aber für den Modul M_ζ von R_ζ eine von $D(z)$ und $M_z = \log\frac{r_1}{r_2}$ abhängige Abschätzung gewinnen, so bildet man G_z konform auf ein Rechteck $R_\lambda\,(s_1 < s < s_2,\ 0 < t < 1)$ der $\lambda = s + i\,t$-Ebene ab und G_ζ auf ein in der $\Lambda = S + i\,T$-Ebene liegendes Rechteck $R_\Lambda\,(S_1 < S < S_2,\ 0 < T < 1)$. Für jedes s ist dann

$$1 \leqq \int_0^1 \left|\frac{d\Lambda}{dt}\right| dt = \int_0^1 \left|\frac{d\Lambda}{dt}\right| \frac{dt}{\sqrt{\dfrac{\partial(S,T)}{\partial(s,t)}}}\ \sqrt{\frac{\partial(S,T)}{\partial(s,t)}}\,.$$

Die Schwarzsche Ungleichung angewendet ergibt

$$1 \leqq \int_0^1 \left|\frac{d\Lambda}{dt}\right|^2 \frac{dt}{\dfrac{\partial(S,T)}{\partial(s,t)}} \int_0^1 \frac{\partial(S,T)}{\partial(s,t)}\, dt = l(s) \int_0^1 \frac{\partial(S,T)}{\partial(s,t)}\, d\,t\,.$$

Dividiert man beiderseits durch $l(s)$ und integriert zwischen s_1 und s_2 auf einer Intervallfolge $I(s)$, so ist

$$\int_{I(s)} \frac{ds}{l(s)} \leqq \int_{I(s)}\int_0^1 \frac{\partial(S,T)}{\partial(s,t)}\, ds\, dt \leqq \int_{s_1}^{s_2}\int_0^1 \frac{\partial(S,T)}{\partial(s,t)}\, ds\, dt = \frac{M_\zeta}{\pi}, \tag{2,54}$$

denn

$$S_2 - S_2 = \frac{M_\zeta}{\pi}\,;$$

also

$$M_\zeta \geqq \pi \int_{I(s)} \frac{ds}{l(s)}\,. \tag{2,55}$$

Wenn hier nur über $I(s)$ statt von s_1 bis s_2 integriert wird, so erreicht man dadurch, daß über das Verhalten der Abbildung gewisser Halbkreisringe nichts vorausgesagt wird. Man nennt eine derartige Abbildung „teilweise quasikonform‘‘. Unter Anwendung des Satzes über das harmonische und das arithmetische Mittel erhält man

$$\pi \int_{I(s)} \frac{ds}{l(s)} \geqq \frac{\pi\, E(s)^2}{\displaystyle\int_{I(s)}\int_0^1 D(\lambda)\, ds\, dt} = \frac{\varkappa}{D}\, \log\frac{r_1}{r_2}\,, \tag{2,56}$$

wo $\bar{D}$ der Mittelwert des Dilatationsquotienten in der Intervallfolge $I(s)$ bezeichnet. $E(s)$ ist die Länge von $I(s)$ und $\varkappa = \dfrac{E(s)}{s_2 - s_1}$.

Mit (2,54) und (2,55) erhält man aus (2,53)

$$\frac{\varrho_1}{\varrho_2} > \frac{1}{16}\, e^{\pi \int\limits_{I(s)} \frac{ds}{l(s)}} \left(1 - 8\varepsilon^{-\pi \int\limits_{I(s)} \frac{ds}{l(s)}} \right).$$

Daraus folgt aber nach (2,56) für die gesuchte untere Abschätzung

$$\frac{\varrho_1}{\varrho_2} > \frac{1}{16} \left(\frac{r_1}{r_2} \right)^{\frac{\varkappa}{\bar{D}}} - \frac{1}{2}.$$

Für den Fall $E(s) = s_2 - s_1$ läßt sich nach Juve das Verhältnis auch nach oben abschätzen und ergibt

$$\left(\frac{r_1}{r_2} \right)^{\bar{D}} \geq \frac{\varrho_1}{\varrho_2}.$$

Der eigentliche Zusammenhang mit dem Verzerrungssatz tritt deutlich hervor, wenn die Halbebenen G_z und G_ζ mittels der Funktionen

$$\lambda = s + i\,t = -\frac{1}{\pi} \log z \quad \text{bzw.} \quad w = u + i\,v = -\frac{B}{\pi} \log \zeta$$

auf die Parallelstreifen

$$P_\lambda : 1 < t < 0 \quad \text{bzw.} \quad P_w : 0 < v < B$$

abgebildet werden.

Unter Verwendung der obigen Ungleichungen erhält man dann den Ahlforsschen Verzerrungssatz in einer noch etwas allgemeineren Form als bei Teichmüller [2].

2.16. Ein Teichmüllersches Extremalproblem. Obschon dem Thema über extremale quasikonforme Abbildungen im Zusammenhang mit dem Modulproblem geschlossener Riemannscher Flächen, das in der modernen Entwicklung einen zentralen Platz einnimmt, das Kapitel sechs speziell gewidmet wird, so sei an dieser Stelle bereits auf gewisse Beispiele in dieser Richtung hingewiesen.

Man betrachtet nach Teichmüller [8] den Einheitskreis, der K-quasikonform so auf sich topologisch abgebildet werden soll, daß jeder Randpunkt festbleibt. Der Mittelpunkt $z = 0$ gehe dabei in den Punkt $z' = -\varrho$ $(0 < \varrho < 1)$ der negativen reellen Achse über und das Maximum des Dilatationsquotienten soll unter diesen Nebenbedingungen möglichst klein gehalten werden. Zur Lösung dieses Extremalproblems werden acht Ebenen herangezogen, nämlich z, Z, W, w, w', W', Z', z' (vgl. Fig. 13).

Im Einheitskreis der z-Ebene zieht man die Strecke von $-\varrho$ bis 0. Durch $Z = \sqrt{z}$ wird die zweiblättrige Überlagerungsfläche des Kreises

$|z| < 1$ konform auf den Einheitskreis $|Z| < 1$ abgebildet. Die Punkte Z und $-Z$ entsprechen einander. Die Strecke $z = -\varrho$ bis $z = 0$ geht in die Strecke $Z = -i\sqrt{\varrho}$ bis $+i\sqrt{\varrho}$ der imaginären Y-Achse über.

Der von $-i\sqrt{\varrho}$ bis $+i\sqrt{\varrho}$ geradlinig aufgeschlitzte Einheitskreis $|Z| < 1$ ist ein Ringgebiet, das man mit Hilfe elliptischer Funktionen konform auf einen Kreisring $1 < |W| < R$ abbildet. Dabei soll $|Z| = 1$ in $|W| = R$, der Schlitz in $|W| = 1$ übergehen. Jetzt setzt man $w = W - 1/W$. Durch diese Abbildung geht der Kreisring $1 < |W| < R$ in die Ellipse

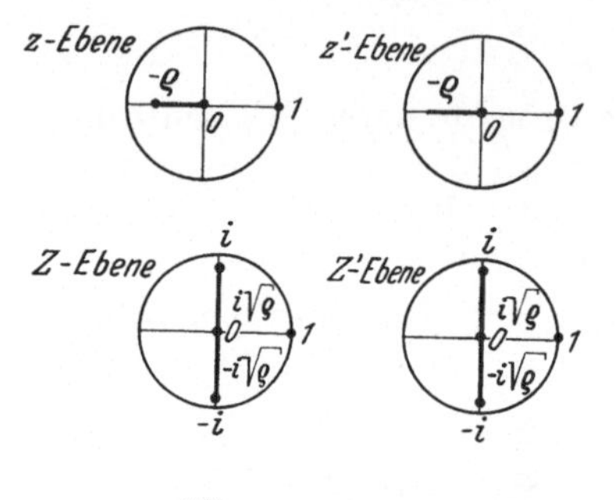

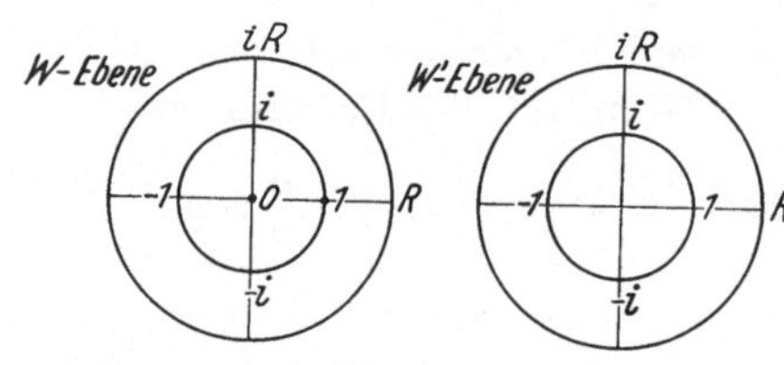

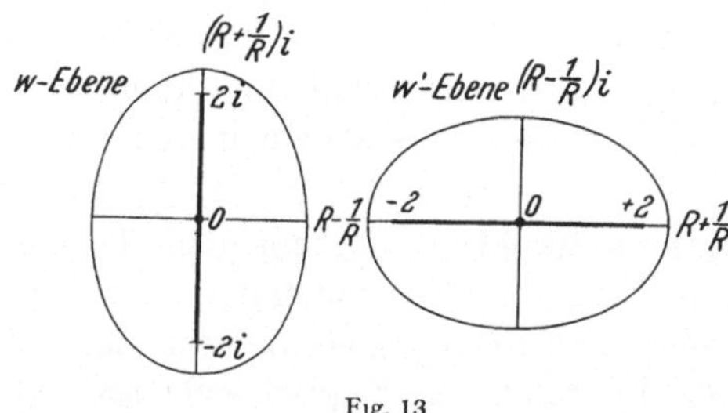

$$\mathfrak{E}: \frac{u^2}{\left(R - \dfrac{1}{R}\right)^2} + \frac{v^2}{\left(R + \dfrac{1}{R}\right)^2} < 1$$

mit den Halbachsen $R - 1/R$ und $R + 1/R$ und den Brennpunkten $w = \pm 2i$ über, die von $w = -2i$ bis $+2i$ geradlinig aufgeschnitten ist.

Z' entsteht aus z' gleich wie Z aus z, ebenfalls W' aus Z' wie W aus Z. Weiter setzt man $w' = W' + 1/W'$; diese Abbildung führt den Kreisring $1 < |W'| < R$ in das Innere der Ellipse

$$\mathfrak{E}': \frac{u'^2}{\left(R + \dfrac{1}{R}\right)^2} + \frac{v'^2}{\left(R - \dfrac{1}{R}\right)^2} < 1$$

mit den Halbachsen $(R + 1/R)$ und $(R - 1/R)$, so wie den Brenn-

Fig. 13

punkten $w' = \pm 2$, die von $w' = -2$ bis $+2$ geradlinig aufgeschnitten ist.

Zum Schluß werde noch die Ellipse $\mathfrak{E}$ affin auf die Ellipse $\mathfrak{E}'$ abgebildet durch

$$u' = \frac{R + \dfrac{1}{R}}{R - \dfrac{1}{R}}\, u \; ; \quad v' = \frac{R - \dfrac{1}{R}}{R + \dfrac{1}{R}}\, v\,.$$

Diese Abbildung ist quasikonform mit dem konstanten Dilatationsquotienten

$$C = \left(\frac{R + \dfrac{1}{R}}{R - \dfrac{1}{R}}\right)^2.$$

Die Abbildung $z \to w \to w' \to z'$ setzt sich zu einer quasikonformen Abbildung des Einheitskreises $|z| < 1$ auf den Einheitskreis $|z'| < 1$ mit dem konstanten Dilatationsquotienten C zusammen und diese ist die gesuchte extremale quasikonforme Abbildung, denn das Randverhalten bei diesem Homöomorphismus entspricht den Voraussetzungen.

Zum Beweise der Extremaleigenschaft betrachtet man eine beliebige topologische Abbildung der Ellipse $\mathfrak{E}$ der w-Ebene mit den Halbachsen $R - 1/R$, $R + 1/R$ auf die Ellipse $\mathfrak{E}'$ der w'-Ebene mit denselben Halbachsen. Für die Randpunkte ist diese Abbildung durch

$$u' = \frac{R + \dfrac{1}{R}}{R - \dfrac{1}{R}}\, u \; ; \quad v' = \frac{R - \dfrac{1}{R}}{R + \dfrac{1}{R}}\, v$$

gegeben. $K = \sup D$ sei die obere Grenze des Dilatationsquotienten. Jetzt kann man zeigen, daß

$$K \geqq C = \left(\frac{R + \dfrac{1}{R}}{R - \dfrac{1}{R}} \right)^2$$

ist und daß weiter aus $K = C$ die Affinität der Abbildung folgt. Hierzu bezeichnet man mit $l(v)$ die Länge der Sehne $\mathfrak{Im}\, w = c = v$ in $\mathfrak{E}$. $l'(v')$ sei die Länge der Sehne $\mathfrak{Im}\, w' = c' = v'$ in $\mathfrak{E}'$. Das w'-Bild der Sehne $\mathfrak{Im}\, w = c = v$ von $\mathfrak{E}$ verbindet wegen der Voraussetzung der Randabbildung die Endpunkte der Sehne

$$\mathfrak{Im}\, w' = c' = \frac{R - \dfrac{1}{R}}{R + \dfrac{1}{R}}\, v \,,$$

hat also mindestens die Länge

$$l'\left(\frac{R - \dfrac{1}{R}}{R + \dfrac{1}{R}}\, v \right)$$

d. h.

$$l'\left(\frac{R - \dfrac{1}{R}}{R + \dfrac{1}{R}}\, v \right) \leqq \int_{-\frac{1}{2}l(v)}^{\frac{1}{2}l(v)} \left| \frac{\partial w'}{\partial u} \right| d u \,.$$

Nach SCHWARZ folgt

$$l'\left(\frac{R - \dfrac{1}{R}}{R + \dfrac{1}{R}}\, v \right)^2 \leqq l(v) \int_{\mathfrak{Im}\, w = v} \left| \frac{\partial w'}{\partial u} \right|^2 d u \,,$$

wegen (2,18) ergibt sich daraus

$$l'\left(\frac{R-\dfrac{1}{R}}{R+\dfrac{1}{R}}\,v\right)^{2} \leqq l(v) \int\limits_{\mathfrak{Im}\,w\,=\,v} K\,\frac{d\sigma_{w'}}{d\sigma_{w}}\,du\,.$$

Durch die affine Randabbildung erhält man

$$l'\left(\frac{R-\dfrac{1}{R}}{R+\dfrac{1}{R}}\,v\right) = \left(\frac{R+\dfrac{1}{R}}{R-\dfrac{1}{R}}\right)l(v)\,.$$

Also gilt

$$\left(\frac{R+\dfrac{1}{R}}{R-\dfrac{1}{R}}\right)^{2} l(v) \leqq \int\limits_{\mathfrak{Im}\,w\,=\,v} K\,\frac{d\sigma_{w'}}{d\sigma_{w}}\,du\,.$$

Integration über v ergibt jetzt, wenn $F = F'$ den Inhalt von $\mathfrak{E}$ und zugleich von $\mathfrak{E}'$ bedeutet

$$\left(\frac{R+\dfrac{1}{R}}{R-\dfrac{1}{R}}\right)^{2} F \leqq KF'$$

oder

$$C \leqq K\,.$$

Für $C = K$ schließt man leicht auf die Grundtatsache, daß überall $D = K = C$ sein muß und daß die Abbildung affin ist. Interessante Parallelen lassen sich hier mit der im Abschnitt 1.9. eingeführten Funktion $\Phi(P)$ ziehen. Erinnert man sich an die Beziehung (1,12), so kann man jetzt den von $z = -\varrho$ bis $z = 0$ geradlinig aufgeschlitzten Einheitskreis $|z| < 1$ durch die Funktion $-\dfrac{1}{z}$ auf das von $\dfrac{1}{\varrho}$ bis ∞ längs der reellen Achse aufgeschlitzte Äußere des Einheitskreises abbilden. Dieses Äußere wiederum nach Definition der Funktion Φ auf einen Kreisring

$$1 < |\zeta| < \Phi\left(\frac{1}{\varrho}\right),$$

und zwar konform. Dessen unverzweigte zweiblättrige Überlagerungsfläche läßt sich auf dem Umweg über die z-Ebene und die Z- und W-Ebene auf den Kreisring $1 < |W| < R$ überführen. Andererseits geht sie durch die Funktion $\sqrt{\zeta}$ in einen schlichten Kreisring mit den Halbachsen 1 und $\sqrt{\Phi\left(\dfrac{1}{\varrho}\right)}$ über, folglich ist $R = \sqrt{\Phi\left(\dfrac{1}{\varrho}\right)}$.

Daraus aber kann man auf

$$C = \left(\frac{R + \dfrac{1}{R}}{R - \dfrac{1}{R}}\right)^2 = \frac{\varPhi\left(\dfrac{1}{\varrho}\right) + 1}{\varPhi\left(\dfrac{1}{\varrho}\right) - 1}$$

schließen.

Wenn ϱ von 0 bis 1 wächst, so wächst C monoton stetig von 1 bis $+\infty$ und für $P \to \infty$ folgt nach (1,12)

$$C - 1 \approx \frac{\varrho}{2} \quad \text{für } \varrho \to 0 \,.$$

Aus (1,13) hingegen

$$C > \frac{1 + \dfrac{\varrho}{4}}{1 - \dfrac{\varrho}{4}} > 1 + \frac{\varrho}{2} \,.$$

Daraus folgt das Ergebnis, daß ein quasikonformer Homöomorphismus des Einheitskreises $|z| \leq 1$ auf sich, bei dem alle Randpunkte fest bleiben den Mittelpunkt $z = 0$ um höchstens

$$2 \,(\sup D - 1) \quad \text{oder} \quad 2 \,(K - 1)$$

verschiebt.

2.17. Grötzschsche Extremalprobleme. Gegeben sei ein schlichter $(n + 1)$-fach zusammenhängender Bereich B_{n+1} ($n = 1, 2, \ldots$) der z-Ebene, den man als normiert bezeichnet, wenn er ganz innerhalb des Einheitskreises $|z| \leq 1$ gelegen ist und die Peripherie $|z| = 1$ die genaue äußere Begrenzung von B_{n+1} darstellt. $R_1, R_2, \ldots R_n$ seien die n inneren Randkomponenten. GRÖTZSCH [4] untersuchte die quasikonformen Homöomorphismen von B_{n+1} auf einen ebenfalls normierten Bereich $\tilde{B}_{n+1}$ der w-Ebene, wobei gefordert wird, daß die äußere Begrenzung $|w| = 1$ von $\tilde{B}_{n+1}$ das Bild der äußeren Begrenzung $|z| = 1$ von B_{n+1} ist. Die Abbildungsfunktion sei $w = H(z)$ und $\tilde{R}_1, \tilde{R}_2, \ldots \tilde{R}_n$ bezeichne die Bilder von $R_1, R_2, \ldots R_n$. Funktionen $w = H(z)$, die den obigen Bedingungen genügen, werden im folgenden als normiert quasikonform genannt. Für diese Klasse werden verschiedene Verzerrungseigenschaften bewiesen:

Satz 1: Bei einer normierten quasikonformen Abbildung von B_{n+1} erreicht der Flächeninhalt des von $\tilde{R}_k$ (das nicht als punktförmig angesehen wird) umschlossenen Gebietes dann und nur dann seinen größten Wert, wenn

a) $\tilde{R}_k$ ein Kreis mit $w = 0$ als Mittelpunkt ist,

b) die übrigen $\tilde{R}_p$ Kreisbogenschlitze mit $w = 0$ als Mittelpunkt sind,

c) die kleinen Achsen aller Verzerrungsellipsen radial nach $w = 0$ gerichtet sind,

d) der Dilatationsquotient konstant ist.

Sämtliche Extremalabbildungen gehen aus einer von ihnen durch Drehung um $w = 0$ und Spiegelung an einer Geraden durch $w = 0$ hervor.

Beweis: Zweckmäßig geht man vom Konformen aus, d. h. für $K \equiv 1$. Aus der Theorie der konformen Abbildung ist die Existenz einer der behaupteten Abbildungen auf einen Kreisbogenbereich $\widehat{B}_{n+1}$ bekannt. $\widehat{B}_{n+1}$ sei in einer z-Ebene gelegen und habe den inneren Radius r. Jetzt wird eine normierte Abbildung $w = f(z)$ von $\widehat{B}_{n+1}$ auf einen normierten

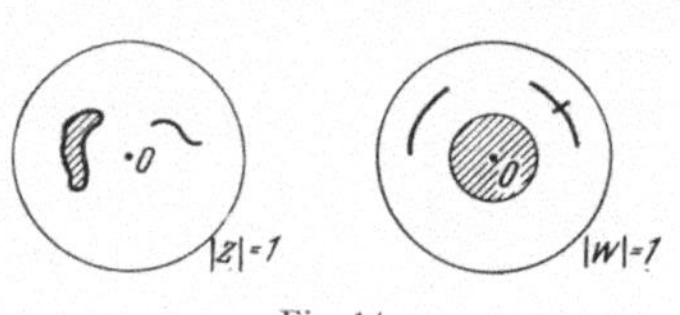

Fig. 14

Bereich $\widetilde{B}_{n+1}$ betrachtet, bei der der Flächeninhalt, welcher von der Kurve $\widetilde{R}_k$ umschlossen wird ($\widetilde{R}_k$ ist das Bild von $|z| = r$) $\geq \pi r^2$ sei. Dabei muß $w = f(z)$ verschieden sein von einer Abbildung, welche durch Drehung um den Nullpunkt und Spiegelung an einer Geraden durch den Nullpunkt von $\widehat{B}_{n+1}$ entsteht. Wegen der isoperimetrischen Eigenschaft des Kreises ist die Länge von $\widetilde{R}_k \geq 2\pi r$. Eine einfache Überlegung zeigt, daß ein genügend schmaler Kreisring $r \leq |z| \leq r + \eta$ auf einen Flächenstreifen abgebildet wird, dessen Flächeninhalt $> \pi(r+\eta)^2 - \pi r^2$ ist. Wegen der isoperimetrischen Eigenschaft des Kreises hat die Bildlinie von $|z| = r + \eta$ also eine Länge von $> 2\pi(r + \eta)$. Durch Fortsetzung dieses Verfahrens erkennt man, daß der Flächeninhalt von $\widetilde{B}_{n+1} > \pi - \pi r^2$ wäre, während er doch $\leq \pi - \pi r^2$ ist.

Aus der Extremalabbildung von B_{n+1} auf $\widehat{B}_{n+1}$ für $K = 1$ läßt sich jetzt leicht auch für $K > 1$ eine entsprechende Abbildung durch die Formel $\eta = \zeta \, |\zeta|^{(1/K-1)}$ mit den gewünschten Eigenschaften herleiten. Der Radius des inneren Bildkreises ist dann $r^{1/K}$. Ist nun irgend eine normierte quasikonforme Abbildung von B_{n+1} auf $\widetilde{B}_{n+1}$ gegeben, so wird nach dem obigen Satz für $K = 1$ der von $\widetilde{R}_k$ umschlossene Flächeninhalt durch eine konforme Extremalabbildung von $\widetilde{B}_{n+1}$ vergrößert, vorausgesetzt, daß $\widetilde{B}_{n+1}$ nicht in der angegebenen Weise durch Kreise und Kreisbögen begrenzt ist. Es sei nun $\widetilde{B}_{n+1}$ auf diese Art begrenzt und der Radius des inneren Begrenzungskreises betrage $\bar{r}$. Wäre nun $\bar{r} > r^{1/K}$, so könnte man in $\widetilde{B}_{n+1}$ keine zweifach zusammenhängende schlichte, sich gegenseitig nicht überdeckende Flächenstreifen unterbringen, die den Kreis mit dem Radius $\bar{r}$ umschlingen und deren Summe der konformen Moduln $\geq \dfrac{1}{K} \ln \dfrac{1}{r}$ wäre. $\widetilde{B}_{n+1}$ entsteht durch die normierte quasikonforme Abbildung aus $\widehat{B}_{n+1}$, wobei sich im letzten Gebiet entsprechend verlaufende Flächenstreifen mit der Modulsumme $\ln \dfrac{1}{r}$ angeben lassen. Vermöge einer normierten quasikonformen Abbildung haben aber die Bildstreifen dieser Flächenstreifen eine Modulsumme $\geq \frac{1}{K}\ln\frac{1}{\tilde{r}}$ und das steht im Widerspruch damit, daß eine solche Summe $<\frac{1}{K}\ln\frac{1}{r}$ sein muß.

Für $\tilde{r} = r^{1/K}$ ergibt sich bei einer Streifenabbildung mit maximaler Modulsumme, daß die Abbildung von $\widehat{B}_{n+1}$ und damit die von B_{n+1} auf einen Extremalbereich, die im obigen Satz ausgesprochenen Eigenschaften hat. Ebenso ergibt sich die Eindeutigkeit der Abbildung.

Die hier nach GRÖTZSCH skizzierte Beweismethode gilt auch entsprechend für die Sätze 2 bis 4, die ohne weitere Beweisangaben folgen.

Satz 2: Bei einer normierten quasikonformen Abbildung von B_{n+1} erreicht der Durchmesser von $\tilde{R}_k$ ($\tilde{R}_k$ sei nicht punktförmig) dann und nur dann seinen größten Wert, wenn die konzentrische Kreisringfläche, die von den beiden Vollkreisen des Bildbereiches einer Extremalabbildung von B_{n+1} nach dem Satz 1 gebildet wird, in normierter Weise so transformiert ist, daß der innere Kreis in einen durch den Nullpunkt gehenden und durch diesen halbierten geradlinigen Schlitz übergeführt wird.

z_1 und z_2 seien zwei beliebige, aber dann fest vorgegeben zu denkende innere Punkte von B_{n+1}, dann gilt der

Satz 3: Bei normierter quasikonformer Abbildung von B_{n+1} durch die Funktion $w = H(z)$ wird das Maximum der Größe $|H(z_2) - H(z_1)|$ dann und nur dann erreicht, wenn

a) $H(z_1)$ und $H(z_2)$ die Endpunkte einer durch $w = 0$ halbierten geradlinigen Strecke σ sind,

b) sämtliche Berandungen $\tilde{R}_k$ Schlitze auf Modullinien[1] des durch $|w| = 1$ und σ bestimmten zweifach zusammenhängenden Bereiches $\tilde{\tilde{B}}_{n+1}$ sind,

c) die Richtungen der großen Halbachsen der Verzerrungsellipsen alle in die zugehörige Modullinie von $\overline{B}_{n+1}$ hineinfallen,

d) der Dilatationsquotient überall konstant ist.

Sämtliche Extremalabbildungen gehen aus ihnen durch Drehung um $w = 0$ und Spiegelung an der Geraden durch $H(z_1)$ und $H(z_2)$ hervor.

Im folgenden wird angenommen, daß B_{n+1} den Punkt $z = 0$ als inneren Punkt besitzt. Es werden dann nur diejenigen normierten quasikonformen Abbildungen von $B_{n+1} = B_{n+1}^0$ betrachtet, bei denen $z = 0$ in $w = 0$ übergeführt wird. Man spricht dann von nullnormierten quasikonformen Abbildungen und es gilt der

Satz 4: Bei nullnormierter quasikonformer Abbildung vermittelt durch $w = H(z)$ vom Bereich B_{n+1} wird das Minimum der Größe $|H(z_1)|$ für einen Punkt $z_1 \neq 0$ dann und nur dann erreicht, wenn

---

[1] Wird ein zweifach zusammenhängender Bereich B auf einen konzentrischen Kreisring $r < |w| < 1$ eineindeutig und konform abgebildet, so bezeichnet man die Linien von B, denen ein Kreis $|w| = \varrho$ entspricht ($r \leq \varrho \leq 1$) als Modullinien von B.

a) alle $\tilde{R}_k$ orthogonale Trajektorien der Modullinien des durch $|w| = 1$ und die gerade Verbindungsstrecke σ von 0 und $H(z_1)$ begrenzten Bereiches $\tilde{\bar{B}}^0_{n+1}$ sind,

b) die Richtung der kleinen Halbachse jeder zu einem Punkte w gehörenden Verzerrungsellipse in die durch den betreffenden Punkt gehende Modullinie von $\tilde{\bar{B}}^0_{n+1}$ hineinfällt.

Auch hier gehen sämtliche Extremalabbildungen aus einer von ihnen durch Drehung um $w = 0$ und Spiegelung an der Geraden durch 0 und $H(z_1)$ hervor.

Im weiteren wird eine neue Art von normierten Bereichen, die ebenfalls $(n + 1)$-fach zusammenhängend sind, herangezogen. B_{n+1}

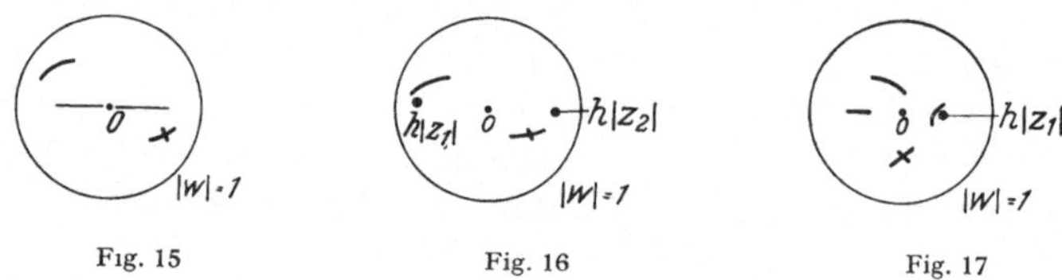

Fig. 15   Fig. 16   Fig. 17

weise als innerste Berandung den Kreis $|z| = r$ auf. Die zweite Berandungslinie L erstrecke sich bis nach unendlich oder grenze B_{n+1} gegen ∞ ab und die übrigen $n - 1$ werden mit R_k bezeichnet. Eine Abbildung heißt dann wieder normiert, wenn der Bildbereich $\tilde{B}_{n+1}$ ebenfalls normiert ist, so daß $|z| = r$ in $|w| = r$ übergeht und wenn L in die linienhafte, evtl. nach unendlich verlaufende Linie $\tilde{L}$ übergeht.

Satz 5: Bei normierter quasikonformer Abbildung von B_{n+1} erreicht der Abstand der Begrenzung $\tilde{L}$ vom Punkte $w = 0$ dann und nur dann seinen kleinsten Wert, wenn B_{n+1} auf einen Bereich $\tilde{B}_{n+1}$ normiert abgebildet wird, so daß L in einen Halbstrahl transformiert wird, dessen Verlängerung durch $w = 0$ verläuft und die $(n - 1)$ Berandungen R_k in Schlitze auf Modullinien des von $|w| = r$ und $\tilde{L}$ begrenzten Bereiches übergehen, wobei die Richtungen der großen Achsen in diese Modullinien hineinfallen und der Dilatationsquotient konstant bleibt.

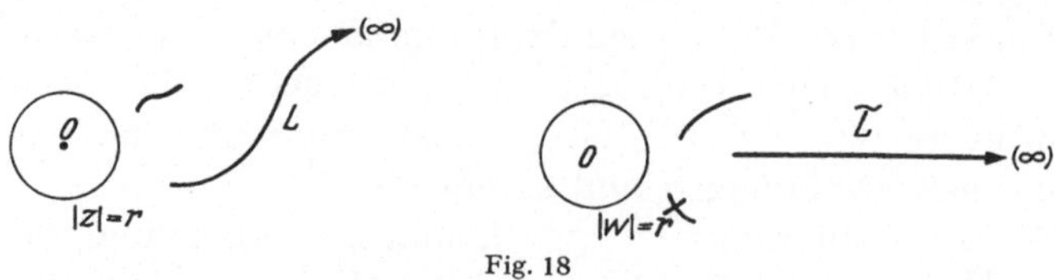

Fig. 18

Sämtliche Extremalabbildungen entstehen aus einer von ihnen durch direkt oder indirekt konforme Abbildung des Gebietes in sich, wobei der Kreis $|w| = r$ in sich übergeführt wird.

Entsprechend zu Satz 5 folgt

Satz 6: Bei normierter quasikonformer Abbildung von B_{n+1} erreicht der Abstand der äußeren Begrenzung $\widetilde{L}$ von $w = 0$ dann und nur dann seinen größten Wert, wenn B_{n+1} in normierter Weise auf einen Bereich $\widetilde{B}_{n+1}$ abgebildet wird, der von $|w| = r$, $|w| = R > r$ (das L entspricht) und von $n - 1$ zwischen diesen beiden Kreisen liegenden Radialschlitzen begrenzt wird, wobei die großen Achsen der Verzerrungsellipsen alle radial nach $w = 0$ gerichtet sind und der Dilatationsquotient überall den konstanten Wert K hat.

Sämtliche Extremalabbildungen gehen aus einer von ihnen hervor durch Drehung

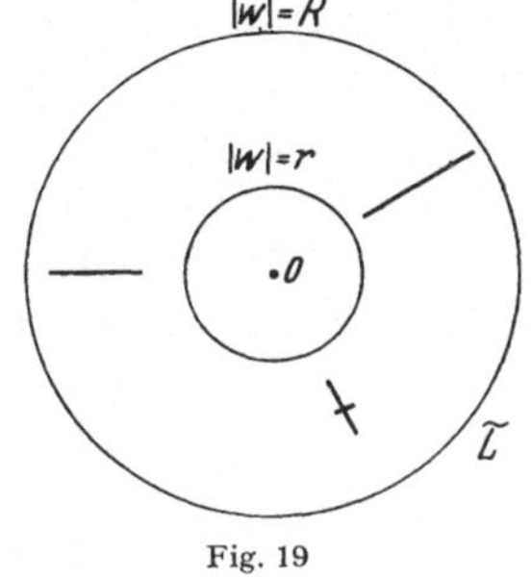

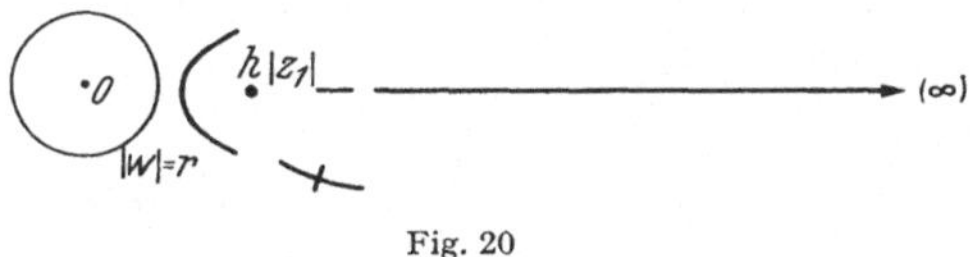

Fig. 19Fig. 20

um $w = 0$ und Spiegelung an einer Geraden durch den Nullpunkt.

Sei wieder z_1 ein beliebiger, aber fester innerer Punkt von B_{n+1}, so schließt man auf

Satz 7: Bei normierter quasikonformer Abbildung von B_{n+1} durch $w = H(z)$ erreicht die Größe $|H(z_1)|$ dann und nur dann den kleinsten Wert, wenn B_{n+1} auf einen Bereich $\widetilde{B}_{n+1}$ abgebildet wird, der innen von $|w| = r$, außen von einem, auf seiner Verlängerung zuerst $H(z_1)$, dann 0 enthaltenden, nach ∞ verlaufenden Radialstrahl $\widetilde{L}$ begrenzt wird und außerdem noch von $(n - 1)$ Schlitzen auf Modullinien des durch $|w| = r$ und den bis $H(z_1)$ rückwärts verlängerten Halbstrahl $\widetilde{L}$ gebildeten Ringes. Die Richtungen der großen Verzerrungsellipse fallen in die Modullinien und der Dilatationsquotient bleibt überall konstant.

Die Extremalabbildungen gehen wieder aus einer von ihnen durch Drehung um $w = 0$ und Spiegelung an der Geraden durch $w = 0$ und $w = h(z_1)$ hervor.

Satz 8: Bei normierter quasikonformer Abbildung von B_{n+1} durch $w = H(z)$ erreicht die Größe $|H(z_1)|$ dann und nur dann ihren größten Wert, wenn B_{n+1} auf $\widetilde{B}_{n+1}$ abgebildet wird, der Bildbereich innen von $|w| = r$ berandet wird und $\widetilde{L}$ mit einem Strahl nach unendlich zusammenfällt, dessen Verlängerung durch 0 und $H(z_1)$ verläuft und die übrigen $(n - 1)$ Schlitze auf orthogonalen Trajektorien der Modullinien desjenigen Gebietes laufen, gebildet aus $|w| = r$ und dem Halbstrahl der von $H(z_1)$ nach ∞ führt (ohne 0 zu enthalten). Die Richtungen der

5*

kleinen Hauptachsen der Verzerrungsellipsen liegen in den Modullinien und die Dilatation bleibt konstant.

Alle Extremalabbildungen gehen aus einer von ihnen durch Drehung um $w = 0$ und Spiegelung an einer Geraden durch $w = 0$ hervor.

2.18. Ränderzuordnung. Für K-quasikonforme Homöomorphismen etwa des Bereiches $|z| < 1$ auf ein von einer Jordankurve begrenztes Gebiet der w-Ebene gilt die Theorie der Ränderzuordnung gleich wie bei konformen Abbildungen, denn der in HURWITZ-COURANT [1] angeführte Beweis im Konformen läßt sich ohne Schwierigkeiten übertragen. Für weitere Einzelheiten sei auch auf Arbeiten von J. LELONG [1] verwiesen. Für die Ränderzuordnung vergleiche man noch eine Arbeit von E. C. SCHLESINGER [1] über Conformal Invariants and prime ends. Die für den konformen Fall angegebene Methode läßt sich leicht ins Quasikonforme übertragen. Für weitere Einzelheiten vgl. man Satz 4 in Abschnitt **4.11.**

3. Kapitel

Anwendungen quasikonformer Abbildungen in der Funktionentheorie

3.1. Das Typenproblem. Aus der Funktionentheorie ist bekannt, daß man eine beliebige offene Riemannsche Fläche mit einfachem Zusammenhang umkehrbar eindeutig und konform auf eine punktierte ζ-Ebene oder auf den Einheitskreis $|\zeta| < 1$ abbilden kann. Im ersten Fall gehört die Fläche zum parabolischen, im zweiten zum hyperbolischen Typus.

Das Typenproblem stellt sich die Aufgabe, bei einer vorgegebenen Riemannschen Fläche den zugehörigen Typus zu bestimmen. Bei der Untersuchung von offenen Riemannschen Flächen wurde diese Problemstellung besonders durch R. NEVANLINNA [1], [2], [3], SARIO [2], LE VAN [1] und WITTICH [1a] wesentlich gefördert.

Aus der Überlegung, daß man den Einheitskreis nicht durch einen K-quasikonformen Homöomorphismus auf die punktierte Ebene abbilden kann, wurden diese Transformationen bei der Behandlung des Typenproblems von verschiedenen Autoren herangezogen. Eine nähere Darstellung dieser Theorie erübrigt sich hier, da dies in ausführlicher Weise im Ergebnisbericht von WITTICH [2] erfolgte. Besonders sei auch auf das Literaturverzeichnis bei LE VAN [1] hingewiesen.

3.2. Wertverteilungsprobleme. Im Zusammenhang mit der von R. NEVANLINNA [3] entwickelten Wertverteilungslehre stellt sich die neuere Forschung die Aufgabe:

Gegeben sei eine einfach zusammenhängende Riemannsche Fläche W über der w-Kugel. Man kann diese bekanntlich eindeutig und konform auf eines der beiden in 3.1. erwähnten Normalgebiete abbilden. Von der eindeutigen Abbildungsfunktion $w = w(\zeta)$ untersuche man die Wertverteilung in der ζ-Ebene.

Von der allgemeinen Lösung dieser Aufgabe der geometrischen Wertverteilungslehre ist man heute noch sehr weit entfernt, doch gibt es spezielle Flächenklassen die man mit Hilfe der in Kapitel 2 behandelten quasikonformen Homöomorphismen zweckmäßig uniformisieren kann. Dabei handelt es sich in diesem Kapitel vorwiegend um die Verwendung des Teichmüller-Wittichschen Verzerrungssatzes und des Belinskijschen Torsionsatzes nach 2.7. bzw. 2.8.

Ausgangspunkt bilden die zwei Flächenklassen, deren Streckenkomplexe sich darstellen lassen durch endlich viele einfachperiodische Enden und solche mit endlich vielen doppeltperiodischen Enden. In verschiedenen Arbeiten haben Künzi [1], Pöschl [1] und Wittich [2] diese speziellen Flächen behandelt. Im folgenden sollen für die erwähnten Flächenklassen einige neuere Resultate erwähnt werden, im Zusammenhang mit der geometrischen Lage der a-Stellen der zugehörigen meromorphen Funktionen. Man vergleiche dazu die Arbeit von Künzi und Wittich [1].

3.3. Der Streckenkomplex. Zuerst müssen einige Betrachtungen über den Streckenkomplex zusammengestellt werden, wobei man sich stets auf solche Riemannsche Flächen beschränken wird, die nur über endlich vielen Grundpunkten $w = a_1, a_2, \ldots a_q$ der w-Kugel Verzweigungs- oder Randpunkte haben. Diese Grundpunkte verbindet man durch einen geschlossenen Weg $\mathfrak{L}$, der die Kugel in ein positiv umlaufenes Gebiet $\mathfrak{I}$ (Innengebiet) und in ein negativ umlaufenes Gebiet $\mathfrak{A}$ (Außengebiet) zerlegt. Wird die Kurve $\mathfrak{L}$ durch die ganze Riemannsche Fläche gestanzt, so zerfällt diese in Halbblätter $\mathfrak{I}$ und $\mathfrak{A}$. $\mathfrak{L}$ erzeugt somit eine Polyederzerlegung der Fläche. Auf diesen Polyederflächen wird nun je ein Punkt (Knoten) ausgezeichnet. Gehören zwei solche Punkte zu Halbblättern, die längs einer oder mehreren Polygonseiten zusammenhängen, so werden sie über jede solche Seite miteinander durch eine Kurve (Glied) verbunden. So entsteht ein zur Polyederzerlegung dualer Streckenkomplex. Dieser besteht aus einer endlichen oder unendlichen Anzahl von Innenknoten (markiert durch Kreislein) und Außenknoten (markiert durch Kreuzlein) (vgl. Fig. 21). Einem n-fachen Windungspunkt entspricht im Streckenkomplex ein $2n$-Eck. Ein Zweieck ($n = 1$) bedeutet schlichte Überdeckung des betreffenden Grundpunktes und ein Unendlicheck weist auf einen logarithmischen Windungspunkt der Fläche hin (logarithmisches Elementargebiet im Komplex) (Vgl. hierzu Elfving [1]).

Nach Ullrich [1] betrachtet man jetzt eine rationale Funktion $R(t)$ und bildet die entsprechende Funktion $w = R(e^{\zeta})$. Zu dieser Funktion gehört eine Riemannsche Fläche mit zwei logarithmischen Windungspunkten über $w = R(0)$ und $R(\infty)$. Vermittels $R(t) = \frac{1}{2}(t + 1/t)$ erhält man z. B. die Funktion $w = \cosh\zeta$.

Man erkennt leicht, daß zu der Funktionsklasse $R(e^\zeta)$ ein einfachperiodischer Streckenkomplex gehört. Die Hälfte eines solchen Komplexes wird als periodisches Ende bezeichnet. $p \geqq 1$ solcher periodischer

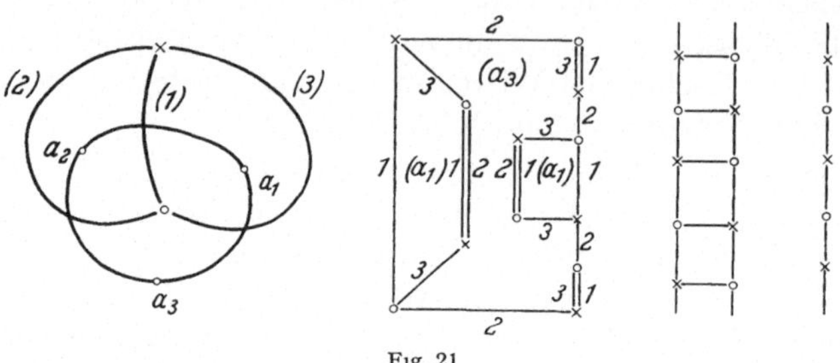

Fig. 21

Enden, die von einem Kern ausgehen (vgl. Fig. 22) bilden die eingangs erwähnte Flächenklasse mit p periodischen Enden. Zwischen je zwei Enden liegt ein logarithmisches Elementargebiet. Aus einem solchen Streckenkomplex lassen sich die Wertverteilungsgrößen der zugeordneten, in $|\zeta| < \infty$ meromorphen Funktion bestimmen.

Neben den einfachperiodischen Streckenkomplexen, die durch $R(e^\zeta)$ erzeugt werden können, interessiert man sich weiter auch für

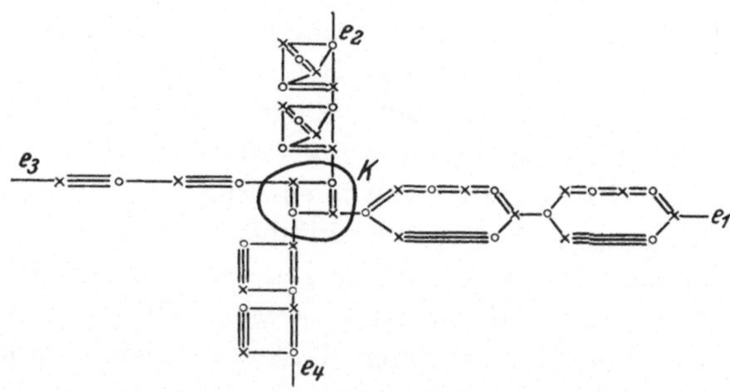

Fig. 22

doppeltperiodische Komplexe, die mit Hilfe der doppeltperiodischen Funktionen gebildet werden (vgl. Fig. 23). Beschränkt man sich auf die Hälfte eines solchen doppeltperiodischen Komplexes, so entsteht ein sog. doppelperiodisches Ende. Aus den Komplexen der Fig. 23 ergeben sich die beiden Enden, dargestellt in Fig. 24.

Es lassen sich auch mehrere doppeltperiodische Enden zu einem Komplex zusammensetzen. Weiter kann man einen Komplex bilden, bei dem von einem Kern aus sowohl einfach- wie doppeltperiodische Enden ausgehen, wobei natürlich zwischen je zwei Enden stets ein logarithmisches Elementargebiet liegen muß (vgl. Fig. 25).

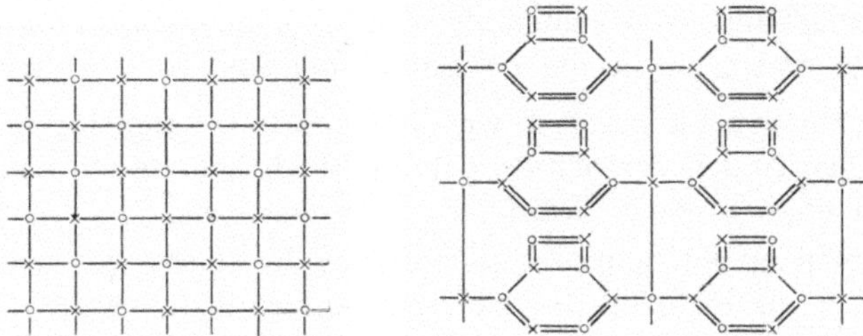

Fig. 23

Für die Klasse der doppeltperiodischen Enden, sowie für die zuletzt angegebene Kombination lassen sich ebenfalls direkt vom Komplex aus die gewünschten Wertverteilungsgrößen berechnen (vgl. KÜNZI [1]).

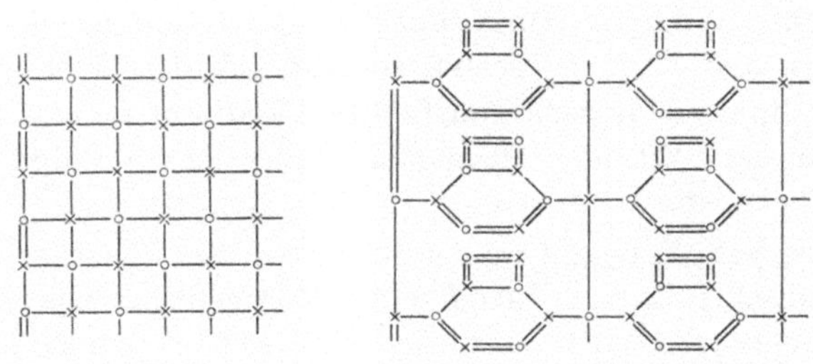

Fig. 24

3.4. Die Uniformisierung. Zur Bestimmung bestimmter Wertverteilungseigenschaften werden die Riemannschen Flächen in endlich viele Teilstücke zweckmäßig zerschnitten. Diese Teile werden mit entsprechenden

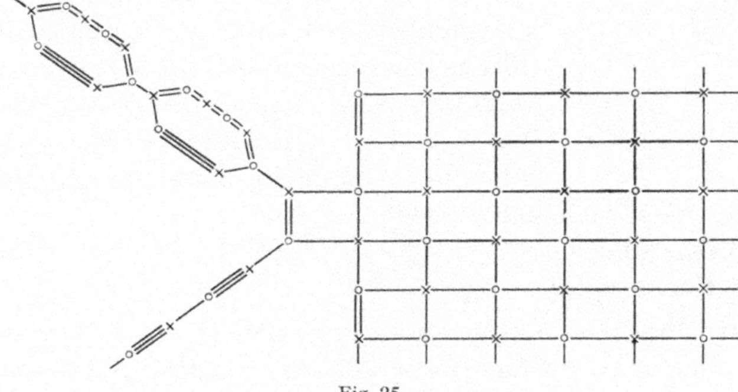

Fig. 25

Funktionen partiell uniformisiert, so daß sie sich nachher in einer z-Ebene miteinander verheften lassen. Die zur Verheftung benötigte Ränderzuordnung wird mittels quasikonformer Homöorphismen, die dem Teichmüller-Wittichschen Satz genügen, vorgenommen. Man kann dann die gewünschten Untersuchungen statt im konformen ζ-Bild im quasikonformen z-Bild ausführen. Darin steckt die Grundidee der folgenden Betrachtungen.

Im weiteren sei angegeben, wie die Uniformisierung einer Fläche mit periodischen Enden vor sich geht unter Beschränkung auf den Fall mit nur einfachperiodischen Enden.

In einem ersten Schritt legt man um den Kern eine geschlossene Kurve K (vgl. Fig. 22). Da der Kern aus endlich vielen Innen- und Außenknoten besteht, so entspricht ihm auf der Riemannschen Fläche ein kompaktes Teilgebiet. Da aber für die Wertverteilungsbetrachtungen ein derartiger Teil der Fläche bedeutungslos ist, so fällt dieser nicht weiter ins Gewicht.

Im zweiten Schritt wendet man sich den logarithmischen Elementargebieten zu. Einem solchen entspricht auf der Fläche bekanntlich ein logarithmischer Windungspunkt über a_n. Wird um a_n ein genügend kleiner Kreis vom Radius t gelegt, so läßt sich das Windungselement $|w - a_n| < t$ durch die Logarithmusfunktion konform auf eine Halbebene abbilden. Auf diese Weise erhält man als Bilder der p Windungselemente deren p Halbebenen.

Im letzten Schritt befaßt man sich mit den Streifenumgebungen der einfachperiodischen Enden. Nachdem das Kerngebiet, sowie die logarithmischen Elementargebiete uniformisiert sind, so bleiben noch die p Halbstreifen der Enden. Diese restlichen Teilgebiete der Riemannschen Fläche werden mit den zu $w_n = R_n\,(e^{\zeta_n})$ gehörenden Umkehrfunktionen ($n = 1, 2, \ldots p$) uniformisiert. Die erhaltenen p Halbstreifen müssen mit den p Halbebenen längs ihrer Berandungen so verheftet werden, wie dies durch die Urbilder der entsprechenden Begrenzungskurven auf der Riemannschen Fläche vorgegeben ist. Dies erfolgt durch quasikonforme Homöomorphismen, die von Fall zu Fall konstruiert werden müssen.

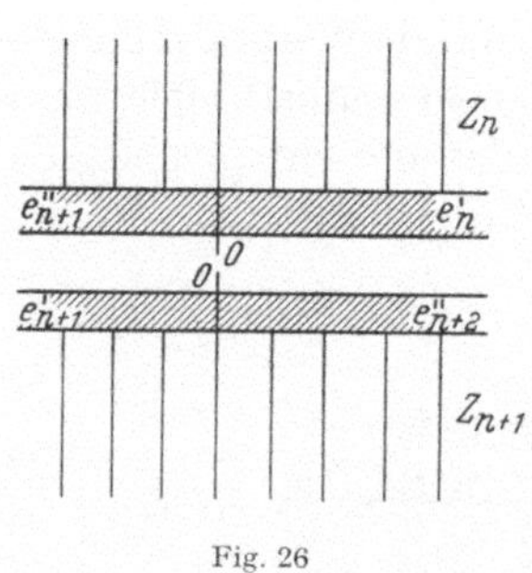

Fig. 26

Für die Bestimmung dieser quasikonformen Abbildungen vergleiche man KÜNZI [1]. Fig. 26 erläutert in schematischer Weise diese Verheftung. $e_1, e_1'', \ldots, e_p, e_p''$ sind Hälften von uniformisierten periodischen Enden $e_1, e_2, \ldots e_p$.

Die nächste Aufgabe besteht nun darin, diese p neuen Halbebenen im richtigen Sinne abwechslungsweise über die negative und die positive reelle Achse in einer Z-Ebene ($Z = Re^{\Phi}$) wiederum zu einer Riemannschen Fläche zu verheften.

Zuletzt müssen noch die beiden freien Ufer miteinander identifiziert werden. Für diese Zuordnung bedient man sich der Spiralabbildung

$$Z = z^{\alpha + i\beta}\,, \tag{3,1}$$

durch welche die Riemannsche Fläche über Z in die schlichte z-Ebene übergeführt wird. In der Abbildung (3,1) bedeuten

$$\alpha = \frac{p}{2} \quad \text{und} \quad \beta = -\frac{\log A}{2\pi} \tag{3,2}$$

mit

$$A = \frac{\omega_1\,\omega_2 \ldots \omega_p}{\omega_1'\,\omega_2' \ldots \omega_p'}\,.$$

ω_n gibt die Anzahl der Innenknoten ($=$ Außenknoten) der rechten Berandung einer Periode des Endes e_n an und ω_n' die entsprechende Anzahl der linken Berandung. Rechte und linke Seite wird hier vom Kern aus bestimmt.

Unter Benutzung der Größen in (3,2) heißt die gesuchte Abbildungsfunktion

$$Z = z^{\frac{p}{2}\left(1 - i\frac{1}{p}\frac{\log A}{2\pi}\right)}\,. \tag{3,3}$$

Damit ist die Fläche W quasikonform uniformisiert in eine z-Ebene. Die benötigten quasikonformen Abbildungen können immer so gewählt werden, daß sie der Integralbedingung (2,28) bzw. (2,28a) genügen. Auf Grund der Sätze in 2.8. besteht dann zwischen der z- und der ζ-Ebene eine Beziehung der Form:

$$\zeta = Cz\,(1 + o\,(1)) \tag{3,4}$$

für $|z| \to \infty$.

Hat man es mit doppeltperiodischen Enden zu tun, z. B. mit dem einfachen Fall der Fig. 24a, so normiert man, ohne die Allgemeinheit einzuschränken, durch $\sum_{i=1}^{3} a_i = 0$ und $a_4 = \infty$. Über a_1 liege der einzige logarithmische Windungspunkt. Diesen stanzt man wie früher durch eine Kreisumgebung aus der Fläche heraus und uniformisiert ihn mit Hilfe des Logarithmus in eine Z-Halbebene. Im zweiten Schritt wird das Restgebiet der Riemannschen Fläche durch die Umkehrfunktion der Weierstraßschen $\wp$-Funktion, d. h. mit

$$Z = X + iY = \int\limits_{a_4}^{w} \frac{dw}{\sqrt{4\,w^3 - g_2\,w - g_3}} + k \tag{3,5}$$

ebenfalls in eine Z-Halbebene abgebildet. Auch hier lassen sich die beiden Halbebenen mittels quasikonformer Abbildungen unter Erfüllung der Integralbedingung (2,28) verheften. Handelt es sich um allgemeinere doppeltperiodische Enden, wie z. B. in Fig. 24, so tritt anstelle der $\wp$-Funktion eine elliptische Funktion der Form

$$f(u) = R_1\left[\wp(u)\right] + \wp'(u)\,R_2\left[\wp(u)\right].\tag{3,6}$$

Hat man es mit der kombinierten Klasse zu tun, bei der der Streckenkomplex p einfachperiodische und q doppeltperiodische Enden aufweist, so geht die Uniformisierung gleichermaßen vor sich wie in den beiden ersten Fällen. Eine einfache Überlegung zeigt, daß dann $p + 2\,q$ Halbebenen abwechslungsweise über die negative und über die positive reelle Achse zu verheften sind. Am Schluß führt eine (3,1) entsprechende Spiralabbildung die mehrblättrige Fläche in eine schlichte z-Ebene.

Nach diesen Vorbereitungen soll jetzt die Aufgabe gelöst werden, wo der Maximalbetrag und wo die a-Stellen bei bestimmten Funktionen angenommen werden.

3.5. Über den Maximalbetrag einiger ganzen transzendenten Funktionen.
Es sei $w = w(\zeta)$ eine ganze transzendente Funktion, deren Riemannsche Fläche sich durch endlich viele einfachperiodische Enden darstellen läßt und $w = \infty$ nicht überdeckt. Zur Erläuterung seien drei besonders einfache Streckenkomplexe S_1, S_2 und S_3 gewählt (vgl. Fig. 27).

Die drei Grundpunkte in der w-Ebene liegen über -1, $+1$ und ∞ (Fig. 27b) und gefragt wird nach den Stellen ζ, für welche

$$M(r) = |w(\zeta)|$$

gilt, mit $r = |\zeta|$.

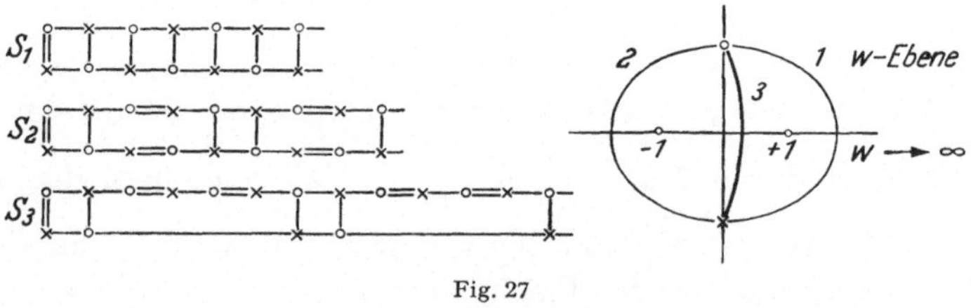

Fig. 27

Beim Streckenkomplex S_1 ist es möglich, die erzeugende Funktion explizite anzugeben, was i. a. nicht geht. Es handelt sich hier um die Funktion $w = \cos\sqrt{\zeta}$. Diese Funktion nimmt den Maximalbetrag auf der negativen reellen Achse an. Die Wurzeln der Gleichung $\cos\sqrt{\zeta}\pm 1 = 0$ liegen auf der positiven Achse.

Beim Streckenkomplex S_2 kennt man die explizite Funktion nicht. In diesem Fall wird die Fläche uniformisiert, und zwar in eine z-Halbebene, schematisch dargestellt in Fig. 28a. Da $\omega_1 = \omega_1'$ ist, so wird $\beta = 0$

und die Abbildung (3,1) reduziert sich auf $Z = z^{1/2}$. Der Maximalbetrag wird in der z-Ebene auf dem Strahl arg $\varphi = 0$ angenommen. Nach (3,4) gilt dasselbe im konformen ζ-Bild. Also wird für S_2 der Maximalbetrag auf einem Strahl angenommen.

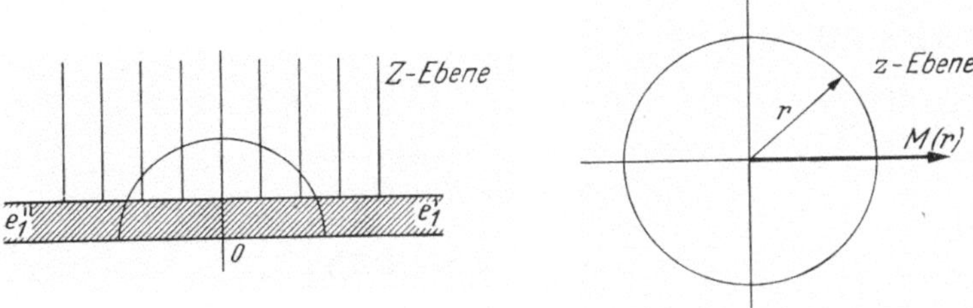

Anders verhält es sich mit S_3 aus Fig. 27a, denn dieser Streckenkomplex weist eine Asymmetrie auf bezüglich der berandenden Knoten. Die Spiralabbildung (3,1) hat jetzt die Konstanten

$$\alpha = \frac{1}{2} \quad \text{und} \quad \beta = -\frac{\log 3}{2\pi}.$$

Die Halbgerade arg $Z = \dfrac{\pi}{2}$ der Z-Ebene, auf der der Maximalbetrag angenommen wird, transformiert sich in die logarithmische Spirale

$$\log r = \frac{\pi}{\log 3}\, \varphi - \pi. \tag{3,7}$$

Nach (3,4) ist zu schließen, daß die durch S_3 gegebene transzendente Funktion $w = w(\zeta)$ ihre Maximalbeträge auf einer Linie annimmt, die für $|\zeta| \to \infty$ wenig von der logarithmischen Spirale (3,7) abweicht.

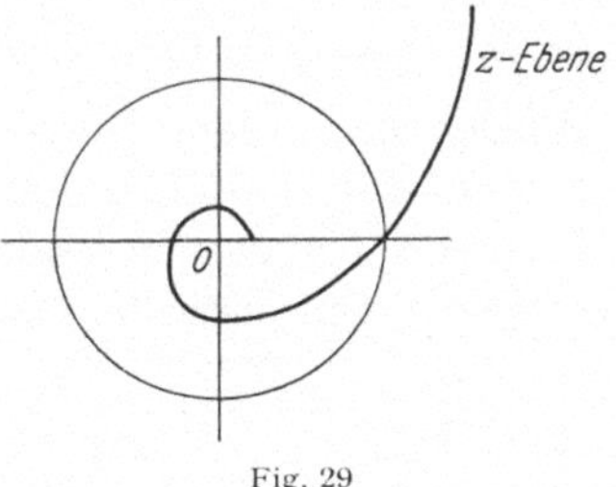

Fig. 29

3.6. Die Lage der a-Stellen. Es soll die a-Stellenverteilung für die in 3.2. geschilderten Flächenklassen untersucht werden.

Nach den bekannten Methoden werden die Flächen zuerst partiell uniformisiert und über einer Z-Ebene zu einer Fläche verheftet, die auf Grund der uniformisierenden Funktionen aus Periodenstreifen (Parallelstreifen) der Breite $2\pi i$ besteht. Diese Überlegung trifft allerdings nicht mehr zu in den Gebieten, die quasikonform abgebildet werden, was aber für die asymptotischen Betrachtungen belanglos ist. Über dieser Z-Ebene liegen deshalb die a-Stellen i. a. auf Geraden $Y = h$, weshalb zuerst die z- bzw. die ζ-Bilder solcher Geraden zu bestimmen sind. Betrachtet man zuerst den Fall $\beta = 0$, so wird

$$
\begin{aligned}
x &= X^{\alpha^{-1}} - \binom{\alpha^{-1}}{2} X^{\alpha^{-1}-2} Y^2 + \binom{\alpha^{-1}}{4} X^{\alpha^{-1}-4} Y^4 - + \cdots \\
y &= \binom{\alpha^{-1}}{1} X^{\alpha^{-1}-1} Y - \binom{\alpha^{-1}}{3} X^{\alpha^{-1}-3} Y^3 + - \cdots .
\end{aligned}
\tag{3,8}
$$

Mit Polarkoordinaten

$$
Z = R\, e^{i\Phi}, \quad z = r\, e^{i\varphi} \quad \text{und} \quad R = \sqrt{X^2 + h^2}, \quad \Phi = \operatorname{arc\,tg} \frac{h}{X} + n\pi
$$

wird

$$
\begin{aligned}
\alpha \log r &= \log X + O(t^2) \\
\alpha\, \varphi &= \frac{h}{X} + n\pi + O(t^2),
\end{aligned}
\tag{3,8'}
$$

wobei $t = \dfrac{h}{X}$ ist.

Nach dem Satz (3,4) liegen die a-Strahlen in der ζ-Ebene in schmalen Streifen, die man auf Grund von (3,8) berechnen kann.

Für $\beta \neq 0$ erhält das Bild der Geraden $Y = h$ die Darstellung

$$
\begin{aligned}
(\alpha^2 + \beta^2) \log r &= \alpha \log X + \beta \frac{h}{X} + \beta\, n\pi + O(t^2) \\
(\alpha^2 + \beta^2)\, \varphi &= - \beta \log X + \alpha \frac{h}{X} + \alpha\, n\pi + O(t^2)
\end{aligned}
\tag{3,9}
$$

oder

$$
\beta \log r + \alpha\, \varphi = \frac{h}{X} + n\pi + O(t^2) .
\tag{3,9'}
$$

Daraus folgt für

$$
\begin{aligned}
&|X| \to \infty \\
&\beta \log r + \alpha\, \varphi = n\pi .
\end{aligned}
\tag{3,9''}
$$

Wieder nach dem Verzerrungssatz (3,4) müssen die a-Strahlen der Funktion $w = w(\zeta)$ in der ζ-Ebene für $|\zeta| \to \infty$ in schmalen, von spiralförmigen Kurven berandeten Gebieten, oder anders ausgedrückt, in schmalen Spiralstreifen liegen.

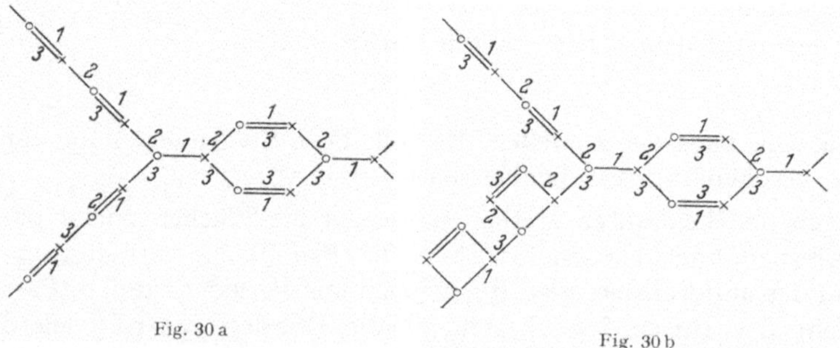

Fig. 30a

Fig. 30b

3.7. Beispiele. Gegeben seien die beiden Streckenkomplexe in Fig. 30a und 30b.

Nach den Berechnungen im Abschnitt 3.6. [Formeln (3,8)] geht ein Ende e_j der Fig. 30a in ein Gebiet der z-Ebene über, das den Strahl $\arg z = \dfrac{2\pi}{3} j \ (j = 1, 2, 3)$ enthält. Die Randkurven nähern sich asymptotisch diesen Strahlen. Für $|z| \to \infty$ strebt das Argument der Wurzeln $w - a_j = 0$ gegen $0, \dfrac{2\pi}{3}, \dfrac{4\pi}{3}$. * weist auf eine a-Stelle in der Umgebung des logarithmischen Windungspunktes über a_1 hin.

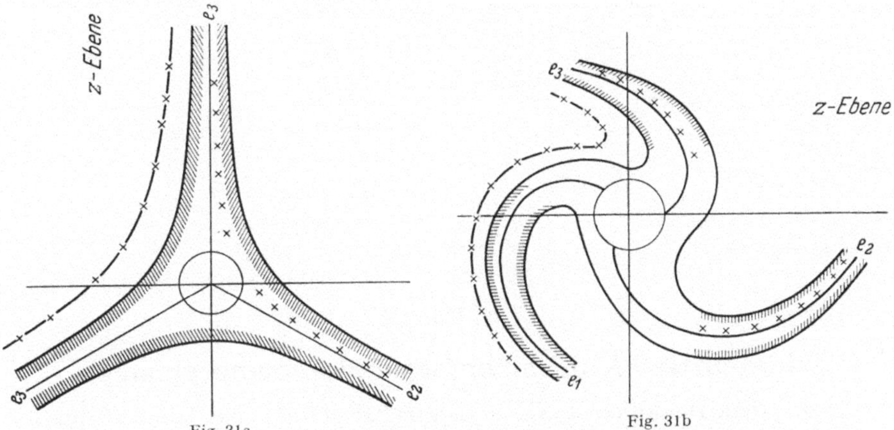

Fig. 31a   Fig. 31b

Für den Komplex der Fig. 30b sind die Bilder von $\Phi = n\pi$ gegeben durch die Beziehung (3,9''). Die Enden e_1, e_2, e_3 enthalten in der z-Ebene die entsprechenden Spiralen. Die Randkurven dieser Gebiete nähern sich asymptotisch den Spiralen (3,9'').

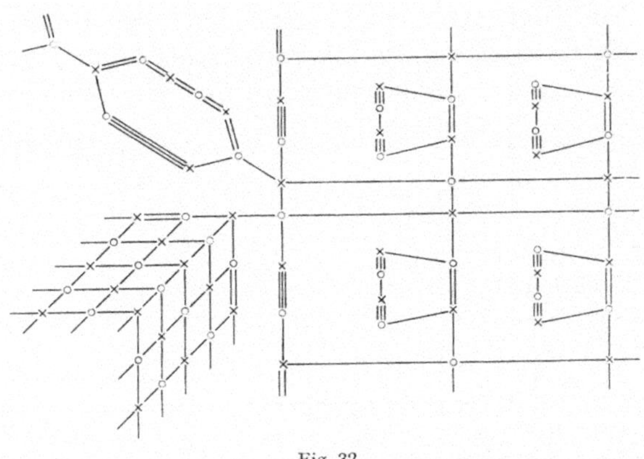

Fig. 32

Interessiert man sich für die Stellenanordnung im Streckenkomplex der Fig. 32, so rührt hier die Asymmetrie lediglich von den einfach-periodischen Enden her.

Wegen der Doppeltperiodizität liegt in der Z-Ebene eine bestimmte a-Stelle über unendlich vielen Geraden, so daß nach den obigen Erörterungen die Verteilung in der z-Ebene zwei Doppelscharen von spiralförmigen Kurven aufweisen muß. Das Ergebnis ist für die z-Ebene schematisch wiedergegeben.

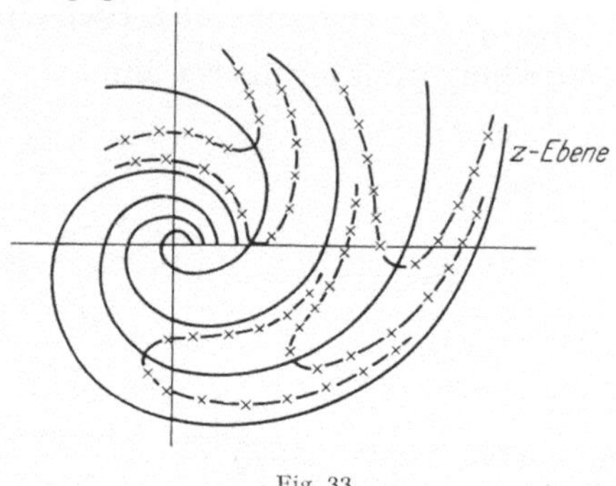

Fig. 33

4. Kapitel

Allgemeine K-quasikonforme Homöomorphismen

4.1. Neue Definitionen. Neben den im 2. Kapitel behandelten K-quasikonformen Homöomorphismen im Sinne von GRÖTZSCH, bei denen es sich um überall stetig differenzierbare Abbildungen handelt, kennt man noch zwei weitere Definitionen für quasikonforme Abbildungen, die in den folgenden beiden Abschnitten umschrieben werden.

4.2. K-quasikonforme Homöomorphismen gemäß einer analytischen Definition. Ein Homöomorphismus $w = H(z)$ des Gebietes D in die w-Ebene heißt K-quasikonform im analytischen Sinne, wenn

1. $H(z)$ im Gebiet D absolut stetig ist im Sinne von TONELLI[1].

---

[1] Eine komplexwertige Funktion $w = f(z)$ der komplexen Variablen z heißt AST auf dem Rechteck

$$\overline{R}\{a_1 \leqq x \leqq a_2, b_1 \leqq y \leqq b_2\},$$

wenn

a) sie auf $\overline{}$ stetig ist.

b) sie als Funktion von x absolut stetig im Intervall $[a_1, a_2]$ für fast alle y in $[b_1, b_2]$ ist und als Funktion von y absolut stetig im Intervall $[b_1, b_2]$ für fast alle x in $[a_1, a_2]$ ist.

c) die totale Variation $V_x(y, w, [a_1, a_2])$ von $w = f(z)$ als eine Funktion von x im Intervall $[a_1, a_2]$ eine in $[b_1, b_2]$ integrierbare Funktion von y ist und entsprechend die totale Variation $V_y(x, w, [b_1, b_2])$ eine in $[a_1, a_2]$ integrierbare Funktion von x ist.

Man nennt die Funktion AST in einem Gebiet D, wenn sie auf jedem abgeschlossenen Rechteck $\overline{}$ in D AST ist.

Bedingung c kann man ersetzen durch:

c′) die auf Grund der Bedingungen a) und b) fast überall in $\overline{R}$ existierenden und meßbaren partiellen Ableitungen f_x und f_y auf $\overline{R}$ integrierbar sind (vgl. SAKS [1]).

2. die fast überall in D existierenden meßbaren partiellen Ableitungen H_x und H_y lokal quadratisch integrierbar sind.

3. eine Konstante $K \geq 1$ existiert, so daß die Ungleichung

$$\max_{(\Theta)} |H_x \cos \Theta + H_y \sin \Theta|^2 \leq K\,J \tag{4,1}$$

mit

$$J = u_x v_y - u_y v_x$$

fast überall in D erfüllt ist.

Wegen der Beziehung (2,11) im Abschnitt 2.1. erweisen sich die *K*-quasikonformen Homöomorphismen im Sinne von GRÖTSCH als Spezialfall der oben definierten[1].

4.3. *K*-quasikonforme Homöomorphismen gemäß einer geometrischen Definition.

Zur Einführung dieser Abbildungsklasse benötigt man wiederum den im Abschnitt 1.13. festgelegten Begriff des Vierecks $\Omega\,(z_1, z_2, z_3, z_4)$ mit den vier ausgezeichneten und voneinander verschiedenen Ecken z_1, z_2, z_3, z_4.

Ein orientierungstreuer Homöomorphismus $w = H\,(z)$ eines Gebietes D in die w-Ebene heißt *K*-quasikonform im geometrischen Sinne, wenn eine Konstante $K \geq 1$ so existiert, daß für den Modul M der Vierecke $\Omega\,(z_1, z_2, z_3, z_4)$ in D und den Moduln M' der entsprechenden Bildvierecke $H\,(\Omega\,(z_1, z_2, z_3, z_4))$ bezüglich der Abbildung $w = H\,(z)$ die Ungleichung

$$K^{-1}M \leq M' \leq KM \tag{4,2}$$

gültig ist.

Zufolge der Grötzschschen Ungleichung (2,27) in Abschnitt 2.6. erweisen sich die *K*-quasikonformen Homöomorphismen im Grötzschschen Sinne als Spezialfall der obigen. Diese haben aber neben der größeren Allgemeinheit noch den Vorteil, daß wenn eine konvergente Folge von *K*-quasikonformen Homöomorphismen $w_n = H_n(z)$ (K fest) des Gebietes D, lokal gleichmäßig gegen eine topologische Abbildung $H\,(z)$ konvergiert, die Grenzfunktion $H\,(z)$ auch *K*-quasikonform im geometrischen Sinne ist (vgl. Abschnitt **4.11.**). Aus dieser Definition geht auch hervor, daß, wenn $H\,(z)$ ein *K*-quasikonformer Homöomorphismus im geometrischen Sinne darstellt, die inverse $H^{-1}(z)$ ebenfalls *K*-quasikonform ist.

Die Bedingung (4,2) ist globaler Natur, man kann aber zeigen (Satz 1 in Abschnitt **4.11.**), daß sie aus einer entsprechenden lokalen Bedingung hervorgeht (vgl. auch RENGGLI [2]).

Zu den wichtigsten Ergebnissen innerhalb der Theorie der quasikonformen Abbildungen gehört der

---

[1] Statt 1. und 2. braucht man nur anzunehmen, daß die Bedingung b) der obigen Fußnote erfüllt ist. Dies wurde in einer neuen Arbeit von GEHRING und LEHTO [1] während der Drucklegung dieses Berichtes bewiesen.

4.4. Äquivalenzsatz. Ein K-quasikonformer Homöomorphismus im geometrischen Sinne ist K-quasikonform im analytischen Sinne und umgekehrt.

Verschiedene Autoren, so u. a. AHLFORS [3], BERS [6], [7], MORI [1], PFLUGER [6] und YÛJÔBÔ [3] haben zu diesem zentralen Satz Beiträge geleistet. Es ist verhältnismäßig einfach zu beweisen, daß die K-quasikonformen Homöomorphismen im analytischen Sinne auch K-quasikonform im geometrischen sind. Schwieriger hingegen erwies sich die Umkehrung davon. Um der historischen Entwicklung gerecht zu werden, folgt hier zuerst die Darstellung von MORI und BERS, anschließend eine neuere von PFLUGER.

4.5. Satz von MORI. Es sei $w = H(z) = u(x, y) + i\,v(x, y)$ ein K-quasikonformer Homöomorphismus im geometrischen Sinne eines ebenen Gebietes D in der $z = x + i\,y$-Ebene auf ein entsprechendes Gebiet Δ der $w = u + i\,v$-Ebene, dann gilt:

a) $w = H(z)$ ist fast überall in D total differenzierbar, d. h. $u(x, y)$ und $v(x, y)$ sind fast überall total differenzierbar[1].

b) Für jeden Punkt z, in dem $w = H(z)$ total differenzierbar ist, gilt

$$\max_{(\Theta)} |D_\Theta H|^2 \leqq KJ(z)$$

mit

$$D_\Theta = (u_x \cos\Theta + u_y \sin\Theta) + i\,(v_x \cos\Theta + v_y \sin\Theta)$$

und

$$J(z) = u_x v_y - u_y v_x \geqq 0 \,.$$

c) Für fast alle $y = y_0$ ist $w = H(x, y_0)$ absolut stetig (d. h. $u(x, y_0)$ und $v(x, y_0)$ sind absolut stetig) in x auf jedem geschlossenen Intervall $y = y_0$ von D.

Zur Vorbereitung des Beweises werden zuerst die folgenden Hilfssätze zusammengestellt:

Hilfssatz 1: Es seien $\Omega^{(n)}(z_1^{(n)}, z_2^{(n)}, z_3^{(n)}, z_4^{(n)})$, $n = 1, 2, \ldots$, eine Folge von Vierecken und $\Omega(z_1, z_2, z_3, z_4)$ ein bestimmtes Viereck. Unter Voraussetzung, daß die Bögen arc $[z_1^{(n)}, z_2^{(n)}]$, arc $[z_2^{(n)}, z_3^{(n)}]$, arc $[z_3^{(n)}, z_4^{(n)}]$ und arc $[z_4^{(n)}, z_1^{(n)}]$ von $\Omega^{(n)}$ so gegen die Bögen arc $[z_1, z_2]$, arc $[z_2, z_3]$, arc $[z_3, z_4]$ und arc $[z_4, z_1]$ von Ω konvergieren, daß für jedes $\varepsilon > 0$ die Bögen arc $[z_1^{(n)}, z_2^{(n)}]$, arc $[z_2^{(n)}, z_3^{(n)}]$, arc $[z_3^{(n)}, z_4^{(n)}]$ und arc $[z_4^{(n)}, z_1^{(n)}]$

---

[1] Eine endliche Funktion $R(x, y)$ von zwei reellen Variablen heißt total differenzierbar im Punkte x_0, y_0 wenn zwei endliche Größen α und β existieren, so daß der Quotient

$$\frac{R(x, y) - R(x_0, y_0) - \alpha(x - x_0) - \beta(y - y_0)}{|x - x_0| + |y - y_0|}$$

gegen Null strebt für $(x, y) \to (x_0, y_0)$. α und β sind die partiellen Ableitungen von $R(x, y)$ im Punkte (x_0, y_0) (vgl. SAKS [1]).

von $\Omega^{(n)}$ bei hinreichend großem n in einer ε-Umgebung von arc $[z_1, z_2]$, arc $[z_2, z_3]$, arc $[z_3, z_4]$ und arc $[z_4, z_1]$ liegen, dann ist

$$\lim_{n \to \infty} \text{mod } \Omega^{(n)} = \text{mod } \Omega .$$

Beweis: Nach MORI [1] wird angenommen, daß $z = 0$ zu allen $\Omega^{(n)}$ und zu Ω gehöre. Dann sei $z = f_n(\zeta)$ die Funktion, die den Kreis $K: |\zeta| < 1$ konform auf $\Omega^{(n)}$ abbilde, so daß $f_n(0) = 0$ und $f_n'(0) > 0$ gelte. Weiter sei $f(\zeta)$ die entsprechende Funktion für Ω. Nach COURANT [1] konvergieren die $f_n(\zeta)$ gleichmäßig gegen $f(\zeta)$ auf der abgeschlossenen Kreisscheibe K. Mit $\zeta_i^{(n)}$ $(i = 1, 2, 3, 4)$ bezeichnet man das Bild von $z_i^{(n)}$ durch f_n^{-1} und mit ζ_i dasjenige von z_i unter f^{-1}. Weil $\lim\limits_{n \to \infty} f_n(\zeta_i^{(n)})$ $= z_i = f(\zeta_i)$ und $f(\zeta)$ schlicht auf der abgeschlossenen Kreisscheibe K sind, gilt $\lim\limits_{n \to \infty} \zeta_i^{(n)} = \zeta_i$ für $i = 1, 2, 3, 4$. Da

$$\text{mod } K \left(e^{i\Theta_1}, e^{i\Theta_2}, e^{i\Theta_3}, e^{i\Theta_4}\right)$$

eine stetige Funktion der 4 Variablen $\Theta_1 < \Theta_2 < \Theta_3 < \Theta_4 < \Theta_1 + 2\pi$ darstellt, so ist der Hilfssatz bewiesen. (Vergleiche hierzu auch AHLFORS [3]).

Hilfssatz 2: Es sei $w = H(z)$ ein K-quasikonformer Homöomorphismus im geometrischen Sinne eines ebenen Gebietes D auf ein entsprechendes Δ. Angenommen, der Kreis $|z - z_0| \leq r$ liege in D und $m(r)$ bzw. $M(r)$ bezeichne das Minimum bzw. das Maximum von $|w - H(z_0)|$ auf $|z - z_0| = r$. Dann ist

$$M(r) \leqq e^{\pi K} m(r)$$

vorausgesetzt, daß der Kreis $|w - H(z_0)| \leqq M(r)$ in Δ liegt[1].

Beweis: Ist $m(r) = M(r)$ so gibt es nichts zu beweisen. Für $m(r) < M(r)$ sei R das Ringgebiet mit $m(r) < |w - H(z_0)| < M(r)$ das in Δ enthalten ist. Sein inverses Bild sei $H^{-1}(R)$, von dem das eine Komplementärkontinuum $z = z_0$ sowie einen Punkt auf $|z - z_0| = r$ enthält, das andere den unendlich fernen Punkt und ebenfalls einen Punkt auf $|z - z_0| = r$. Nach TEICHMÜLLER 1.10. übersteigt der Modul eines solchen Gebietes denjenigen der doppelt aufgeschlitzten z-Ebene längs $-r \leqq x \leqq 0$ und $r \leqq x < \infty$ nicht. Der Modul des letzteren Gebietes ist aber π; dann folgt nach (2,17)

$$\log \frac{M(r)}{m(r)} = \text{mod } R \leqq K \text{ mod } H^{-1}(R) \leqq \pi K ,$$

womit der Satz nach MORI bewiesen ist.

---

[1] Die genaue Schranke für $\lim\limits_{r \to 0} \sup \dfrac{M(r)}{m(r)}$ wurde neuerdings von LEHTO, VIRTANEN und VÄISÄLÄ [1] bestimmt. Man vgl. hierzu auch die Ausführungen in [4, 11].

Hilfssatz 3: Die Abbildung $w = w(s) = u(s) + i\,v(s)$ $(0 \leqq s \leqq L)$ definiert eine rektifizierbare Kurve in der w-Ebene. E sei eine abgeschlossene Punktmenge von positivem Maß mE auf dem s-Intervall und E_w ihr Bild in der w-Ebene. Dann ist mindestens eine Projektion von E_w auf die u- oder v-Achse von positivem linearen Maß.

Beweis: $u(s)$ und $v(s)$ sind absolut stetig in s und $(du/ds)^2 + (dv/ds)^2 = 1$ fast überall in $0 < s < L$, dann gilt

$$mE = \int_E \{(du/ds)^2 + (dv/ds)^2\}^{1/2}\, ds \leqq \int_E |du/ds|\, ds + \int_E |dv/ds|\, ds \,.$$

Also ist mindestens das eine der beiden Integrale $\geqq \dfrac{1}{2}\,mE > 0$. Angenommen das erste davon sei positiv, dann beweist man nach Mori, daß das Maß der Werte von $u(s)$ für $s \in E$ positiv ist.

Man überdeckt die abgeschlossene Menge E durch eine offene Menge G, welche aus einer endlichen Anzahl von sich nicht überdeckenden Intervallen I_n besteht. Für jedes u zwischen minus und plus unendlich bezeichne $N(u; I_n)$ die Zahl von Punkten s in I_n, welche der Relation $u(s) = u$ genügen.

Nach dem Banachschen Theorem ist $N(u; I_n)$ im Borelschen Sinne meßbar und sein Integral über $-\infty < u < +\infty$ entspricht der absoluten Variation von $u(s)$ auf I_n, d. h.

$$\int_{-\infty}^{+\infty} N(u; I_n)\, du = \int_{I_n} \left|\frac{du}{ds}\right|\, ds \,.$$

Setzt man

$$N(u; G) = \sum_n N(u; I_n) \,,$$

so ist

$$\int_{-\infty}^{+\infty} N(u; G)\, du = \int_{G} \left|\frac{du}{ds}\right|\, ds \,.$$

Nun läßt man G von oben gegen E streben, so daß die rechte Seite gegen

$$\int_E \left|\frac{du}{ds}\right|\, ds$$

strebt. Da $N(u; G)$ mit G fällt, und zwar für jedes u, so konvergiert die linke Seite gegen das Integral von $\lim_{G \to E} N(u; G) = N(u)$.

Bezeichnet man mit $N(u; E)$ die Anzahl der Punkte s auf E, für welche gilt: $u(s) = u$, so ist sicherlich

$$N(u; E) \leqq N(u) \,.$$

Man kann nun zeigen, daß das Gleichheitszeichen gilt, vorausgesetzt daß $N(u)$ endlich ist.

Da $N(u)$ integrierbar ist über $-\infty < u < +\infty$, so ist es fast überall endlich. Also ist $N(u; E)$ im Lebesgueschen Sinne meßbar und integrabel, und man hat

$$\int\limits_{-\infty}^{+\infty} N(u; E)\, du = \int\limits_{E} \left|\frac{du}{ds}\right| ds > 0 \,,$$

also ist $N(u; E) > 0$ für eine u-Menge von positivem Maß.

4.6. Beweis des Satzes von MORI.

Beweis von a): Unter Verwendung des Rademacher-Stepanoffschen Theorems genügt es zu zeigen, daß fast überall in D

$$\limsup_{\Delta z \to 0} \frac{|H(z + \Delta z) - H(z)|}{|\Delta z|} < +\infty \tag{4,3}$$

gilt (vgl. SAKS [1]).

Für jede Borelsche Menge E in D bezeichnet man mit $S(E)$ das zweidimensionale Maß des Bildes $H(E)$ in Δ, das auch eine Borelsche Menge ist. Es ist klar, daß $S(E)$ eine nichtnegative, additive Funktion von Borelschen Mengen ist, so daß diese im Lebesgueschen Sinne fast überall in D differenzierbar ist.

Für jedes feste z und für ein genügend kleines $r > 0$ bezeichne $m(r)$ und $M(r)$ das Minimum und das Maximum von $|\Delta H| = |H(z + \Delta z) - H(z)|$ für $|\Delta z| = r$. Es sei d_r der abgeschlossene Kreis vom Radius r über z. Da nach Hilfssatz 2

$$|\Delta H| \leqq M(r) \leqq e^{\pi K} m(r)$$

ist, so hat man

$$\left(\frac{|\Delta H|}{|\Delta z|}\right)^2 \leqq e^{2\pi K} \frac{m(r)^2}{r^2} \leqq e^{2\pi K} \frac{S(d_r)}{\pi r^2} \,.$$

Für $r \to 0$ strebt der letzte Quotient nach der Derivierten $DS(z)$ von $S(E)$, wenn S derivierbar ist in z. Also gilt (4,3) fast überall in D.

Beweis von b): Vorausgesetzt $u(x, y)$ und $v(x, y)$ seien total differenzierbar in z_0. Durch eine Translation und nachfolgende Rotation der z- und w-Ebenen, welche $J(z_0)$ und $\max\limits_{(\Theta)} |D_\Theta w|^2$ invariant lassen, erhält man

$$z_0 = H(z_0) = 0$$

und

$$u(x, y) = a x + o(|z|) \; ; \quad v(x, y) = b y + o(|z|) \,.$$

Da H richtungserhaltend ist, so kann $J(0) = a b$ nicht negativ sein, so daß man annehmen darf, daß $0 \leqq b \leqq a$.

1. Voraussetzung: Es sei $J(0) = a b > 0$. Für kleine $\delta > 0$ sei $\Omega\,[\delta(-1 - i), \delta(1 - i), \delta(1 + i), \delta(-1 + i)]$ das Quadrat $-\delta < x < \delta$, $-\delta < y < \delta$. Da $\bmod \Omega = 1$, so ist $\bmod H(\Omega) \geqq K^{-1}$. Wie man leicht aus Hilfssatz 1 schließt, so strebt mod $H(\Omega)$ gegen b/a für $\delta \to 0$, so daß $a \leqq K b$. Also

$$|D_\Theta w|^2 = a^2 \cos^2 \Theta + b^2 \sin^2 \Theta \leqq a^2 \leqq K\, ab = K\, J(0)$$

für jedes $0 \leqq \Theta \leqq 2\pi$.

2. Voraussetzung: Es sei $b = 0$. Dann ist $J(0) = ab = 0$ und $H(0, y) = o\,(|y|)$. Nach Hilfssatz 2 gilt

$$|u\,(x, y)| \leqq |H\,(x, y)| \leqq e^{\pi K}\,|H\,(0, |z|)| = o\,(|z|)\ .$$

Hier ist $a\,x = u\,(x, y) + o\,(|z|) = o\,(|z|)$, so daß $a = 0$. Dann ist

$$|D_\Theta w|^2 = a^2 \cos^2 \Theta + b^2 \sin^2 \Theta = 0$$

für jedes Θ.

Beweis von c): Das Rechteck $x_1 < x < x_2, y_1 < y < y_2$ sei in D enthalten. Da das Gebiet D durch eine abzählbar unendliche Menge von Rechtecken überdeckt werden kann, so genügt es zu beweisen, daß für fast alle $y = y_0$, $y_1 < y_0 < y_2$, $H\,(x, y_0)$ auf dem Intervall $x_1 \leqq x \leqq x_2$ absolut stetig ist in x.

Für jedes $y_1 < y_0 < y_2$ bezeichnet man mit $A\,(y_0)$ die Fläche des H-Bildes des Teilrechtecks $x_1 < x < x_2$, $y_1 < y < y_0$. Da $A\,(y_0)$ eine monoton wachsende Funktion von y_0 ist, so hat sie eine endliche Derivierte $A'\,(y_0)$ für fast alle y_0; ein solches y_0 wird jetzt gewählt. Für jedes kleine $\Delta y > 0$ bezeichne Ω das Rechteck $x_1 < x < x_2, y_0 < y < y_0 + \Delta y$. Das Bild $H\,(\Omega)$ in Δ hat die Fläche $A\,(y_0 + \Delta y) - A\,(y_0)$. Es sei $\lambda\,(y_0, \Delta y)$ das Infimum der Längen aller rektifizierbarer Kurven in $H\,(\Omega)$, welche die H-Bilder von $x = x_1, y_0 < y < y_0 + \Delta y$ und $x = x_2, y_0 < y < y_0 + \Delta y$ verbinden. Wendet man auf die H-Bilder der Vierecke die Beziehung (1,18) an, so ist

$$\operatorname{mod} H\,(\Omega) \leqq \{A\,(y_0 + \Delta y) - A\,(y_0)\}/(\lambda\,(y_0, \Delta y))^2.$$

Da

$$\Delta y/(x_2 - x_1) = \operatorname{mod} \Omega \leqq K \operatorname{mod} H\,(\Omega)\ ,$$

so folgt

$$(\lambda\,(y_0, \Delta y))^2 \leqq K\,(x_2 - x_1)\,\frac{A\,(y_0 + \Delta y) - A\,(y_0)}{\Delta y} <$$
$$< K\,(x_2 - x_1)\,\{A'\,(y_0) + 1\} = \Lambda^2\,(y_0)$$

für jedes genügend kleine $\Delta y > 0$.

Nun sei $x_1 = \xi_0 < \xi_1 < \cdots < \xi_n = x_2$ eine beliebige Unterteilung des Intervalls $x_1 \leqq x \leqq x_2$. Für jedes gegebene $\varepsilon > 0$ nehme man Δy so klein, daß $|H\,(\xi_i, y) - H\,(\xi_i, y_0)| < \varepsilon\ (i = 0, 1, \ldots n)$ für $y_0 < y < y_0 + \Delta y$ wird. Für ein solches Δy enthält jede Kurve C in Ω, welche die gegenüberliegenden Seiten $x = x_1$ und $x = x_2$ verbindet, n nicht überlappende Bögen, deren H-Bilder einen Punkt im Kreis $|w - H\,(\xi_{i-1}, y_0)| < \varepsilon$

mit einem Punkt in $|w - H(\xi_i, y_0)| < \varepsilon \ (i = 1, 2, \ldots n)$ verbindet. Mithin ist die Länge der H-Bilder von C nicht kleiner als

$$\sum_{i=1}^{n} \{|H(\xi_i, y_0) - H(\xi_{i-1}, y_0)| - 2\, n\, \varepsilon\}\,.$$

Unter diesen Kurven C gibt es eine, deren Bild in $H(\Omega)$ eine Länge hat, die kleiner als $\Lambda(y_0)$ ist:

$$\sum_{i=1}^{n} |H(\xi_i, y_0) - H(\xi_{i-1}, y_0)| < \Lambda(y_0) + 2\, n\, \varepsilon\,.$$

Läßt man zuerst $\varepsilon \to 0$ und nachher $n \to +\infty$ streben, so daß $\max_i (\xi_i - \xi_{i-1}) \to 0$ geht, so erkennt man, daß $H(x, y_0)$ von beschränkter Variation ist auf $x_1 \le x \le x_2$. $w = H(x, y_0)$, $(x_1 \le x \le x_2)$, stelle die rektifizierbare Kurve $w = w(s)$ $(0 \le s \le L)$ in Funktion der Bogenlänge s dar mit $w(0) = H(x_1, y_0)$. Dann ist $x = x(s)$, $s = s(x)$ die zusammengesetzte topologische Abbildung zwischen $0 \le s \le L$ und $x_1 \le x \le x_2$. Die absolute Stetigkeit von $H(x, y_0)$ ist äquivalent zu derjenigen von $s = s(x)$. Um das letztere zu beweisen, genügt es zu zeigen, daß jede abgeschlossene Menge E_x vom Maß null im offenen Intervall $x_1 < x < x_2$ durch $s = s(x)$ auf eine abgeschlossene Menge E vom Maß null in $0 < s < L$ abgebildet wird. (Da $s = s(x)$ topologisch ist, so ist das äquivalent mit der Bedingung (N) von LUSIN (vgl. SAKS [1].)

Angenommen $m E_x = 0$ und $m E > 0$, dann muß $dx(s)/ds = 0$ fast überall auf E erfüllt sein. Weiter muß für $w = w(s)$ $\lim\limits_{\Delta s \to 0} |w(s + \Delta s) - w(s)|/|\Delta s| = 1$ sein fast überall in $0 < s < L$. Nach dem Theorem von EGOROFF kann man eine Teilmenge E' von E finden, welche positives Maß hat, so daß für eine Folge $\Delta s_n \to 0$

$$\{x(s + \Delta s_n) - x(s)\}/\Delta s_n \to 0$$

und

$$|w(s + \Delta s_n) - w(s)| / |\Delta s_n| \to 1$$

gleichmäßig für $s \in E'$ gilt.

Für jedes $\varepsilon > 0$ wird $\Delta s > 0$ so klein gewählt, daß

$$x(s + \Delta s) - x(s) < \varepsilon\, \Delta s$$

und

$$r(s, \Delta s) = |w(s + \Delta s) - w(s)| > \frac{\Delta s}{2}$$

ist für $s \in E'$.

Für ein festes $s \subset E'$ sei $m(r)$ bzw. $M(r)$ das Minimum bzw. das Maximum von

$$|H^{-1}(w) - (x(s) + i\, y_0)|$$

auf der Kreisperipherie $|w - w(s)| = r = r(s, \varDelta s)$. Da H^{-1} ein K-quasi-konformer Homöomorphismus ist, so hat man nach dem Hilfssatz 2

$$|H^{-1}(w) - (x(s) + i y_0)| \leq M(r)$$

$$\leq e^{\pi K} m(r) \leq e^{\pi K} \{x(s + \varDelta s) - x(s)\} < e^{\pi K} \varepsilon \varDelta s$$

für jedes w im Kreis $|w - w(s)| \leq r(s, \varDelta s)$.

E' ist abgeschlossen und enthalten im offenen Intervall $0 < s < L$. Daher ist jeder der Kreise

$$|z - (x(s) + i y_0)| < e^{\pi K} \varepsilon \varDelta s; \; s \in E'$$

im Rechteck $x_1 < x < x_2$, $y_1 < y < y_2$ enthalten, vorausgesetzt daß $\varDelta s$ genügend klein ist. Also folgt, daß das H-Bild des Rechtecks $x_1 < x < x_2$, $y_0 - e^{\pi K} \varepsilon \varDelta s < y < y_0 + e^{\pi K} \varepsilon \varDelta s$ alle Kreise $|w - w(s)| \leq r(s, \varDelta s)$ ent-hält mit $s \in E'$, so daß

$$A(y_0 + e^{\pi K} \varepsilon \varDelta s) - A(y_0 - e^{\pi K} \varepsilon \varDelta s)$$

nicht kleiner ist als die Fläche desjenigen Teils von $\varDelta$, welcher von diesen Kreisen überdeckt wird.

Setzt man $m = \max \{m E'_u, m E'_v\}$, wobei E'_u und E'_v die Projektionen von E'_w (dem Bild von E') auf die u- und v-Achse sind, so ist nach Hilfssatz 3 $m > 0$. Da $r(s, \varDelta s) > \dfrac{\varDelta s}{2}$, so ist die Fläche des Teils von $\varDelta$, der überdeckt wird von den Kreisen $|w - w(s)| \leq r(s, \varDelta s)$ mit $s \in E'$ nicht kleiner als $m \varDelta s$. Mithin gilt:

$$A(y_0 + e^{\pi K} \varepsilon \varDelta s) - A(y_0 - e^{\pi K} \varepsilon \varDelta s) \geq m \varDelta s\,.$$

Wenn $\varDelta s$ genügend klein ist, so übersteigt die linke Seite nicht

$$2 e^{\pi K} \varepsilon \varDelta s \{A'(y_0) + 1\}\,,$$

so daß

$$2 e^{\pi K} \{A'(y_0) + 1\} \varepsilon \geq m > 0$$

wird.

Da $\varepsilon > 0$ beliebig ist, so hat man einen Widerspruch erhalten, also ist $H(x, y_0)$ absolut stetig auf $x_1 \leq x \leq x_2$. Damit ist der Satz von Mori vollständig bewiesen.

4.7. Satz von Bers. Die partiellen Ableitungen der K-quasikonformen Homöomorphismen im geometrischen Sinne sind integrierbar.

Beweis: Für jede Borelsche Menge $e \in D$ bezeichnet man durch $s(e)$ das Maß der Borelschen Menge $H(e)$, $s(e)$ ist eine abzählbare, additive, nicht negative Mengenfunktion. Ist $\lambda(z_0, r)$ die Kreisscheibe $|z - z_0| < r$, so ist die Lebesguesche Derivierte gegeben durch

$$d(z_0) = \lim_{r \to 0} \frac{s[\lambda(z_0, r)]}{\pi r^2}\,,$$

existiert fast überall in D und ist integrierbar mit

$$\iint\limits_{e} d \cdot d x\, d y \leqq s(e) \,.$$

Wie **Mori** [1] nachweist, ist aber

$$d = J = u_x v_y - u_y v_x{}^1$$

fast überall in D, also gilt für jede kompakte Menge $S \in D$

$$\iint\limits_{S} (u_x^2 + u_y^2 + v_x^2 + v_y^2)\, d x\, d y \leqq \left(K + \frac{1}{K}\right) \iint\limits_{S} J\, d x\, d y \leqq$$

$$\leqq \left(K + \frac{1}{K}\right) s(S) < + \infty \,.$$

Aus den beiden Sätzen von **Mori** und **Bers** schließt man, daß jeder K-quasikonforme Homöomorphismus im geometrischen Sinne auch K-quasikonform im analytischen Sinne ist, oder abgekürzt

$$G \to A \,.$$

4.8. Nachweis für $A \to G$. Um die Umkehrung nachzuweisen, also

$$A \to G \,,$$

ist es wesentlich, daß die beiden Ableitungen H_x und H_y nicht fast überall verschwinden können, da $w = H(z)$ ein AST-Homöomorphismus ist. Auch gilt $J > 0$ auf einer Menge vom positiven Maß, woraus man auf die Orientierungstreue der Abbildung schließen kann.

Es sei nun $\Omega(z_1, z_2, z_3, z_4)$ ein orientiertes Viereck in D und $\Omega'(z_1', z_2', z_3', z_4')$ das Bildviereck $H(\Omega)$; M und M' bezeichnen die entsprechenden Moduln. Unter ω versteht man die konforme Abbildung von $\Omega(z_1, z_2, z_3, z_4)$ auf ein Rechteck R mit den Ecken $0, M, M + i, i$ und entsprechend unter ω' eine solche von Ω' auf das Rechteck R' mit den Ecken $0, M',$ $M' + i, i$. Man kann jetzt unter Zuhilfenahme bestimmter Stetigkeitseigenschaften zusammengesetzter Funktionen[2] sowie der L-Integrierbarkeit der Funktionaldeterminante von $w = H(z)$, dem Satz von **Bers** und dem Theorem von **Fubini**, wie auch der Schwarzschen Ungleichung schließen, daß für eine absolut stetige Funktion $w = H(z)$, als eine Funktion von x für fast alle y folgt:

$$K M' \geqq \iint\limits_{R} K J\, d x\, d y \geqq \int_0^1 \left(\int_0^M |H_x|^2\, d x \right) d y \geqq$$

$$\frac{1}{M} \int_0^1 \left(\int_0^M |H_x|\, d x \right)^2 d y \geqq \frac{M'^2}{M} \,.$$

---

[1] Das folgt auch aus dem Hilfssatz von **Pfluger**, der in **4.9.** bewiesen wird.

[2] Diese Stetigkeitseigenschaften, wonach die zusammengesetzte Abbildung auch quasikonform im analytischen Sinne ist wird noch näher im Lemma 1 auf Seite 90 diskutiert.

Das ist aber die bekannte Ungleichung von GRÖTZSCH (2,27).

Mit diesem Nachsatz ist der Äquivalenzsatz in Verbindung mit den Sätzen von MORI und BERS vollständig bewiesen.

Die Darstellung von MORI benutzt, wie aus der Beweisskizze hervorging, das tiefliegende Theorem von RADEMACHER-STEPANOFF. Wie aber PFLUGER [6] später zeigte, kommt man beim Beweis des Äquivalenzsatzes auch ohne dieses Theorem aus.

4.9. Satz von PFLUGER. Ein Homöomorphismus $w = H(z)$ eines Gebietes D in die w-Ebene sei K-quasikonform im geometrischen Sinne, dann gilt:

1. $H(z)$ ist AST in D.
2. Die Ungleichung

$$\max_{\Theta} |H_x \cos \Theta + H_y \sin \Theta|^2 \leqq K J \qquad (4,4)$$

gilt fast überall in D.

Beweis: Man zeigt zuerst nach PFLUGER [6], daß die Bedingung 1 notwendig ist: Ein K-quasikonformer Homöomorphismus im geometrischen Sinne ist eine AST-Funktion[1].

Es sei

$$\overline{R} = \{z = x + iy, a_1 \leqq x \leqq a_2, b_1 \leqq y \leqq b_2\},$$

dann setzt man weiter

$$\overline{R}_y = \{z = x + iy', a_1 \leqq x \leqq a_2, b_1 \leqq y' \leqq y\}$$

$(b_1 \leqq y \leqq b_2)$. Das Flächenmaß $A(y)$ des Bildgebietes $\zeta(\overline{R}_y)$ unter der Abbildung $\zeta(z)$ ist fast überall in $[b_1, b_2]$ differenzierbar. Eine solche Stelle sei y. Im Intervall $[a_1, a_2]$ fixiert man endlich viele Teilintervalle $j_1, j_2, \ldots j_N$ der Gesamtlänge ε, die sich gegenseitig nicht überlappen: $j_k = [x_k, \overline{x}_k]$. Für ein $y_1 > y$ bezeichnet man das Rechteck R_k: $x_k \leqq x' \leqq$ $\leqq \overline{x}_k$; $y \leqq y' \leqq y_1$ welches die Ecken $x_k + iy = z_k$, $\overline{x}_k + iy = \overline{z}_k$, $\overline{x}_k + iy_1$ $= \overline{z}_{1k}$ und $x_k + iy_1 = z_{1k}$ aufweist mit $k = 1, 2, \ldots N$. $P_k = \zeta(R_k)$ ist das Bild der Rechtecke R_k unter $\zeta(z)$, deren Ecken entsprechend mit ζ_k, $\overline{\zeta}_k$, ζ_{1k} und $\overline{\zeta}_{1k}$ bezeichnet werden. Den Seiten $\overline{z_k, z_{1k}}$ und $\overline{\overline{z}_k, \overline{z}_{1k}}$ von R_k entsprechen die Bögen β_k und $\overline{\beta}_k$. l_k sei der euklidische Abstand von β_k und $\overline{\beta}_k$ sowie A_k der Flächeninhalt von P_k. M_k und M'_k sind die Moduln der Vierecke R_k bzw. P_k. Dann ist

$$M_k = \frac{\overline{x}_k - x_k}{y_1 - y}.$$

Nach RENGEL [1] ist

$$M'_k \geqq \frac{l_k^2}{A_k}$$

---

und wegen der Voraussetzung gilt: $KM_k \geq M'_k$ $(k = 1, 2, \ldots N)$. Durch Summation und Anwendung der Schwarzschen Ungleichung folgt:

$$K \frac{\varepsilon}{y_1 - y} = K \sum_k M_k \geq \sum_k M'_k \geq \sum_k \frac{l_k^2}{A_k} \geq \frac{\left(\sum_k l_k\right)^2}{\sum_k A_k} \geq \frac{\left(\sum_k l_k\right)^2}{A(y_1) - A(y)}$$

oder

$$\left(\sum_k l_k\right)^2 \leq K \varepsilon \frac{A(y_1) - A(y)}{y_1 - y}.$$

Wählt man η so klein, daß

$$2 N \eta < \sum_k |\xi_k - \zeta_k|$$

und y_1 so nahe bei y liegt, daß die β_k und $\bar{\beta}_k$ je in einer η-Umgebung von ζ_k bzw. ξ_k liegen, dann ist

$$\sum_k |\xi_k - \zeta_k| \leq \sum_k l_k + 2 N \eta$$

und somit

$$\left(\sum_k |\xi_k - \zeta_k| - 2 N \eta\right)^2 \leq K \varepsilon \frac{A(y_1) - A(y)}{y_1 - y}$$

für alle $y_1 > y$ und deshalb

$$\sum_k |\xi_k - \zeta_k| \leq \sqrt{K \varepsilon \frac{dA}{dy}}. \tag{4,5}$$

Daraus folgt, daß $\zeta(z)$ als Funktion von x in $[a_1, a_2]$ absolut stetig ist für jedes y in $[b_1, b_2]$ vorausgesetzt, daß $\frac{dA}{dy}$ existiert, was fast überall der Fall ist. Aus (4,5) folgt auch, daß die totale Variation von $\zeta(z)$ als Funktion von x auf dem Intervall $[a_1, a_2]$, nämlich $V_x(y, \zeta, [a_1, a_2])$ der Ungleichung

$$V_x(y, \zeta, [a_1, a_2]) \leq \sqrt{(a_2 - a_1) K \frac{dA}{dy}} \leq \sqrt{K (a_2 - a_1)} \cdot \max\left[1, \frac{dA}{dy}\right] \tag{4,6}$$

genügt.

Andererseits ist V_x von unten halbstetig und wegen der Stetigkeit von H somit meßbar. Dies ergibt zusammen mit der obigen Aussage über V_x die Integrierbarkeit der Variation V_x auf dem Intervall $[b_1, b_2]$.

Die analoge Überlegung mit vertauschten Rollen von x und y läßt erkennen, daß $w = H(z)$ AST ist auf einem beliebigen Rechteck $\bar{R} \subset D$ und somit in D selbst.

Für den Nachweis, daß auch die zweite Bedingung notwendig ist, benutzt Mori die totale Differenzierbarkeit. Statt dessen beweist Pfluger den

Hilfssatz: $Q_\varrho(z)$ bezeichne das Quadrat mit dem Mittelpunkt in z und achsenparallelen Seiten von der Länge 2ϱ,

$$Q_\varrho(z) = \{z' = x' + i y' \, ; \, |x' - x| < \varrho \, , \, |y' - y| < \varrho\}.$$

$e^{i\alpha} Q_\varrho(z)$ entsteht aus $Q_\varrho(z)$ durch Drehung um den Winkel α um den Mittelpunkt z. $e^{i\alpha} S_\varrho(z)$ bezeichne den Rand von $e^{i\alpha} Q_\varrho(z)$. Ist $w = f(z)$ eine AST-Funktion im Gebiet D, so gibt es in D eine Menge E vom Maß 0 mit folgender Eigenschaft:

Zu jedem $z_0 \in D - E$ und zu jedem Winkel α gibt es zwei Folgen $\{\varrho_n\}$ und $\{\varepsilon_n\}$, $\varrho_n \downarrow 0$ und $\varepsilon_n \downarrow 0$ mit

$$|f(z) - f(z_0) - f_x(z_0)\,(x - x_0) - f_y(z_0)\,(y - y_0)\,| < \varepsilon_n \varrho_n$$

für

$$z \in e^{i\alpha} S_{\varrho_n}(z_0) \;.$$

Wenn $\alpha = 0$ wird, so entspricht die Behauptung des Satzes dem, was RADÓ und REICHELDERFER als schwache totale Differenzierbarkeit fast überall bezeichnen.

Der Beweis nach PFLUGER ergibt sich unmittelbar aus den vier folgenden Lemmas:

Lemma 1: Es sei $w(z)$ eine AST-Funktion in dem Gebiet D und $z(\zeta)$ eine eindeutige und stetig differenzierbare Abbildung des Gebietes Δ auf D mit positiver Funktionaldeterminante. Dann ist $\omega(\zeta) = w(z(\zeta))$ eine AST-Funktion in Δ und es gilt fast überall in Δ

$$\omega_\xi = w_x x_\xi + w_y y_\xi$$
$$\omega_\eta = w_x x_\eta + w_y y_\eta \;.$$

Dieses Lemma ist bekannt; vgl. hierzu EVANS [1].

Bezeichnet man weiter mit

$$w(z) - w(z_0) - A\,(x - x_0) - B\,(y - y_0) = H(z, z_0, w)$$

und mit

$$L(\varrho, z_0, w) = \max_{z_1, z_2 \in S_\varrho(z)} |H(z_1, z_0, w) - H(z_2, z_0, w)| \qquad (4{,}7)$$

dann gilt

Lemma 2: Es seien A und B zwei komplexe Zahlen und $w(z)$ eine AST-Funktion in einer Umgebung des Nullpunktes $z = 0$ mit der Eigenschaft, daß

$$\int\limits_{Q_\varepsilon(0)} (|w_x(z) - A| + |w_y(z) - B|)\,dx\,dy = o(\varepsilon^2)$$

ist für $\varepsilon \to 0$. Dann gibt es eine Folge $\{\varrho_n\}$, $\varrho_n \downarrow 0$ mit $L(\varrho_n, 0, w) = o(\varrho_n)$, $n \to \infty$.

Beweis: $w(z)$ ist in einem $Q_{\varrho_0}(0)$ als Funktion von x AS (absolut stetig) für fast alle y und als Funktion von y AS für fast alle x. Daraus folgt

$$L(\varrho, 0, w) \leqq \int\limits_{S_\varrho(0)} (|w_x(z) - A|\,|dx| + |w_y(z) - B|\,|dy|) \qquad (4{,}8)$$

für fast alle ϱ, $0 < \varrho < \varrho_0$.

Nun ist für $0 < \varrho < \varepsilon < \varrho_0$

$$\int\limits_{S_\varrho(0)} |w_{\dot{x}}(z) - A|\,|dx| \leq \int\limits_{\substack{|y|=\varrho \\ |x|\leq\varepsilon}} |w_x(z) - A|\,|dx|\,.$$

Durch Integration über ϱ **bzw.** y **folgt**

$$\int\limits_0^\varepsilon d\varrho \left(\int\limits_{S_\varrho(0)} |w_x(z) - A|\,|dx|\right) \leq \int\limits_{Q_\varepsilon(0)} |w_x(z) - A|\,dx\,dy \qquad (4,9)$$

und auf entsprechende Weise

$$\int\limits_0^\varepsilon d\varrho \left(\int\limits_{S_\varrho(0)} |w_y(z) - B|\,|dy|\right) \leq \int\limits_{Q_\varepsilon(0)} |w_y(z) - B|\,dx\,dy\,. \qquad (4,9)$$

(4,7), (4,8) und (4,9) ergeben zusammen mit der Voraussetzung von Lemma 2

$$\int\limits_0^\varepsilon L\,(\varrho, 0, w)\,d\varrho = o\,(\varepsilon^2)\,;\qquad \varepsilon \to 0$$

und dies führt auf die Behauptung.

Lemma 3: Es sei $w(z)$ eine AST-Funktion in der Umgebung des Nullpunktes $z = 0$ mit folgenden zwei Eigenschaften:

1. Die partiellen Ableitungen w_x und w_y existieren für $z = 0$.
2. Für jedes α gilt für $\varepsilon \to 0$

$$\int\limits_{e^{i\alpha}Q_\varepsilon(0)} (|w_x(z) - w_x(0)| + |w_y(z) - w_y(0)|)\,dx\,dy = o\,(\varepsilon^2)\,.$$

Dann gibt es zu jedem α zwei Folgen $\{\varrho_n\}$, $\{\varepsilon_n\}$, $\varrho_n \downarrow 0$, $\varepsilon_n \downarrow 0$, so daß mit $A = w_x(0)$ und $B = w_y(0)$ gilt:

$$|H\,(z, 0, w)| < \varepsilon_n\varrho_n\,,\qquad z \in e^{i\alpha}S_{\varrho_n}(0)\,.$$

Beweis: Für ein beliebiges, aber festes α setzt man

$$\omega\,(\zeta) = w\,(e^{i\alpha}z)\,. \qquad (4,10)$$

Gemäß Lemma 1 ist $\omega(\zeta)$ AST und

$$\omega_\xi = w_x \cos\alpha - w_y \sin\alpha$$

$$\omega_\eta = w_x \sin\alpha + w_y \cos\alpha$$

fast überall, aber nicht notwendig für $\zeta = 0$.

Man setzt

$$A = w_x(0)\cos\alpha - w_y(0)\sin\alpha$$

$$B = w_x(0)\sin\alpha + w_y(0)\cos\alpha$$

und erhält

$$\int\limits_{Q_\varepsilon(0)} (|\omega_\xi - A| + |\omega_\eta - B|)\,d\xi\,d\eta \leq 2\int\limits_{e^{i\alpha}Q_\varepsilon(0)} (|w_x(z) - w_x(0)| +$$

$$+ |w_y(z) - w_y(0)|)\,dx\,dy = o\,(\varepsilon^2)\,.$$

$\omega(\zeta)$ ist AST in $Q_\varepsilon(0)$, also gibt es nach Lemma 2 eine Folge $\{\varrho_n\}$, $\varrho_n \downarrow 0$ mit $L(\varrho_n, 0, \omega) = o(\varrho_n)$. Daraus folgt zusammen mit der Existenz von $w_x(0)$ die Behauptung in Lemma 3, denn es ist

$$w(\varrho_n) - w(0) - w_x(0)\,\varrho_n = o(\varrho_n),$$

und somit nach (4,7) und (4,10)

$$|H(z, 0, w)| \leqq |H(z, 0, w) - H(\varrho_n, 0, w)| + |w(\varrho_n) - w(0) - w_x(0)\,\varrho_n| \leqq$$
$$\leqq L(\varrho_n, 0, \omega) + o(\varrho_n) = o(\varrho_n) \quad \text{für} \quad z \in e^{i\alpha} S_{\varrho_n}(0).$$

Lemma 4. Es sei $w(z)$ eine AST-Funktion in D. Dann gibt es eine Menge E vom Maß null, so daß für jedes $z_0 \in D - E$ und $\varepsilon \to 0$ gilt:

$$\underset{e^{i\alpha} Q_\varepsilon(z_0)}{\int} (|w_x(z) - w_x(z_0)| + |w_y(z) - w_y(z_0)|)\, dx\, dy = o(\varepsilon^3).$$

Beweis: Da die Funktion

$$f_{\alpha_1, \alpha_2}(z) = |w_x(z) - \alpha_1| + |w_y(z) - \alpha_2|$$

für jedes α_1 und α_2 lokal integrierbar ist, so existiert nach dem Satz von LEBESGUE eine Menge E_{α_1, α_2} vom Maß null, so daß für jedes $z_0 \in D - E_{\alpha_1, \alpha_2}$

$$\lim_{\varepsilon \to 0} \frac{1}{\varepsilon^2} \underset{e^{i\alpha} Q_\varepsilon(0)}{\int} f(z)\, dx\, dy = f(z_0)$$

ist. Wenn (α_1, α_2) eine abzählbare und in $C \times C$ dichte Menge M durchläuft, so ist auch $E = \underset{M}{\cup} E_{\alpha_1, \alpha_2}$ vom Maß null und man kann $f(z_0)$ durch geeignete Wahl von (α_1, α_2) beliebig klein machen. Dies ergibt dann sofort die Behauptung des Lemmas. Aus Lemma 2, 3 und 4 folgt unmittelbar der Hilfssatz. Damit aber ergibt sich nun der 2. Teil des Satzes. Man wählt dazu einen Punkt z_0 der Menge $D - E$ und setzt

$$L(z) = H_x(z_0)\,(x - x_0) + H_y(z_0)\,(y - y_0).$$

Jetzt findet man zwei Winkel α und β, sowie eine positive Zahl a und eine reelle Zahl b, $|b| \leqq a$, so daß

$$\Lambda(z') = e^{i\beta} L(z_0 + e^{i\alpha} z') = a x' + i b y' \tag{4,11}$$

ist.

Aus dem Hilfssatz folgt dann $b \geqq 0$. Setzt man jetzt

$$H_n(z') = e^{i\beta} H\left(z_0 + \frac{e^{i\alpha} z'}{\varrho_n}\right) - e^{i\beta} H(z_0), \qquad (n = 1, 2, \ldots),$$

so konvergiert H_n wiederum nach dem Hilfssatz auf dem Rande $S_1(0)$ des Quadrates $Q_1(0)$ gleichmäßig gegen Λ.
Sie bilden $Q_1(0)$ mit der Eckpunktreihenfolge $(-1-i,\ 1-i,\ 1+i,\ -1+i)$ quasikonform auf orientierte Vierecke $\Omega^{(n)}(z_1^{(n)}, z_2^{(n)}, z_3^{(n)}, z_4^{(n)})$ ab, mit Moduln $M_n \leqq K$. Nach entsprechenden Überlegungen wie beim

Hilfssatz 1 aus dem Abschnitt 4.5. konvergieren diese gegen ein Rechteck mit den Ecken $-a-ib,\ a-ib,\ a+ib,\ -a+ib$. Also gilt

$$\lim_{n\to\infty} M_n = a/b$$

und somit

$$a \leqq Kb\,.$$

Daraus folgt

$$\max_{\Theta}\ |a\cos\Theta + i\,b\sin\Theta|^2 \leqq a^2 \leqq K\,a\,b\,.$$

Das ist aber in Verbindung mit (4,11) gleichbedeutend mit der Ungleichung (4,4).

Aus dem Satz von PFLUGER folgt wiederum

$$G \to A\,.$$

4.10. Die quasikonformen Homöomorphismen nach JENKINS [3]. Es sei $w = H(z)$ ein orientierungstreuer Homöomorphismus eines Gebiets D der z-Ebene in ein Gebiet Δ der w-Ebene. Für $w_0 = H(z_0)$ sei

$$m\,(r,\,z_0) = \min_{|z-z_0|=r}\ |H(z) - w_0|$$
$$M\,(r,\,z_0) = \max_{|z-z_0|=r}\ |H(z) - w_0|$$

und weiter

$$m\,(z_0) = \liminf_{r\to 0}\ m\,(r,\,z_0)\ r^{-1}$$

$$M\,(z_0) = \limsup_{r\to 0}\ M\,(r,\,z_0)\ r^{-1}.$$

Sind für jedes $z \in D$, $m(z)$ und $M(z)$ positiv endlich und existiert zudem eine Konstante $K \geqq 1$, so daß

$$\frac{M(z)}{m(z)} \leqq K$$

wird, dann ist die Abbildung quasikonform im geometrischen Sinne.

Zum Beweis dieses Satzes benötigt JENKINS verschiedene Lemmas.

Lemma 1: Wenn in der Darstellung des Satzes $M(z)$ einen endlichen positiven Wert für jedes $z \in D$ hat, so ist die Abbildung meßbar.

Beweis: Um die Meßbarkeit nachzuweisen, so genügt es zu zeigen, daß jede Menge vom Maß null in D in eine solche vom Maß null in Δ übergeht.

Es sei S eine derartige Menge in D und $S(A)$ die Teilmenge von S, für welche $M(z) < A$ ist. Nun zeigt man, daß $H\{S(A)\}$ das Maß null aufweist, und zwar für jedes $A > 0$, da S eine abzählbare Vereinigungsmenge von Teilmengen $S(A)$ darstellt. Bei gegebenem $z \in S(A)$ existiert ein $r(z) > 0$, so daß für $0 < r < r(z)$ die Größe $M(r, z)$ definiert ist und weiter gilt: $M(r, z) < A\,r$. Man betrachtet jetzt eine Teilmenge $S(A,R)$

von $S(A)$ für welche $r(z) > R$ ist ($R > 0$). Nun genügt es zu zeigen, daß $H\{S(A, R)\}$ das Maß null hat für jedes $R > 0$, da $S(A)$ eine abzählbare Vereinigungsmenge von solchen Teilmengen $S(A, R)$ ist. Dieser Nachweis wird geführt, indem man für ein $S(A, R)$, welches das Maß null aufweist, ein $\varepsilon > 0$ so wählt, daß bei einer Überdeckung von $S(A, R)$ durch eine Folge von Quadraten q_i aus D mit den Seitenlängen $s_i (i = 1,2,\ldots$ und $s_i < 2^{-1/2}R$) jedes Quadrat mindestens einen Punkt von $S(A, R)$ enthält und

$$\sum_{i=1}^{\infty} s_i^2 < \varepsilon/2\pi A^2$$

wird. $H\{S(A, R)\}$ ist jetzt überdeckt durch eine Menge $\bigcup_{i=1}^{\infty} H(q_i)$ und da q_i einen Punkt z_i in $S(A, R)$ besitzt und daher in $|z - z_i| < 2^{1/2}s_i$ gelegen ist, so ist $H(q_i)$ im Innern von $|w - H(z_i)| < M(2^{1/2}s_i, z_i)$ enthalten. Da aber $2^{1/2}s_i < R$ ist, so hat man

$$M(2^{1/2}s_i, z_i) < A\,2^{1/2}s_i\,.$$

Das Maß von $H(q_i)$ ist höchstens $2\pi A^2 s^2$ und das Maß von $\bigcup_{i=1}^{\infty} H(q_i)$ ist höchstens $\sum_{i=1} 2\pi A^2 s_i^2 < \varepsilon$, woraus die Behauptung unmittelbar folgt, nämlich daß $H\{S(A, R)\}$ das Maß null aufweist.

Lemma 2: Unter den Bedingungen von Lemma 1 ist die Maßfunktion $\omega(S)$, welche einer meßbaren Menge S in D das Maß ihres Bildes $H(S)$ in Δ zuordnet, absolut stetig.

Lemma 2 stellt eine bekannte Folgerung dar, die sich aus den Schlüssen von Lemma 1 ergibt. Ein Beweis dafür gab schon BOHR [1].

Sicher ist die Funktion $\omega(S)$ auch additiv. Ist weiter $C(r, z_0)$ die Punktmenge mit $|z - z_0| < r$, so existiert für fast alle $z_0 \in D$ der Grenzwert

$$\lim_{r \to 0} \omega[C(r, z_0)]/\pi r^2\,.$$

Diese fast überall definierte Punktfunktion heiße $\mu(z_0)$. Bekanntlich ist für jede meßbare Menge S in D das Maß von $H(S)$ durch $\iint_S \mu(z)\,dx\,dy$ gegeben.

Lemma 3: $m^2(z) \leq \mu(z)$ vorausgesetzt, daß μ definiert ist.

Beweis: $z_0 \in D$ und $\mu(z_0)$ sei definiert. Das Bild von $|z - z_0| = r$ enthält den Kreis $|w - H(z_0)| < m(r, z_0)$. Für $\varepsilon > 0$ und genügend kleines r gilt

$$m(r, z_0) > (1 - \varepsilon)\,r\,m(z_0)\,.$$

Also

$$\omega[C(r, z_0)] > \pi(1 - \varepsilon)^2 r^2 m^2(z_0)\,.$$

Division durch πr^2 **und** $r \to 0$ **liefern**

$$\mu(z_0) \geqq (1 - \varepsilon)^2 m^2(z_0)$$

für jedes $\varepsilon > 0$, womit das Lemma bewiesen ist.

Sei nun Q ein Viereck in D und Q' sein Bild in Δ. Q kann man seitentreu und konform in ein Rechteck R der z-Ebene abbilden:

$$0 < x < 1 \; ; \quad 0 < y < a \,.$$

Dasselbe gilt für Q', welches konform in ein Rechteck R' der w-Ebene

$$0 < u < 1 \; ; \quad 0 < v < b \,.$$

abgebildet wird. Die Abbildung von R auf R' sei durch Φ gegeben, so daß $z = 0$ in $w = 0$ übergehe. Nach dem obigen ist nun

$$\iint\limits_{R} \mu(z) \, dx \, dy = b \,.$$

Da die Funktion $\{m(z)\}^2$ meßbar ist und $\mu(z) \geqq \{m(z)\}^2$, so ist fast überall $\{m(z)\}^2$ integrierbar über R und man erhält das

Lemma 4:

$$\iint\limits_{R} \{m(z)\}^2 \, dx \, dy \leqq b \,.$$

Da $\{m(z)\}^2$ über R integrierbar ist und R endliches Maß hat, so ist $m(z)$ sicher auch integrierbar über R. Somit existiert das Integral

$$\int\limits_{0}^{1} m(x + iy) \, dx$$

für fast alle y $(0 < y < a)$.

Lemma 5: Wenn

$$\int\limits_{0}^{1} m(x + iy) \, dx$$

für $0 < y < a$ existiert, so gilt unter den Bedingungen des Satzes von JENKINS

$$\int\limits_{0}^{1} m(x + iy) \, dx \geqq K^{-1} \,.$$

Beweis: Der Nachweis erfolgt unter Zuhilfenahme der Ableitungen von DINI. Für ein y und ein x_1 mit $0 < x_1 < 1$ definiert man noch $0 < x < 1$ und setzt

$$f(x) = |\Phi(x + iy) - \Phi(x_1 + iy)|$$

und für ein reelles, hinreichend kleines η

$$|f(x + \eta) - f(x)| \leqq |\Phi(x + \eta + iy) - \Phi(x + iy)| \leqq M(|\eta|, x + iy)$$

und also

$$\left| \frac{f(x + \eta) - f(x)}{\eta} \right| \leqq \frac{M(|\eta|, x + iy)}{|\eta|} \,.$$

Das besagt, daß die 4 Dini-Ableitungen von $f(x)$ dem absoluten Betrage nach höchstens $M\,(x+iy)$ sind. So gilt z. B. für die obere rechte Dini-Ableitung, die $f'(x)$ heiße

$$|f'(x)| \leqq K m\,(x+iy)\,.$$

Wählt man $x_1 < x_2 < 1$, so muß

$$f(x_2) = \int_{x_1}^{x_2} f'(x)\,dx\,,$$

(vgl. CARATHEODORY [1]) ,
     also

$$\Phi\,(x_2+iy) - \Phi\,(x_1+iy) \leqq K \int_{x_1}^{x_2} m\,(x+iy)\,dx\,.$$

Für $x_1 \to 0,\ x_2 \to 1$ gilt

$$1 \leqq K \int_{0}^{1} m\,(x+iy)\,dx\,.$$

Beweis des Satzes von JENKINS: Das Haupttheorem folgt jetzt unter Zuhilfenahme der Schwarzschen Ungleichung. Es ist

$$\iint_{R} [m(z)]^2\,dx\,dy \iint_{R} dx\,dy \geqq \left\{\iint_{R} m(x)\,dx\,dy\right\}^2$$

oder

$$\iint_{R} [m(z)]^2\,dx\,dy \iint_{R} dx\,dy \geqq \left\{\int_{0}^{a} dy \int_{0}^{1} m\,(x+iy)\,dx\right\}^2\,.$$

Nun folgt aus Lemma 4 und Lemma 5

$$b\,a \geqq K^{-2} a^2$$

oder

$$K^2 b \geqq a\,.$$

Entsprechend kann man zeigen, daß

$$K^2\,b^{-1} \geqq a^{-1}\,.$$

Aus der Beweisskizze schließt man:

1. Die Abbildung $H(z)$ ist also K^2-quasikonform im geometrischen Sinne. Also ist $H(z)$ auch AST und besitzt fast überall ein Differential. In den Punkten, wo dieses Differential existiert, gilt weiter

$$\mathrm{Max}\,|D_\theta H(z)|^2 \leqq KJ(z),$$

somit ist die Abbildung K-quasikonform im analytischen Sinne.

2. Ist $w = H(z)$ ein orientierungstreuer Homöomorphismus der ein Gebiet D der z-Ebene in ein solches der w-Ebene überführt, so daß der Grenzwert

$$\lim_{z \to z_0} \frac{|H(z) - H(z_0)|}{|z - z_0|}$$

für jedes $z_0 \in D$ endlich positiv ausfällt, so ist H konform in D[1].

---

[1] Hier handelt es sich um einen Spezialfall eines Satzes von H. BOHR [1].

4.11 Satz von GEHRING. Das in Abschnitt 4.10. aufgestellte Kriterium von JENKINS ist wohl hinreichend, um den Nachweis zu erbringen, daß ein Homöomorphismus $w = H(z)$ auch K-quasikonform ist. Sein Kriterium ist aber nicht notwendig, denn für $K > 1$ ist z. B. die elementare Abbildung $w = z\,|z|^{K-1}$ K-quasikonform in der Ebene, erfüllt aber die gestellte Bedingung nicht wegen $m(0) = M(0) = 0$.

Weitreichendere Ergebnisse in dieser Richtung erzielte unlängst GEHRING [1], der durch $w = H(z)$ einen richtungserhaltenden Homöomorphismus eines Gebietes D der z-Ebene in ein Gebiet $\varDelta$ der w-Ebene untersuchte, für den in jedem Punkt $z_0 \subset D$ gilt

$$L(z_0) = \limsup_{r \to 0} \frac{M(r, z_0)}{m(r, z_0)}\,.$$

GEHRING beweist den

Satz: Die Abbildung $w = H(z)$ ist K-quasikonform im analytischen und im geometrischen Sinne dann und nur dann, wenn

1. $L(z)$ überall in D beschränkt.
2. $L(z) \leq K$ fast überall in D.

GEHRING zeigt weiter, daß es für $K > 1$ nicht möglich ist, 1. und 2. einfach durch $L(z) \leq K$ für alle z in D zu ersetzen.

In derselben Richtung untersuchten LEHTO, VIRTANEN und VÄISÄLÄ [1] die Größe $L(z)$ in den Ausnahmepunkten und erhielten dafür die exakte obere Grenze für $L(z)$

$$\sup_{z \in D} L(z) = \lambda(K) = \frac{1}{\left(\mu^{-1}\left(\dfrac{\pi}{2K}\right)\right)^{-2} - 1}\,.$$

Hier ist μ^{-1} die inverse Größe zur Funktion $\mu(r)$, welche den Modul des längs $0 \leq x \leq r < 1$ aufgeschlitzten Einheitskreis darstellt.

Im folgenden werden die K-quasikonformen Homöomorphismen nach der analytischen oder nach der geometrischen Definition kurz als K-quasikonforme Homöomorphismen bezeichnet, wenn dadurch keine Verwechslung möglich wird.

4.12. Sätze über K-quasikonforme Homöomorphismen. Zahlreiche Sätze über K-quasikonforme Homöomorphismen im Grötzschschen Sinne, die im 2. Kapitel erwähnt wurden, behalten ihre Gültigkeit bei, wenn man die allgemeinen K-quasikonformen Homöomorphismen im analytischen oder im geometrischen Sinne herbeizieht.

Im folgenden sollen einige grundlegende Theoreme für allgemeine K-quasikonforme Homöomorphismen wiedergegeben werden. Beim Beweis ist es i. a. belanglos, ob die Abbildung nach der geometrischen oder der analytischen Definition aufgefaßt wird, vielmehr wählt man diejenige, die vom beweistechnischen Standpunkt aus vorteilhafter erscheint.

Satz 1: Es sei $w = H(z)$ ein Homöomorphismus eines ebenen Gebietes D auf ein entsprechendes Gebiet $\varDelta$ in der w-Ebene. Wenn diese Abbildung K-quasikonform ist in jeder Umgebung von D, so ist sie auch K-quasikonform in D.

Beweis: Betrachtet man die Abbildung als K-quasikonform im analytischen Sinne, so ergibt sich der Beweis unmittelbar aus der Definition dieser Abbildungsklasse. Benutzt man hingegen die geometrische Definition, so müßte man folgendermaßen schließen:

$\varOmega(z_1, z_2, z_3, z_4)$ sei das Rechteck mit den Ecken $z_1 = 0$, $z_2 = 1$, $z_3 = 1 + ih$ $z_4 = ih$, $h = \mathrm{mod}\,\varOmega$. $H(\varOmega)$ habe die Ecken in $0, 1, 1 + ih', ih'$, und $h' = \mathrm{mod}\,H(\varOmega)$. Da $\varOmega$ durch eine abzählbar unendliche Anzahl von Umgebungen überdeckt werden kann, in denen H jeweils K-quasikonform ist, so gilt nach MORI, daß für fast alle Strecken $0 < y_0 < h$ das H-Bild davon gegeben ist durch

$$\int_0^1 |dH(x, y_0)/dx|\, dx \leqq +\infty\,,$$

dafür gilt

$$1 \leqq \int_0^1 \left| \frac{dH(x, y_0)}{dx} \right| dx\,.$$

Nach SCHWARZ ist aber

$$1 \leqq \int_0^1 \left| \frac{dH(x, y_0)}{dx} \right|^2 dx\,.$$

Aus

$$\left| \frac{dH(x, y)}{dx} \right|^2 = u_x^2 + v_x^2$$

folgt nach FUBINI

$$h \leqq \int_0^h \left[\int_0^1 (u_x^2 + v_x^2)\, dx \right] dy = \iint_\varOmega (u_x^2 + v_x^2)\, dx\, dy\,.$$

Der Integrand rechts ist fast überall $\leqq K\, J(z)$ in D. Daraus schließt man, daß

$$h \leqq K h'$$

ist, oder

$$\mathrm{mod}\,\varOmega = h \leqq K h' = K\,\mathrm{mod}\,H(\varOmega)\,. \tag{4,12}$$

Beweise für diesen Satz gaben AHLFORS [3], HERSCH [2] und MORI [1][1].

Satz 2: Gegeben sei ein Gebiet D in der z-Ebene sowie eine analytische Kurve γ in D, so daß $D' = D - \gamma$; $w = H(z)$ sei ein Homöomor-

---

[1] Der Satz folgt auch aus Satz 2, indem man z. B. in D ein hinreichend feines Netz von achsenparallelen Geraden zieht. Diese sind hebbar, und die maximale Dilatation außerhalb derselben ist gleich der maximalen Dilatation in ganz D.

phismus von D in die w-Ebene, der sich in D' K-quasikonform verhalte. Unter diesen Voraussetzungen ist $H(z)$ auch K-quasikonform in D.

Beweis: Es sei K die maximale Dialatation für das Gebiet D und K_0 die maximale Dilatation für $D - \gamma$.

Beschränkt man sich im Beweis darauf, ein Rechteck R mit den Seiten a, b auf ein solches R' mit den Seiten a', b' abzubilden und betrachtet in R' die Bildkurve γ', so kann man sich, ohne die Allgemeinheit einzuschränken, auf Figuren beziehen, in denen γ' jede Vertikale schneidet. R' wird durch diese Vertikalen in Streifen Q_i' geteilt. Jedes Q_i' zerfällt durch γ' in Q_{i1}' und in Q_{i2}'. Die entsprechenden Vierecke in R werden durch Q_{i1} und Q_{i2} angegeben. Dann gilt für ihre Moduln

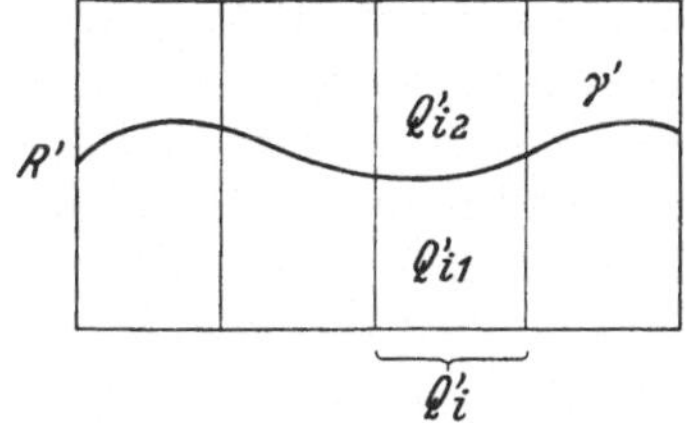

Fig. 34

$$\frac{1}{\operatorname{mod} Q_{i1}} \geqq \frac{b_{i1}^2}{A_{i1}} \; ; \quad \frac{1}{\operatorname{mod} Q_{i2}} \geqq \frac{b_{i2}^2}{A_{i2}} \, .$$

b_{i1} und b_{i2} sind die kürzesten Abstände der gemeinsamen Berandung von Q_{i1} und Q_{i2} bis zu ihren Horizontalen in R und A_{i1}, A_{i2} geben die Flächen von Q_{i1}, Q_{i2} an. Für ein genügend kleines Netz ist

$$b_{i1} + b_{i2} > b - \varepsilon$$

und

$$\frac{1}{\operatorname{mod} Q_{i1}} + \frac{1}{\operatorname{mod} Q_{i2}} \geqq \frac{(b_{i1} + b_{i2})^2}{A_{i1} + A_{i2}} > \frac{(b - \varepsilon)^2}{A_{i1} + A_{i2}} \, .$$

Andererseits gilt

$$\frac{1}{\operatorname{mod} Q'} \geqq \frac{1}{\operatorname{mod} Q_{i1}'} + \frac{1}{\operatorname{mod} Q_{i2}'} \geqq \frac{1}{K_0} \left(\frac{1}{\operatorname{mod} Q_{i1}} + \frac{1}{\operatorname{mod} Q_{i2}} \right) .$$

Dann ist

$$\operatorname{mod} Q_i' < K_0 \frac{A_{i1} + A_{i2}}{(b - \varepsilon)^2}$$

und man erhält

$$\operatorname{mod} \Omega' = \operatorname{mod} R' \leqq \sum \operatorname{mod} Q_i' <$$

$$\frac{K_0}{(b - \varepsilon)^2} \sum (A_{i1} + A_{i2}) \leqq K_0 \frac{ab}{(b - \varepsilon)^2} \, .$$

Wenn $\varepsilon \to 0$ so folgt

$$\operatorname{mod} R' \leqq K_0 \operatorname{mod} R$$

oder

$$\operatorname{mod} \Omega' \leqq K_0 \operatorname{mod} \Omega \, .$$

Diese von AHLFORS [3] herstammende Beweisskizze beruht auf der geometrischen Definition. MORI [1] führt einen entsprechenden Beweis vom analytischen Standpunkt aus unter Zuhilfenahme eines Theorems von W. GROSS.

7*

STREBEL [1] hat den letzten Satz in dem Sinne erweitert, daß er zeigt:

1. Eine notwendige und hinreichende Bedingung dafür, daß jeder K-quasikonforme Homöomorphismus $H_0(z)$ von $G - E$ in G fortsetzbar ist mit $K = K_0$, besteht darin, daß jede kompakte Teilmenge von E eine Nullmenge 0_{AD} ist[1]. (Es ist zu beachten, daß hier die Abbildung auf E nicht mehr definiert ist.)

2. Ist E eine abgeschlossene Teilmenge von G, die sich aus einer abzählbaren Menge von Punktmengen endlichen linearen Maßes zusammensetzt und $H(z)$ irgend eine topologische Abbildung von G, so ist deren maximale Dilatation auf G gleich derjenigen auf $G - E$.

3. Wenn E eine abgeschlossene zweidimensionale Teilmenge vom Maß null ist und $H(z)$ ein K-quasikonformer Homöomorphismus von G bezeichnet, so ist $K = K_0$ (vgl. auch LEHTO und VIRTANEN [2]).

Anschließend wird ein schon bekanntes Problem über extremale Abbildungen (vgl. Abschnitt 2.6.) nochmals vom Standpunkt der allgemeinen K-quasikonformen Homöomorphismen beigefügt, um dadurch die beiden grundlegenden Beweisarten einander gegenüberstellen zu können.

Satz 3a: Das Rechteck $0 < x < 1$, $0 < y < h$ der $z = x + iy$-Ebene sei durch einen K-quasikonformen Homöomorphismus $w = H(z)$ auf ein anderes Rechteck $0 < u < 1$, $0 < v < h'$ in der $w = u + iv$-Ebene abgebildet, so daß die Ecken $z = 0, 1, 1 + ih, ih$ denjenigen von $w = 0$, $1, 1 + ih', ih'$ entsprechen $(K^{-1}h \leq h' \leq Kh)$. Es gilt

$$h' = Kh$$

dann und nur dann, wenn

$$H(z) = x + iKy$$

und entsprechend $h' = K^{-1}h$ dann und nur dann, wenn

$$H(z) = x + iK^{-1}y$$

ist.

Daraus folgen weiter die beiden wichtigen Aussagen

Satz 3b: Ein allgemeiner K-quasikonformer Homöomorphismus mit $K = 1$ liefert eine konforme Abbildung.

Satz 3c: $w = H(z) = z|z|^{K-1}$ ist der einzige K-quasikonforme Homöomorphismus von $0 < q < |z| < 1$ auf $q^K < |w| < 1$ mit $H(1) = 1$.

Beweis: Es genügt wohl, die Notwendigkeit zu beweisen. Dazu geht man aus von der Beziehung (4,8) des Beweises von Satz 1. Weil dort anstelle von $\leq$ jetzt das Gleichheitszeichen tritt, so muß dieses in allen früheren Relationen auch gelten. Für fast alle $y = y_0$ ist das H-Bild der Strecke $0 < x < 1$, $y = y_0$ von der Länge 1, somit also ein Segment $0 < u < 1$, $v = $ const. Damit ist aber $dv(x, y)/dx = 0$ für alle $0 < x < 1$.

---

[1] Vgl. Abschnitt 5.15.

Also $v_x = 0$ fast überall. Nach SCHWARZ ist auch für fast alle y_0

$$|dH\,(x,\,y_0)/dx| = |du\,(x,\,y_0)/dx| = 1$$

für fast alle $0 < x < 1$.

Da u wachsend sein muß, also $du\,(x,\,y_0)/dx = 1$ für fast alle x und wegen der absoluten Stetigkeit gilt

$$u\,(x,\,y_0) = \int\limits_{0}^{x} \left(\frac{du}{dx}\right) dx = x$$

für fast alle y_0 und x. Also ist $u(x,\,y)$ stetig und $u\,(x,\,y) = x$. Da fast überall $u_x^2 + v_x^2 = K\,J\,(z)$ erfüllt ist, und wegen $u_x = 1$, $v_x = 0$ und $J\,(z) = v_y$ so gilt auch fast überall die Beziehung $v_y = K^{-1}$.

Wegen der absoluten Stetigkeit von $v\,(x_0,\,y)$ folgt

$$\int\limits_{0}^{y} \left(\frac{dv}{dy}\right) dy = K^{-1}y \quad \text{für jedes } 0 < y < h\,.$$

Also

$$v\,(x,\,y) = K^{-1}y\,.$$

Die anschließenden Sätze sind dem Studium der K-quasikonformen Homöomorphismen gewidmet, welche den Einheitskreis in sich überführen.

Satz 4: Es sei $w = H\,(z)$ ein K-quasikonformer Homöomorphismus von $|z| < 1$ auf $|w| < 1$. Unter diesen Voraussetzungen läßt sich H topologisch fortsetzen in eine Abbildung von $|z| \leq 1$ auf $|w| \leq 1$.

Vergleiche dazu Abschnitt **2.18.** und MORI [1] oder AHLFORS [3].

Satz 5: $H\,(z)$ sei ein K-quasikonformer Homöomorphismus von $|z| < 1$ auf $|w| < 1$ mit $H\,(0) = 0$, dann gilt für jedes $0 < |z| < 1$

$$\left\{\Phi\left(\frac{1}{|z|}\right)\right\}^{K^{-1}} \leqq \Phi\left(\frac{1}{|w|}\right) \leqq \left\{\Phi\left(\frac{1}{|z|}\right)\right\}^{K}. \tag{4,13}$$

Weiter existieren für jedes $0 < |z| < 1$ zwei Funktionen H so, die bis auf Rotationen eindeutig bestimmt sind, und die Beziehung (4,13) in eine Gleichheit überführen (MORI).

Beweis: Man betrachtet das Gebiet A_z in der z-Ebene, das den Einheitskreis, aufgeschlitzt von 0 bis z, darstellt. Dann ist mod A_z $= \log\left(\Phi\left(\frac{1}{|z|}\right)\right)$. Entsprechendes gilt für den Ring in der w-Ebene mit mod $A_w = \log\left(\Phi\left(\frac{1}{|w|}\right)\right)$. Bildet man jetzt das Bild $H\,(A_z)$, so gilt nach GRÖTZSCH

$$\text{mod } H\,(A_z) \leqq \text{mod } A_w\,.$$

Auf Grund der Grötzschschen Ungleichung (2,27), die auch für allgemeine K-quasikonforme Homöomorphismen gilt, folgt sofort die erste Ungleichung in (4,13). Wendet man die Grötzschsche Ungleichung auf H^{-1} an, so erhält man die zweite Ungleichung in (4,13). Der zweite Teil des Satzes ergibt sich aus dem Satz 3b.

Neben Mori [1] hat sich auch Hersch [2] mit verschiedenen Verzerrungssätzen beschäftigt und in diesem Zusammenhang gezeigt, wie bei quasikonformen Abbildungen das harmonische Maß, die hyperbolische Distanz und die Greensche Funktion variieren.

Satz 6: G sei ein Jordangebiet in welchem der Punkt P liegt und auf dessen Berandung der Bogen α ausgezeichnet ist. $w = H(z)$ bilde G K-quasikonform in ein Gebiet G' ab, so daß $P \to P'$ und $\alpha \to \alpha'$; $\omega = \omega_{P,\alpha,G}$; $\omega' = \omega_{P',\alpha',G'}$ bezeichnen die harmonischen Maße für α bzw. α' in P bzw. in P', dann gilt

$$\left\{ \Phi \left(\frac{1}{\sin \dfrac{\pi\omega}{2}} \right) \right\}^{K^{-1}} \leqq \Phi \left(\frac{1}{\sin \dfrac{\pi\omega'}{2}} \right) \leqq \left\{ \Phi \left(\frac{1}{\sin \dfrac{\pi\omega}{2}} \right) \right\}^{K}.$$

Satz 6a: P und Q seien innere Punkte von G ($H(G) = G'$), $h_{P,Q,G}$, $h'_{P',Q',G'}$ bezeichnen die hyperbolischen Distanzen von P und Q bzw. von P' und Q' und $g_{P,Q,G}$, $g'_{P',Q',G'}$ gebe die Greenschen Funktionen an, dann gilt

$$\{ \Phi(e^{2h}) \}^{K^{-1}} \leqq \Phi(e^{2h}) \leqq \{ \Phi(e^{2h}) \}^{K}$$

$$\{ \Phi(e^{g}) \}^{K^{-1}} \leqq \Phi(e^{g}) \leqq \{ \Phi(e^{g}) \}^{K}.$$

Die Beweise verlaufen ähnlich wie bei Satz 5. In weiteren Untersuchungen von Mori [1], Ahlfors [3] und Yûjôbô [3] wurden Verzerrungseigenschaften für K-quasikonforme Homöomorphismen aufgestellt, die auf die Hölderstetigkeit dieser Funktionsklasse schließen lassen.

Satz 7: Es gibt eine absolute Konstante C mit folgenden Eigenschaften:

Ist $w = H(z)$ ein K-quasikonformer Homöomorphismus von $|z| < 1$ auf $|w| < 1$ mit $H(0) = 0$, dann gilt für irgend zwei Punkte z_1, z_2 auf der Kreisscheibe $|z| < 1$

$$C^{-K} |z_1 - z_2|^{K} \leqq |H(z_2) - H(z_1)| \leqq C |z_2 - z_1|^{K^{-1}}. \qquad (4,14)$$

Ahlfors [3] gelang der Nachweis einer solchen Konstanten. Für eine numerische Berechnung von C sei ein Verfahren nach Mori [1] skizziert.

Man benutzt das Teichmüllersche Extremalgebiet mit der erwähnten Beziehung (1,15''') für $\varrho = 1$. Es genügt, die zweite Ungleichung des Satzes 7 zu beweisen. Dazu spiegelt man an der Peripherie des Einheitskreises und erweitert dadurch H zu einer Abbildung von $|z| < \infty$ auf $|w| < \infty$.

Es sei $0 < |z_2 - z_1| < 2$ und $|z_2| \leq |z_1| \leq 1$. Unter A versteht man den Ring $|z_2 - z_1| < |z - z_1| < 1 + |z_1|$, also ist

$$\mathrm{mod}\, A = \log \frac{1 + |z_1|}{|z_2 - z_1|} \geq \log \frac{1}{|z_2 - z_1|}\, .$$

und nach TEICHMÜLLER

$$\mathrm{mod}\, H(A) \leq \log \Psi\left(\frac{2}{|w_2 - w_1|}\right).$$

Nach der Ungleichung von GRÖTZSCH sowie aus $|w_2 - w_1| \leq 2$ ist aber

$$\left(\frac{1}{|z_2 - z_1|}\right)^{K^{-1}} \leq \psi\left(\frac{2}{|w_2 - w_1|}\right) < \frac{32}{|w_2 - w_1|} + 8 \leq \frac{48}{|w_2 - w_1|}$$

und daraus folgt die Behauptung für $C = 48$.

In einer späteren Arbeit ist es MORI [2] gelungen, die beste Abschätzung für die Konstante C anzugeben, indem er die Relation (4,14) ersetzt durch

$$\sup_{K,\, H,\, z_1 \neq z_2} \frac{|H(z_1) - H(z_2)|}{|z_1 - z_2|^{1/K}} = 16 \tag{4,15}$$

für $|z_1| \leq 1$, $|z_2| \leq 1$. Die Konstante 16 wird durch keine Abbildung erreicht. Damit wird auch die Hölderstetigkeit der K-quasikonformen Homöomorphismen nachgewiesen[1].

Man vergleiche hierzu auch die Arbeiten von MORREY [1], AHLFORS [3], BERS [6], CACCIOPPOLI [4], HERSCH und PFLUGER [1].

Beweis: Dieses interessante Ergebnis wird nach MORI [2] in zwei Schritten bewiesen, indem er zuerst die Beziehung

$$\sup_{K,\, H,\, z_1 \neq z_2} \frac{|H(z_1) - H(z_2)|}{|z_1 - z_2|^{1/K}} \leq 16 \tag{4,16}$$

verifiziert. Dazu genügt es, den Nachweis von

$$|H(z_1) - H(z_2)| < 16\, |z_1 - z_2|^{1/K} \tag{4,17}$$

für einen beliebigen K-quasikonformen Homöomorphismus $w = H(z)$ von $|z| < 1$ auf $|w| < 1$ zu erbringen, so daß $H(0) = 0$ ist für beliebige 2 Punkte z_1, z_2 mit $|z_1| \leq 1$, $|z_2| \leq 1$ ($z_1 \neq z_2$, $w_1 = H(z_1)$ und $w_2 = H(z_2)$).

Für $|z_1 - z_2| \geq 1$ ist (4,17) trivial. Also verlangt man, $0 < |z_1 - z_2| < 1$. Bekanntlich kann man $w = H(z)$ zu einem K-quasikonformen Homöomorphismus von $|z| < \infty$ auf $|w| < \infty$ erweitern, dazu vergleiche man AHLFORS [3] und MORI [2]. Mit A wird der Ring

$$\left\{ z\, ;\, \frac{1}{2}\, |z_1 - z_2| < \left| z - \frac{z_1 + z_2}{2} \right| < \frac{1}{2} \right\}$$

bezeichnet. Dann gilt

$$\mathrm{mod}\, A = \log \frac{1}{|z_1 - z_2|}$$

---

[1] Eine Funktion $g(z)$ erfüllt in D eine Holderbedingung mit dem Exponenten δ und der Konstanten h, wenn $|g(z_1) - g(z_2)| \leq h\, |z_1 - z_2|^\delta$ für z_1 und z_2 in D.

und weiter

$$\log \frac{1}{|z_1 - z_2|^{1/K}} \leqq \operatorname{mod} H(A) \, . \tag{4,18}$$

Eine Abschätzung der rechten Seite der Ungleichung ergibt für

$$\left| \frac{z_1 + z_2}{2} \right| \leqq \frac{1}{2} \, ,$$

daß

$$\operatorname{mod} H(A) \leqq \log \Phi \left(\frac{1}{|w_1 - w_2|} \right)$$

ist, oder nach (4,18) und (1,12)

$$\frac{1}{|z_1 - z_2|^{1/K}} \leqq \Phi \left(\frac{2}{|w_1 - w_2|} \right) < \frac{8}{|w_1 - w_2|} \, ,$$

daraus aber folgt (4,15).

Verlangt man die Abschätzung für

$$\left| \frac{z_1 + z_2}{2} \right| > \frac{1}{2} \, ,$$

so kann man auf

$$\operatorname{mod} H(A) \leqq \log X \left(|w_1 - w_2| \right)$$

schließen nach (1,18). Aus (4,18) und (1,20) folgt weiter

$$\frac{1}{|z_1 - z_2|^{1/K}} \leqq X \left(|w_1 - w_2| \right) < \frac{16}{|w_1 - w_2|} \, .$$

Daraus ergibt sich (4,16) sofort.

Im zweiten Teil beweist man

$$\sup_{K, H, z_1 \neq z_2} \frac{|H(z_1) - H(z_2)|}{|z_1 - z_2|^{1/K}} \geqq 16 \, . \tag{4,19}$$

Wenn s eine kleine positive Zahl bedeutet, so bezeichne $A_s^{(z)}$ den Ring

$$\{ z \, ; \, |z| < \infty \} - \{ z \, ; - \infty < \Re z \leqq 0 \, , \, \Im z = 0 \} -$$

$$\left\{ z \, ; \, |z| = 1 \, , \, |\arg z| \leqq \frac{s}{2} \right\} .$$

Nun wird das Gebiet

$$\{ z \, ; \, |z| < \infty \} - \{ z \, ; - \infty < \Re z \leqq 0 \, , \, \Im z = 0 \}$$

konform auf $\{ Z, |Z| < 1 \}$ einer Z-Ebene abgebildet, vermittels $Z = f(z)$, so daß $z = 0$ und $z = - \infty$ in $Z = -1$ und $Z = +1$ übergehen. Das Bild von $|z| = 1$ entspricht dem Segment auf der imaginären Achse, enthalten in $|Z| < 1$ und dasjenige von

$$\left\{ z \, ; \, |z| = 1 \, , \, |\arg z| \leqq \frac{s}{2} \right\}$$

entspricht ebenfalls einem Segment auf der imaginären Achse, dessen Mittelpunkt in $Z = 0$ liegt. Die Länge dieses letzten Segments sei l. Man zeigt einfach, daß

$$\lim_{s \to 0} \frac{l}{s} = \frac{1}{4} \tag{4,20}$$

wird. Das Bild von $A_s^{(z)}$ ist ein Ring mit den Randkomponenten $|Z| = 1$ und dem letzten Segment der Länge l. Dieser Bildring werde mit $A_s^{(Z)}$ bezeichnet. $A_s^{(Z)}$ soll konform auf einen Kreisring $A_s^{(\zeta)}$: $\gamma < |\zeta| < 1$ vermittels $\zeta = \varphi(Z)$ bezogen werden.

Eine Rechnung ergibt dann

$$\lim_{l \to 0} \frac{\gamma}{l} = \frac{1}{4}. \tag{4,21}$$

Weiter wird $A_s^{(\zeta)}$ auf den Kreisring $A_s^{(\omega)}$: $\gamma^{1/K} < |\omega| < 1$ durch einen K-quasikonformen Homöomorphismus

$$\omega = \tau(\zeta) = |\zeta|^{1/K}\, e^{i \arg \zeta}$$

abgebildet. Nachher transformiert man $A_s^{(\omega)}$ konform auf $A_s^{(W)}$, wobei $A_s^{(W)}$ die äußere Randkomponente $|W| = 1$ hat und die innere aus einem Segment auf der imaginären Achse mit dem Mittelpunkt in $W = 0$ besteht. Die Länge des Segments sei l^* und man kann zeigen, daß

$$\lim_{\gamma \to 0} \frac{l^*}{\gamma^{1/K}} = 4 \tag{4,22}$$

gilt.

Bei der zusammengesetzten Abbildung $W = \psi\,[\tau\,\{\varphi(Z)\}]$ entspricht der Abschnitt auf der imaginären Achse in $|Z| < 1$ dem entsprechenden Abschnitt in $|W| < 1$.

In einer nachfolgenden Abbildung wird $|W| < 1$ konform auf das Gebiet

$$\{w\,;\, |w| < \infty\} - \{w\,;\, -\infty < \Re w \leq 0\,,\, \Im w = 0\}$$

übertragen durch $w = g(W)$, so daß $W = -1$ und $W = +1$ in $w = 0$ und $w = -\infty$ übergehen. Jetzt entspricht der Teil der imaginären Achse in $|W| < 1$ dem Einheitskreis in der w-Ebene. Entsprechend wurde $A_s^{(W)}$ in ein Ringgebiet $A_s^{(w)}$ abgebildet, das so entsteht, indem man von $\{w\,;\, |w| < +\infty\} - \{w\,;\, -\infty < \Re w \leq 0,\ \Im w = 0\}$ einen Bogen auf $|w| = 1$ ausschließt, der symmetrisch zur reellen Achse liegt und die Länge s^* hat. Man zeigt wieder, daß

$$\lim_{l^* \to 0} \frac{s^*}{l^*} = 4 \tag{4,23}$$

gilt. Gibt $w = H_s(z)$ die Abbildung von $A_s^{(z)}$ auf $A_s^{(w)}$ an, wobei also H_s die Kombination der 5 aufeinanderfolgenden obigen Abbildungen bedeutet, so geht daraus hervor, daß $H_s(z)$ in $A_s^{(z)}$ ein K-quasikonformer Homöomorphismus darstellt. Weitere Überlegungen zeigen, daß $|z| < 1$ durch $H_s(z)$ in $|w| < 1$ abgebildet wird. Sicher gilt jetzt

$$\sup_{K,H,z_1 \neq z_2} \frac{|H(z_1) - H(z_2)|}{|z_1 - z_2|^{1/K}} \geq \frac{s^*}{s^{1/K}} .$$

Andererseits folgt aus (4,20), (4,21), (4,22) und (4,23) daß

$$\lim_{s \to 0} \frac{s^*}{s^{1/K}} = 16^{1 - 1/K}$$

ist, woraus sofort (4,19) folgt.

Der letzte Satz führt weiter zu

Satz 8: Es sei $w = H(z)$ ein K-quasikonformer Homöomorphismus von $|z| < 1$ auf $|w| < 1$ mit $H(0) = 0$. E_z bezeichne eine Punktmenge auf dem abgeschlossenen Kreis $|z| \leq 1$ und E_w ihr Bild auf $|w| \leq 1$, dann gilt

$$C(E_w) \leq 16 \{ C(E_z) \}^{K^{-1}}$$
$$\Lambda_0(E_w) \leq K \Lambda_0(E_z) \tag{4,24}$$

und für irgend ein $0 \leq \alpha \leq 2$

$$C^{(\alpha)}(E_w) \leq 16 \{ C^{(K^{-1}\alpha)}(E_z) \}^{K^{-1}}$$
$$\Lambda_\alpha(E_w) \leq (16)^\alpha \Lambda_{K^{-1}\alpha}(E_z) . \tag{4,25}$$

Unter $C(E)$ versteht man die (innere) logarithmische Kapazität von E und unter $\Lambda_0(E)$ die (äußere) logarithmische Kapazität. Für $0 \leq \alpha \leq 2$ gibt $C^{(\alpha)}(E)$ die (innere) Kapazität der Ordnung α von E an und $\Lambda_\alpha(E)$ bedeutet das (äußere) α-dimensionale Maß von E.

Die Ungleichungen gelten auch noch für lineare Belegungen auf dem Rand. Weiter ist ersichtlich, daß die Ungleichungen betreffend der Kapazitäten noch gelten für die (äußere) Kapazität, denn nach Definition ist die äußere Kapazität einer Menge das Infimum der inneren Kapazitäten von offenen Mengen, welche sie enthält. Als Korollar zum obigen Satz erhält man das im Abschnitt 2.13. erwähnte Ergebnis von PFLUGER, nach welchem bei einem K-quasikonformen Homöomorphismus jede Menge von innerer oder äußerer logarithmischen Kapazität null in eine Menge der gleichen Eigenschaft übergeht.

Satz 9: Es sei $w = H_n(z)$ $(n = 1, 2, \ldots)$ eine Folge von K-quasikonformen Homöomorphismen welche den Einheitskreis $|z| < 1$ auf $|w| < 1$ mit $H_n(0) = 0$ abbilden. Dann enthält $\{H_n\}$ eine Teilfolge, welche gleichmäßig auf der Kreisscheibe gegen einen ebensolchen K-quasikonformen Homöomorphismus $w = H(z)$ von $|z| < 1$ auf $|w| < 1$ konvergiert.

Für einen Beweis kann man die Beziehung (4,14) benutzen, die besagt, daß die Funktionen $w = H_n(z)$ gleichgradig stetig sind auf

$|z| \leq 1$. Es läßt sich dann eine Teilfolge $\{H_n(z)\}$ finden, welche gleichmäßig auf $|z| \leq 1$ gegen eine Funktion $w = H(z)$ konvergiert. Nach Hilfssatz 1 aus Abschnitt **4.5.** genügt es dann zu zeigen, daß $w = H(z)$ eine topologische Abbildung von $|z| \leq 1$ auf $|w| \leq 1$ ist (vgl. hierzu auch BERS [6].

Analog zu Satz 9 wird noch ein Ergebnis von SHIBATA [1] erwähnt, für dessen Beweis auf die Originalarbeit verwiesen sei.

Satz 9a: Gegeben sei ein K-quasikonformer Homöomorphismus $w = H(z)$ im geometrischem Sinne, welcher $|z| < 1$ auf $|w| < 1$ bezieht. Dann existiert eine Folge $\{w_n = H_n(z)\}$ von Funktionen, welche gleichmäßig gegen $H(z)$ auf $|z| < 1$ konvergieren, so daß jede Funktion $w_n = H_n(z)$ einen K-quasikonformen Homöomorphismus im Sinne von GRÖTZSCH von $|z| < 1$ auf $|w| < 1$ liefert.

Bezeichnet A bzw. G die Klasse der K-quasikonformen Homöomorphismen im analytischen bzw. im Grötzschschen Sinne, so folgt jetzt

$$\overline{G} = A \, .$$

Über die Ränderzuordnung bei K-quasikonformen Homöomorphismen gibt die Untersuchung von BEURLING und AHLFORS [1] erschöpfend Auskunft im

Satz 10: Es existiert ein quasikonformer Homöomorphismus $w = H(z)$ mit $H(\infty) = \infty$ von der oberen Halbebene auf sich mit der Ränderzuordnung $x \to \mu(x)$ (wobei μ wachsend ist) dann und nur dann, wenn

$$\frac{1}{\varrho} \leqq \frac{\mu(x+t) - \mu(x)}{\mu(x) - \mu(x-t)} \leqq \varrho \tag{4,26}$$

für irgend eine Konstante $\varrho \geqq 1$ ist und für alle reellen x und t ($\neq 0$). Anders ausgedrückt heißt das, wenn (4,26) erfüllt ist, so existiert eine Abbildung, deren Dilatation ϱ^2 nicht übersteigt und jede Abbildung mit der Ränderzuordnung μ hat eine maximale Dilatation

$$K \geqq 1 + A \log \varrho \quad \text{mit} \quad A = 0{,}2284 \, .$$

Die Bedingung (4,26) heißt im folgenden eine ϱ-Bedingung.

Bevor Satz 10 bewiesen wird, so soll dieser dazu benutzt werden, um eine neue Charakterisierung von quasikonformen Homöomorphismen zu geben.

BEURLING und AHLFORS zeigen, daß die ϱ-Bedingung auch als eine Kompaktheitsbedingung interpretiert werden kann. Bezeichnet man dazu die linearen Transformationen $x \to a\,x + b\,(a > 0)$ durch S, T, so wird eine Familie M von μ-Transformationen als geschlossen, bezüglich linearer Transformationen bezeichnet, wenn alle zusammengesetzten Abbildungen $S\,\mu\,T$ zusammen mit μ in M enthalten sind.

Weiter heißt eine Abbildung normiert, wenn $\mu(0) = 0$ und $\mu(1) = 1$ ist.

Kompaktheitsbedingung: Jede unendliche Menge normierter Abbildungen $\mu \in M$ enthält eine Folge $\{\mu_n\}_1^\infty$, welche gegen eine monoton wachsende Limesfunktion konvergiert.

Mit verhältnismäßig einfachen Mitteln gelingt der Nachweis des

Lemma 1: Die Abbildung μ aus einer Familie M, die bezüglich linearer Transformationen geschlossen ist, besitzt eine ϱ-Bedingung, und zwar für alle μ dieselbe — dann und nur dann, wenn die Kompaktheitsbedingung erfüllt ist. Für einen Beweis dieses Lemmas vergleiche man BEURLING und AHLFORS [1].

Aus Satz 9 und Lemma 1 folgt nun das

Korollar: Eine Randabbildung μ kann dann und nur dann zu einem K-quasikonformen Homöomorphismus in die obere Halbebene erweitert werden, wenn die Familie aller Abbildungen $S \mu T$ die Kompaktheitsbedingung erfüllt.

Zur Vorbereitung des Hauptbeweises müssen noch einige Begriffe und Definitionen eingeführt werden.

Wenn f eine differenzierbare Abbildung der Halbebene auf sich angibt, so werde die maximale Dilatation hier mit K_f bezeichnet. Für eine gegebene Randzuordnung μ setzt man

$$K(\mu) = \inf K_f \,,$$

dabei bezieht sich das Infimum bezüglich aller Abbildungen f für die $f = \mu$ ist auf der reellen Achse.

u_1 und u_2 werden auf der reellen Achse so definiert, daß $u_1(x) = u_2(\mu(x))$ ist. Wählt man U_2 als die Lösung des Dirichlet-Problems mit den Randwerten u_2, dann ist das Dirichlet-Integral $D(U_2)$ gegeben durch $I(u_2)$, wobei

$$I(u) = \frac{1}{2\pi} \int\limits_{-\infty}^{\infty} \int\limits_{-\infty}^{\infty} \left(\frac{u(x) - u(y)}{x - y}\right)^2 dx\, dy$$

das bekannte Douglas-Funktional darstellt. Nach dem Dirichlet-Prinzip findet man

$$I(u_1) = D(U_1) \leqq K D(U_2) = K I(u_2) \,.$$

Entsprechend gilt

$$I(u_2) \leqq K I(u_1) \,.$$

Im weiteren gebraucht man die Größe $K_1(\mu)$, die als kleinste Zahl K_1 so definiert ist, daß

$$\frac{1}{K_1} \leqq \frac{I(u_2)}{I(u_1)} \leqq K_1 \tag{4,27}$$

für alle entsprechenden Funktionspaare u_1, u_2, dann gilt

$$K_1(\mu) \leqq K(\mu) \,.$$

Für den Fall von Kreisgebieten seien α_1, β_1 zwei punkfremde Randbögen. Ihre Bilder durch μ werden mit α_2 und β_2 angegeben. Die extremale Länge von α_1 und β_1 wird mit $d(\alpha_1, \beta_1)$ bezeichnet.

Dann gilt

$$\frac{1}{d(\alpha_1, \beta_1)} = \min D(U_1) = \min I(u_1)$$

für die Klasse aller Funktionen u_1, welche 0 und 1 sind auf α_1 und β_1.

Die Definition von

$$K_0(\mu) = \sup \frac{d(\alpha_2, \beta_2)}{d(\alpha_1, \beta_1)} \tag{4,28}$$

führt auf die doppelte Ungleichung

$$\frac{1}{K_0(\mu)} \leqq \frac{d(\alpha_2, \beta_2)}{d(\alpha_1, \beta_1)} \leqq K_0(\mu)$$

und es ist

$$K_0(\mu) \leqq K_1(\mu) \leqq K(\mu) \,.$$

Bezeichnet man für ein gegebenes μ mit $\varrho(\mu)$ den kleinsten Wert für ϱ, damit die ϱ-Bedingung noch erfüllt bleibt, so werden zum Beweis Ungleichungen der Form

$$\Phi\{\varrho(\mu)\} \leqq K_0(\mu) \leqq K(\mu) \leqq \psi\{\varrho(\mu)\}$$

gesucht mit

$$\Phi(\varrho) = \inf K_0(\mu) \quad \text{für} \quad \varrho(\mu) \geqq \varrho \,,$$

$$\psi(\varrho) = \sup K(\mu) \quad \text{für} \quad \varrho(\mu) \leqq \varrho \,.$$

Die Notwendigkeit des Satzes ergibt sich, wenn gezeigt wird, daß

$$\lim_{\varrho \to \infty} \Phi(\varrho) = \infty$$

wird, dann folgt die hinreichende Aussage aus der Endlichkeit von $\psi(\varrho)$.

Beweis der Notwendigkeit: Um eine Minorante von $K_0(\mu)$ zu bestimmen, so hat man zu beachten, daß die extremale Länge $d(\alpha_1, \beta_1)$ sich invariant verhält unter einer linearen Transformation und somit eine Funktion des Doppelverhältnisses der Endpunkte von α_1 und β_1 ist.

Wenn $\alpha_1 = (t_1, t_2)$, $\beta_1 = (t_3, t_4)$ so sei

$$\lambda = \frac{t_3 - t_2}{t_2 - t_1} : \frac{t_4 - t_3}{t_4 - t_1}$$

und somit

$$d(\alpha_1, \beta_1) = P(\lambda)$$

mit $P(0) = 0$, $P(\infty) = \infty$, $P(1) = 1$.

Eine Minorante für $K_0(\mu)$ wird erhalten, wenn man α_1, β_1 auf Intervalle der Form

$$(x - t, \, x) \quad \text{und} \quad (x + t, \, \infty)$$

beschränkt. Dann ist $\lambda = 1$ und für die entsprechenden Intervalle gilt

$$\lambda' = \frac{\mu(x+t) - \mu(x)}{\mu(x) - \mu(x-t)} \, .$$

Da sup $\lambda' = \varrho(\mu)$ ist, so folgt

$$K_0 \geqq P(\varrho) \, .$$

Man kann leicht nachweisen, daß die beste untere Grenze $\Phi(\varrho)$ von $K_0(\mu)$ gleich $P(\varrho)$ ist, also die extremale Länge zwischen $(-1,0)$ und (ϱ, ∞).

Eine explizite Berechnung für $P(\varrho)$ wird durch BEURLING und AHLFORS angegeben. Es ist

$$P(\varrho) - 1 = \Theta(\varrho) \log \varrho \, ,$$

wo $\Theta(\varrho)$ wächst, und zwar von $\Theta(1) = 0{,}2284$ bis $\Theta(\infty) = \dfrac{1}{\pi} = 0{,}3183$.

Beweis für die hinreichende Bedingung: Man versucht eine obere Grenze für K zu finden bei gegebenem ϱ. Dazu hat man explizite quasikonforme Abbildungen anzugeben mit vorgegebener Randzuordnung μ.

Nach BEURLING und AHLFORS wird eine Abbildung

$$f(x, y) = u(x, y) + iv(x, y)$$

definiert mit

$$u(x, y) = \int_{-\infty}^{\infty} \frac{1}{y} K_1\left(\frac{x-t}{y}\right) \mu(t)\, dt = \int_{-\infty}^{\infty} K_1(t)\, \mu(x + yt)\, dt$$

$$v(x, y) = r\int_{-\infty}^{\infty} \frac{1}{y} K_2\left(\frac{x-t}{y}\right) \mu(t)\, dt = r\int_{-\infty}^{\infty} K_2(t)\, \mu(x + yt)\, dt \, . \tag{4,29}$$

Die Kerne K_1, K_2 sind gegeben durch

$$K_1 = \begin{cases} \tfrac{1}{2} \ \text{für} -1 < x < 1 \\ 0 \ \text{für} \ |x| \geqq 1 \end{cases} ; \quad K_2(x) = K_1(x)\ \text{sign.}\ x \, .$$

$f(x, y)$ ist dann definiert vermittels

$$f(x, y) = \int_{-\infty}^{\infty} \frac{1}{y} K\left(\frac{x-t}{y}\right) \mu(t)\, dt \ ; \quad (K = K_1 + ir K_2) \, .$$

Dabei ist $r > 0$ ein Parameter, der später gebraucht wird, um die Dilatation so klein wie möglich zu machen.

Ohne die Kerne zu benutzen, kann man schreiben

$$u(x, y) = \tfrac{1}{2} \int_0^1 [\mu(x + ty) + \mu(x - ty)]\, dt$$

$$v(x, y) = \frac{r}{2} \int_0^1 [\mu(x + ty) - \mu(x - ty)]\, dt \, . \tag{4,30}$$

Aus der obigen Festlegung folgt:
u, v sind stetig in der oberen Halbebene.

$$v > 0 \quad \text{für} \quad y > 0$$
$$u(x, 0) = \mu(x) \; ; \quad v(x, 0) = 0$$
$$\left.\begin{array}{lll} u(x, y) \to +\infty & \text{für} & x \to +\infty \\ u(x, y) \to -\infty & \text{für} & x \to -\infty \end{array}\right\} \text{gleichmäßig in } y$$
$$v(x, y) \to +\infty \quad \text{für} \quad y \to +\infty \; \} \text{gleichmäßig, wenn } x$$
$$\text{also } f(z) \to \infty \quad \text{für} \quad z \to \infty . \quad \text{in einem endlichen}$$
$$\text{Intervall variiert.}$$

Die Funktionaldeterminante von f ist überall positiv. Man schließt aus diesen Betrachtungen, daß f die Halbebene $y > 0$ auf die ganze Halbebene $v > 0$ abbildet.

Für die weiteren Berechnungen benötigt man die partiellen Ableitungen von u und v in einem Punkt (x_0, y_0) mit $y_0 > 0$. Ein kleiner Nachweis führt auf:

$$\frac{\partial}{\partial x} \int_{-\infty}^{+\infty} K(t)\, \mu(x + yt)\, dt = \frac{1}{y} \int_{-\infty}^{+\infty} K(t)\, d\mu(x + yt)$$

$$\frac{\partial}{\partial y} \int_{-\infty}^{+\infty} K(t)\, \mu(x + yt)\, dt = \frac{1}{y} \int_{-\infty}^{+\infty} t\, K(t)\, d\mu(x + yt) .$$

Zur Vereinfachung werden noch die folgenden Koeffizienten eingeführt:

$$\alpha = \frac{1}{y_0} \int_0^1 d\mu(x_0 + y_0 t) \; ; \qquad \beta = \frac{1}{y_0} \int_{-1}^0 d\mu(x_0 + y_0 t)$$
$$\alpha' = \frac{1}{y_0} \int_0^1 t\, d\mu(x_0 + y_0 t) \; ; \qquad \beta' = -\frac{1}{y_0} \int_{-1}^0 t\, d\mu(x_0 + y_0 t) . \tag{4,31}$$

Damit erhält man

$$u_x = \alpha + \beta \qquad u_y = \alpha' - \beta'$$
$$v_x = r(\alpha - \beta) \qquad v_y = r(\alpha' + \beta') .$$

Dies eingesetzt in (2,12′) ergibt

$$D + \frac{1}{D} = \frac{(\alpha^2 + \beta^2 + \alpha'^2 + \beta'^2)(1 + r^2) + 2(\alpha\beta - \alpha'\beta')(1 - r^2)}{2\, r(\alpha\beta' + \alpha'\beta)} . \tag{4,32}$$

Benutzt man die ϱ-Bedingung

$$\frac{1}{\varrho} \leq \frac{\mu(x + t) - \mu(x)}{\mu(x) - \mu(x - t)} \leq \varrho , \tag{4,33}$$

so wird

$$\frac{\alpha}{\varrho} \leq \beta \leq \varrho\, \alpha . \tag{4,34}$$

Mit einem kleineren Beweis, der hier nicht ausgeführt wird, kann man zeigen, daß

$$\frac{\alpha'}{\alpha} \text{ und } \frac{\beta'}{\beta} \text{ zwischen } \frac{1}{\varrho+1} \text{ und } \frac{\varrho}{\varrho+1} \text{ liegen.}$$

(4,32) läßt sich noch vereinfachen durch die Einführung von

$$\alpha' = \xi\,\alpha \quad \text{und} \quad \beta' = \eta\,\beta\,.$$

Dann wird

$$D + \frac{1}{D} = \frac{1}{2r(\xi+\lambda)}\left\{\left[\frac{\alpha}{\beta}\,(1+\xi^2) + \frac{\beta}{\alpha}\,(1+\eta^2)\right](1+r^2) + 2\,(1-\xi\,\eta)\,(1-r^2)\right\}.$$

Für die Koordinaten $\xi,\,\eta$ eines Punktes $(\xi,\,\eta)$ erhält man die Schranken

$$\frac{1}{\varrho+1} \leq \xi,\quad \eta \leq \frac{\varrho}{\varrho+1}\,.$$

Ist $\xi \geq \eta$, dann hat $D + \dfrac{1}{D}$ seinen größten Wert, wenn $\dfrac{\alpha}{\beta}$ seinen maximalen Wert ϱ hat.

Man findet:

$$D + \frac{1}{D} \leq F\,(\xi,\,\eta)\,, \tag{4,35}$$

wo

$$F\,(\xi,\,\eta) = \frac{a\,(\xi,\,\eta)}{r} + b\,(\xi,\,\eta)\,r$$

$$a\,(\xi,\,\eta) = \frac{(\varrho+1)^2 + (\varrho\,\xi - \eta)^2}{2\,(\xi+\eta)}\;;\quad b\,(\xi,\,\eta) = \frac{(\varrho-1)^2 + (\varrho\,\xi + \eta)^2}{2\,(\xi+\eta)}\,.$$

$a\,(\xi,\,\eta)$ und $b\,(\xi,\,\eta)$ sind konvex von unten für $\xi + \eta > 0$. Das Maximum von $F\,(\xi,\,\eta)$ im zu betrachtenden Dreieck kann nur in einer der drei Ecken

$$\left(\frac{1}{\varrho+1},\,\frac{1}{\varrho+1}\right);\;\left(\frac{\varrho}{\varrho+1},\,\frac{1}{\varrho+1}\right);\;\left(\frac{\varrho}{\varrho+1},\,\frac{\varrho}{\varrho+1}\right)$$

erreicht werden. Bezeichnet man die Werte in diesen 3 Punkten mit F_1, F_2 und $F_3 \left(F_i = \dfrac{a_i}{r} + b_i\,r\right)$, dann folgt nach (4,35)

$$D + \frac{1}{D} \leq \max\,(F_1,\,F_2,\,F_3)\,.$$

Man kann weiter zeigen, daß $F_1 \geq F_3$ ist für alle r und $F_1 \geq F_2$ wenn $(a_1 - a_2) + (b_1 - b_2)\,r^2 \geq 0$ wird. Somit folgt nach mehreren Zwischenrechnungen, daß

$$K + \frac{1}{K} \leq \min F_1 = 2\,\sqrt{a_1\,b_1}$$

und weiter

$$K \leq \sqrt{a_1\,b_1} + \sqrt{a_1\,b_1 - 1}\,.$$

Es ist zweckmäßig, dieses Ergebnis durch das einfachere, nämlich $K \leq \varrho^2$ zu ersetzen. Um das zu erhalten, so genügt der Nachweis, daß

$$4\,a_1\,b_1 \leq \left(\varrho^2 + \frac{1}{\varrho^2}\right)^2$$

ist. Diese Ungleichung bedeutet

$$(\varrho - 1)\,(3\,\varrho^7 + \varrho^6 + 8\,\varrho^5 + 12\,\varrho^4 - 4\,\varrho - 4) \geqq 0$$

und ist sicher erfüllt für $\varrho \geqq 1$.

Beachtenswert ist in diesem Zusammenhang die Tatsache, daß es quasikonforme Abbildungen gibt der oberen Halbebene auf sich, oder des Einheitskreises auf sich, bei denen die Ränderzuordnung μ gegeben ist durch eine vollständig singuläre Funktion μ mit $\varrho\,(\mu)$ beliebig nahe bei 1, d. h. aber, es gibt nicht absolut stetige μ die der Bedingung (4,26) genügen. Für Beispiele dieser Art sei auf die Originalarbeit von BEURLING und AHLFORS verwiesen.

Erwähnt sei noch ein Sonderfall, nach welchem für einen stetig differenzierbaren Homöomorphismus $w = h\,(z)$ von $|z| < 1$ auf $|w| < 1$, der sich konform verhält bezüglich der Riemannschen Metrik $ds = |dz + \lambda\,(z)\,d\bar{z}|$, die Randabbildung $\Theta = \Theta(t)$ dann absolut stetig ist, wenn die Funktion $\lambda\,(z)$ eine Hölderbedingung der Ordnung α $(0 \leqq \alpha \leqq 1)$ erfüllt. Vergleiche AHLFORS [3] und SHIBATA [2].

5. Kapitel

K-quasikonforme Abbildungen

5.1. Die innere Abbildung. In den früheren Kapiteln wurden ausschließlich K-quasikonforme Homöomorphismen, d. h. also eineindeutige K-quasikonforme Abbildungen untersucht. In diesem Abschnitt sollen nun auch die nicht eineindeutigen Abbildungen herangezogen werden. Dazu bedient man sich der

Definition der inneren Abbildungen. Eine Funktion $w = I\,(z)$ definiert eine innere Abbildung eines Gebietes D, wenn sie stetig ist und eine der drei folgenden Eigenschaften erfüllt:

i) Die Abbildung $w = I\,(z)$ führt jede offene Menge wieder in eine offene Menge über und bildet kein Kontinuum in einen Punkt ab.

ii) Mit Ausnahme von isolierten Stellen ist $w = I\,(z)$ in der Umgebung jedes Punktes von D ein lokaler Homöomorphismus.

iii) Es existiert ein Homöomorphismus $H\,(z)$ von D auf ein ebenes Gebiet und eine nichtkonstante analytische Funktion $A\,(\zeta)$, definiert in $H\,(D)$, so daß

$$w\,(z) = A\,[H\,(z)] \,. \tag{5,1}$$

Die drei Eigenschaften (i), (ii) und (iii) sind einander äquivalent.

Die Implikationen (iii) → (i) und (iii) → (ii) sind trivial. Die Relation (i) → (iii) enthält die bekannte Aussage von STOILOW [1].

Die Implikation (ii) → (iii) beweist man mittels des allgemeinen Uniformisierungstheorems. Alle weiteren Implikationen ergeben sich durch Zusammensetzung der oben erwähnten.

Eine innere Funktion $w = I(z)$ kann man also auffassen als einen Homöomorphismus von D auf eine Riemannsche Überlagerungsfläche eines ebenen Gebietes.

5.2. Definition der K-quasikonformen Abbildungen. $w = I(z)$ definiert eine K-quasikonforme Abbildung in D, wenn sie dort stetig ist und abgesehen von isolierten Stellen für ein festes K einen lokalen K-quasikonformen Homöomorphismus liefert.

Eine solche Abbildung ist nach (ii) eine innere Abbildung.

Daraus folgt nach (iii) die Äquivalenz der Abbildung mit der Darstellung

$$w = A \circ H\,,$$

wo A eine analytische Funktion und H ein K-quasikonformer Homöomorphismus bezeichnet.

Aus dieser Definition lassen sich die K-quasikonformen Abbildungen $w = u + iv = I(z)$ durch die drei folgenden Eigenschaften charakterisieren:

1. Sie sind AST.
2. Die fast überall existierenden partiellen Ableitungen sind lokal quadratisch integrierbar.
3. Es gilt fast überall die Ungleichung

$$u_x^2 + u_y^2 + v_x^2 + v_y^2 \leqq \left(K + \frac{1}{K}\right) J\,. \tag{5,2}$$

Die so eingeführten K-quasikonformen Abbildungen lassen sich auch von einem anderen Standpunkt aus betrachten, nämlich als Lösungen der

5.3. Beltramische Differentialgleichung. Hierzu sei eine Riemannsche Metrik

$$g_{11}(x, y)\, dx^2 + 2\, g_{12}(x, y)\, dx\, dy + g_{22}(x, y)\, dy^2$$

definiert in einem Gebiet D. Dann heißt eine Funktion $w = I(z) = u + iv$ in D konform bezüglich der Riemannschen Metrik, wenn u und v die Beltramischen Gleichungen

$$g u_x = -g_{12} v_x + g_{11} v_y\,; \quad g u_y = -g_{22} v_x + g_{12} v_y \tag{5,3}$$

befriedigen, mit

$$g^2 = g_{11} g_{22} - g_{12}{}^2\,.$$

Dieses System läßt sich auch komplex schreiben durch

$$w_x + i w_y = \mu\,(w_x - i w_y)$$

bzw.

$$w_{\bar{z}} = \mu(z)\, w_z \tag{5,4}$$

mit der komplexwertigen Funktion

$$\mu(z) = \frac{g_{11} - g_{22} + 2 i g_{12}}{g_{11} + g_{22} + 2 g}\,.$$

Für die weiteren Betrachtungen verlangt man, daß die Funktionen g_{ik} meßbar sind und daß die Exzentrizität der Metrik durch $K \geq 1$ beschränkt ist, so daß

$$g_{11} + g_{22} \leq 2\,Kg \tag{5,5}$$

wird, was gleichbedeutend ist mit

$$|\mu| \leq k = \frac{K-1}{K+1} < 1\,. \tag{5,6}$$

Unter der Voraussetzung, daß die Lösungen von (5,3) AST sind und fast überall meßbare partielle Ableitungen besitzen, die lokal quadratisch integrierbar sind, ist jede solche Lösung eines Beltramischen Systems eine K-quasikonforme Abbildung (im analytischen Sinne).

Nach MORREY [1] gilt:

1. Sind w_1 und w_2 zwei Lösungen von (5,3), definiert im gleichen Gebiet und ist w_1 ein Homöomorphismus, dann ist w_2 eine analytische Funktion von w_1.

2. Ist w eine Lösung von (5,3) und F irgend eine analytische Funktion, dann ist $F(w)$ ebenfalls eine Lösung

3. Ist $w = u + iv$ eine schlichte Lösung von (5,3) in einem Gebiet D, dann ist die Funktionaldeterminante $J = u_x v_y - u_y v_x$ fast überall positiv und für jede meßbare Menge $e \subset D$ ist $w(e)$ meßbar und hat das Maß

$$\iint_e J\,dx\,dy\,.$$

Man vergleiche hierzu auch die weiteren Ausführungen in Kapitel 7.[1]

5.4. Einige Sätze über allgemeine K-quasikonforme Abbildungen. Verschiedene Autoren benutzen für die oben als K-quasikonforme Abbildungen eingeführte Funktionsklasse auch den Namen pseudoanalytische — oder pseudoreguläre — Funktionen. Die allgemeine Bezeichnung „K-quasikonforme Abbildungen" erscheint aus verschiedenen Gründen zweckmäßiger zu sein, dadurch sind auch Verwechslungen mit den von L. BERS eingeführten pseudoregulären Funktionen ausgeschlossen (vgl. Kapitel 7).

Nach der Definition der allgemeinen K-quasikonformen Abbildungen ist leicht einzusehen, daß sich zahlreiche Theoreme aus der Funktionentheorie für K-quasikonforme Abbildungen übertragen lassen. An dieser Stelle mag es genügen, einige wichtige Resultate zusammenzustellen, ohne i. a. weiter auf die Beweise einzugehen, die in vielen Fällen durch die Relation (5,1) geliefert werden.

Die Verallgemeinerung des Schwarzschen Lemmas: Ist $w = I(z)$ eine K-quasikonforme Abbildung mit $|I(z)| \leq 1$ und $I(0) = 0$ der Kreisscheibe $|z| < 1$, dann ist

$$v\,(|I(z)|) \geq K^{-1}\,v\,(|z|)\,.^2 \tag{5,7}$$

---

[1] Für einen direkten Beweis der Messbarkeit quasikonformer Abbildungen vgl. GEHRING und VÄISÄLÄ [1].

[2] v hat hier dieselbe Bedeutung wie in **(1.12.)**

Das ist gleichbedeutend mit der Aussage

$$|I(z)| \leqq f_K(|z|) \,.$$

Hier ist $f_{K^+}(r)$ definiert durch

$$\nu\,[f_K(r)] = K^{-1}\,\nu(r)$$

für $0 \leqq r < 1$.

Für $K > 1$ hängt die extremale Abbildung von z ab. Für $K = 1$ erhält man das klassische Schwarzsche Lemma. Die numerische Berechnung der exakten Schranke für $|I(z)|$, ausgedrückt durch $|z|$ für verschiedene Werte von K, erfordert die Heranziehung bestimmter elliptischer Funktionen. Man erhält für $K = 2$:

$$|I(z)| \leqq 2\,\sqrt{|z|}/(1 + |z|)$$

und für $K = 4$:

$$|I(z)| \leqq 2^{3/2}\,\sqrt{1 + |z|}\ \sqrt[4]{|z|}/(1 + \sqrt{|z|})^2 \,.$$

Diese Aussagen lassen sich verallgemeinern für den Fall $K = 2^n$. Als asymptotische Formeln ergeben sich:

Für $|z| \to 0$

$$|I(z)| < 4^{1-1/K}\,|z|^{1/K}\,(1 + O\,(|z|^{2/K})) \,.$$

Für $|z| \to 1$

$$1 - |I(z)| \geqq 8^{1-K}\,(1 - |z|)^K + O\,((1 - |z|)^{2K}) \,.$$

Für weitere Einzelheiten vgl. HERSCH [2].

Der Satz von SCHOTTKY: Es sei $\{I(z)\}$ die Klasse der K-quasikonformen Abbildungen im Einheitskreis $|z| < 1$, so daß $I(0) = c$ (c gegeben) und die $p \geqq 3$ Werte $a_1, a_2, \ldots a_p$ ausläßt. Dann hat die sphärische Entfernung des Punktes $w = I(z)$ von den Ausnahmepunkten a_ν ein Minimum

$$d_K\,[|z|, c, a_1, a_2, \ldots a_p] > 0 \,.$$

Der Beweis verläuft ähnlich wie im analytischen Fall mit $K = 1$. Die Anwendung des verallgemeinerten Schwarzschen Lemmas führt auf die Beziehung

$$d_K\,[|z|, c, a_1 \ldots a_p] = d_1\,[f_K\,(|z|), c, a_1, \ldots a_p] \,.$$

Die Jensensche Ungleichung: Es sei $w = I(z)$ eine K-quasikonforme Abbildung in $|z| < 1$ mit $|I(z)| < 1$, welche die Punkte a_i (in endlicher oder abzählbarer Anzahl) als Nullstellen mit den Vielfachheiten n_i enthält, dann ist

$$|I(0)| \leqq \prod_i\,[f_K\,(|a_i|)]^{n_i},$$

diese Schranke ist nicht die beste.

Eine Verallgemeinerung der Jensenschen Formel ergibt ein

Analogon zum Satz von BLASCHKE: Es sei $I(z)$ eine quasikonforme Abbildung, beschränkt in $|z| < 1$, mit den Nullstellen $a_1, a_2, \ldots$ Dann konvergiert die Summe

$$\sum_{n=1}^{\infty} (1 - |a_n|)^K.$$

Für $K = 1$ geht die obige Beziehung in den Satz von BLASCHKE für analytische Funktionen über.

Zahlreiche Aussagen, die in den Kapiteln 2 und 4 für quasikonforme Homöomorphismen nachgewiesen wurden, gelten auch noch für den nicht schlichten Fall, so z. B. der

Satz über die gleichmäßige Konvergenz von Funktionen: Ist $\{I_n(z)\}$ eine Folge von K-quasikonformen Abbildungen, welche in einem Gebiet D lokal gleichmäßig gegen eine nichtkonstante Funktion $I(z)$ konvergieren, so ist $I(z)$ eine K-quasikonforme Abbildung.

Für weitere Aussagen in dieser Richtung vgl. man TOKI und SHIBATA [1] und YÛJÔBÔ [1].

5.5. Normale Familien von K-quasikonformen Abbildungen. Die nachfolgenden Betrachtungen gelten den Untersuchungen von VÄISÄLÄ [1], wobei es sich um die Übertragung gewisser Resultate von LEHTO und VIRTANEN [1] handelt.

Nach Definition heißt eine komplexwertige Funktion $w = f(z)$ normal in einem einfach zusammenhängenden Gebiet G, falls die Familie $\{f(S(z))\}$ normal ist, wo $\{S(z)\}$ die Familie aller eineindeutigen konformen Abbildungen von G auf sich selbst bedeutet. In einem mehrfach zusammenhängenden Gebiet heißt die Funktion $f(z)$ normal, falls sie normal auf der universellen Überlagerungsfläche ist.

Für K-quasikonforme Abbildungen gelten die folgenden Aussagen:

1. Eine K-quasikonforme Abbildung $I(z)$ ist normal in einem Gebiet G vom hyperbolischen Typus dann und nur dann, wenn sie in G eine Hölderbedingung

$$s\,(I(z_1),\, I(z_2)) = O\,(\sigma\,(z_1,\, z_2)^{1/K})$$

erfüllt, wo $s\,(a,\, b)$ und $\sigma\,(a,\, b)$ die sphärische bzw. die hyperbolische Entfernung von a und b bedeuten. Schreibt man $I(z) = F\,(T\,(z))$ (T sei ein K-quasikonformer Homöomorphismus und F meromorph), so ist $I(z)$ normal dann und nur dann, wenn F normal ist. In einem einfach zusammenhängenden Gebiet G ist $I(z)$ normal dann und nur dann, wenn die Familie $\{I(T(z))\}$ normal ist, wo $\{T(z)\}$ die Familie aller K-quasikonformen Homöomorphismen von G auf sich selbst bedeutet[1].

---

[1] Hier braucht K nicht die maximale Dilatation von $I(z)$ zu sein.

2. Es sei $I(z)$ quasikonform und normal in einem Jordan-Gebiet G und es habe $I(z)$ den asymptotischen Wert α in einem Randpunkt P längs einer Kurve C, die in der abgeschlossenen Hülle von G liegt; dann besitzt $I(z)$ den Winkelgrenzwert α in P (Verschärfung des Lindelöfschen Satzes). Das Resultat gilt auch, wenn statt Normalität nur

$$\limsup_{z_1, z_2 \to P} \frac{s\,[I(z_1),\,I(z_2)]}{\sigma(z_1,\,z_2)^{1/K}} < \infty \tag{5,8}$$

angenommen wird.

Falls $I(z) \to \alpha$ für $z \to P$ in beliebiger Weise am Rande, so gilt $I(z) \to \alpha$ für $z \to P$ gleichmäßig bei beliebiger Annäherung von P dann und nur dann, wenn (5,8) gültig ist.

3. Nach Definition heißt eine meromorphe Funktion $F(z)$ C-normal in G, falls

$$\frac{|F'(z)|}{1 + |F(z)|^2} \leqq C\,\frac{d\sigma}{|dz|},$$

wo $d\sigma$ das hyperbolische Längenelement von G bedeutet. Eine K-quasikonforme Abbildung $I(z)$ wird C-normal genannt, falls in $I(z) = F(T(z))$ die Funktion F C-normal ist. Die letztgenannte Eigenschaft ist unabhängig von der speziellen Wahl der Funktion F. Die Resultate über C-normale meromorphe Funktionen gelten unverändert für C-normale quasikonforme Abbildungen: Es sei $I(z)$ quasikonform und

$$C = \sup \frac{|F'(z)|}{1 + |F(z)|^2}\,\frac{|dz|}{d\sigma}$$

in der oberen Halbebene. Dann gilt entweder:

$$\sup_{-\infty < x < \infty} |I(x)| \geqq C$$

oder

$$\sup_{-\infty < x < \infty} |I(z)| \geqq \frac{1 + \sqrt{1 + C^2}}{C}\,e^{-\sqrt{1 + C^2}},$$

wo die Schranken bestmöglich sind.

4. Die Funktionen $I_n(z)$ seien K-quasikonform und C-normal in G und $|I_n(z)| \to 0$ gleichmäßig auf einem Randbogen von G. Dann gilt $I_n(z) \to 0$ gleichmäßig in jedem kompakten Teil von G.

Für die Beweise von 1—4 vergleiche man die Arbeit von VÄISÄLÄ [1].

5.6. Das Maximumprinzip und das Spiegelungsprinzip.

1. *Das Maximumprinzip:* Ist $I(z)$ eine K-quasikonforme Abbildung in einem Gebiet D, so kann $|I(z)|$ das Maximum nicht in D erreichen. Man vergleiche hierzu auch die erweiterte Form von STORVICK [1].

2. *Das Spiegelungsprinzip:* Es sei hier in einer speziellen Fassung wiedergegeben.

Angenommen $I(z)$ sei stetig im oberen Halbkreis $|z| < 1$, $y \geqq 0$, reell auf $-1 < x < +1$, $y = 0$ und, bilde eine K-quasikonforme Abbildung im Innern. Dann läßt sich die Funktion $I(z)$ durch Spiegelung an der reellen x-Achse auf den unteren Halbkreis fortsetzen, so daß $I(z)$ eine K-quasikonforme Abbildung in $|z| < 1$ wird.

Für Verallgemeinerungen vgl. MORI [1].

5.7. Die Picard-Liouvillesche Satzgruppe. Bevor zur Verallgemeinerung des Picardschen Satzes geschritten wird, sei noch definiert, was man unter einer wesentlichen Singularität einer quasikonformen Abbildung zu verstehen hat:

Es sei $z = 0$ eine wesentliche Singularität der Funktion $w = I(z)$, dann gilt für eine Folge z_ν mit $\lim\limits_{\nu \to \infty} z_\nu = 0$

$$\lim_{\nu \to \infty} I(z_\nu) = \alpha \quad \text{und für eine zweite Folge}$$

$$\lim_{\nu \to \infty} I(z_\nu') = \beta \quad \text{mit } \alpha \neq \beta.$$

Satz von PICARD: $w = I(z)$ sei eine quasikonforme Abbildung in der punktierten Kreisscheibe $0 < |z| < 1$ und habe in $z = 0$ eine wesentliche Singularität, dann nimmt $I(z)$ in $0 < |z| < 1$ jeden endlichen Wert an mit höchstens einer Ausnahme (GRÖTZSCH [1]).

Der Satz von PICARD erfuhr noch eine Verschärfung durch KAKU-TANI [2] und LAVRENTIEFF [1]. Diese bewiesen den entsprechenden Satz unter der Voraussetzung, daß im Gebiete $0 < |z| < 1$ das Integral

$$\lim_{\varepsilon \to 0} \int_\varepsilon^1 \frac{d r}{r \, K(r)}$$

divergiere.

Satz von LIOUVILLE: Ist D die Ebene $|z| < \infty$, so kann keine K-quasikonforme Abbildung $w = I(z)$ beschränkt sein.

Zu diesem Satz sei ein kurzer Beweisgang von PFLUGER [3] beigefügt. Angenommen $w = I(z)$ sei beschränkt, so daß $|w| < 1$ in $|z| < \infty$ gelte. Mit

$$A(\varrho) = \int\limits_{|z| \leq \varrho} \frac{\dfrac{d\sigma_w}{d\sigma_z}}{(1 - |w|^2)^2} \, r \, d r \, d\varphi$$

$$L(\varrho) = \int\limits_{|z| = \varrho} \frac{\left|\dfrac{d w}{d z}\right|}{1 - |w|^2} \, \varrho \, d\varphi$$

bezeichnet man die Fläche und die Länge des Bildes von $|z| \leq \varrho$ und $|z| = \varrho$, gemessen in der hyperbolischen Metrik.

Aus

$$\left|\frac{d w}{d z}\right|^2 \leq K(z) \, \frac{d\sigma_w}{d\sigma_z}$$

und der Schwarzschen Ungleichung folgt

$$L^2 \leqq 2\pi\,\varrho\,K\,\frac{dA}{d\varrho}\,.$$

Unter Berücksichtigung der Metrik mit der konstanten Krümmung -4 und der entsprechenden isoperimetrischen Ungleichung

$$4A\,(\pi + A) \leqq L^2$$

ergeben die beiden letzten Ungleichungen nach Integration zwischen r und R

$$\frac{A\,(R)}{\pi + A\,(R)}\,\frac{\pi + A\,(r)}{A\,(r)} \geqq \exp 4\pi \int\limits_{r}^{R} \frac{d\varrho}{K\varrho}\,. \tag{5,9}$$

Für $R \to \infty$ folgt der Widerspruch.

Überträgt man die obigen Resultate auf Funktionen im Einheitskreis, für die $|w| < 1$, so erhält man aus (5,9), indem für $R = 1$ gesetzt wird,

$$A\,(r) \leqq \frac{\pi\,r^{2/K}}{1 - r^{2/K}}$$

mit $0 < r < 1$.

Gleichheit gilt, wenn $|z| = r$ sich in einen hyperbolischen Kreis vom Radius $r^{1/K}$ transformiert. Man schließt daraus, daß der euklidische Inhalt $\alpha\,(r)$ des Bildes $|z| \leqq r$ der Ungleichung

$$\alpha\,(r) \leqq \pi\,r^{2/K}$$

genügt. Diese Betrachtungen führen wiederum zum Schwarzschen Lemma.

Entsprechende Überlegungen ergeben ein verallgemeinertes Phragmen-Lindelöfsches Theorem:

Sei D ein einfach zusammenhängendes Gebiet mit dem Rand Γ, der den unendlich fernen Punkt enthalte. λ_ϱ bezeichne den Schnitt von $|z| = \varrho$ mit D und $\Lambda\,(\varrho)$ die Länge von λ_ϱ. w sei dem Betrage nach < 1 auf jedem endlichen Punkt von Γ ohne beschränkt zu sein in D und

$$M\,(r) = \max_{z \in \lambda_r} |w\,(z)|\,.$$

Dann existiert eine Konstante $A > 0$, so daß

$$[\log M\,(r)]^2 > A \exp \frac{2\pi}{K} \int\limits_{0}^{r} \frac{d\varrho}{\Lambda\,(\varrho)} \qquad (r > r_0)\,.$$

Vergleiche hierzu auch HERSCH [2] und STORVICK [1].

5.8. Ringeigenschaften der quasikonformen Abbildungen. Für die Klasse der Funktionen $w = I\,(z) = u\,(x,\,y) + iv\,(x,\,y)$, die nach Definition im Existenzgebiet D stetig sind und von isolierten Punkten abgesehen die u_x, u_y, v_x, v_y existieren und stetig sind und $I(x, y) > 0$ ist, gilt nach KAKUTANI [1] der

Satz: Notwendige und hinreichende Bedingung dafür, daß die Funktionen der erwähnten Klasse in einem Gebiet D einen Ring bilden, d. h. daß neben $I_1(z)$ und $I_2(z)$ auch $I_1(z) \cdot I_2(z)$ und $\alpha I_1(z) + \beta I_2(z)$ zur betrachteten Klasse gehören, besteht darin, daß alle Funktionen dieser Klasse analytische Funktionen einer bestimmten quasikonformen Abbildung sind.

Ist zum Beispiel $I(z) + \alpha z$ eine quasikonforme Abbildung in einem Gebiet D für irgend eine komplexe Zahl α, dann ist $I(z)$ eine analytische Funktion von z.

Der Beweis der letzten Aussage, der auch den allgemeinen in sich schließt, ergibt sich durch die Ausrechnung der Funktionaldeterminante von $I(z) + \alpha z$.

Geht man von den Lösungen der Beltramischen Differentialgleichung aus, so erkennt man, daß die quasikonformen Abbildungen für alle Lösungen von

$$w_{\bar{z}} = \mu(z) \, w_z$$

mit ein und demselben $\mu(z)$ einen Ring bilden.

5.9. Übertragung eines Satzes von BEURLING: Es sei $I(z)$ eine K-quasikonforme Abbildung in $|z| < 1$, so daß die Kreisfläche, die zu einer Überlagerungsfläche der Kugel wird, endliche Fläche aufweist. Es gilt dann mit Ausnahme einer Punktmenge der Kapazität 0 auf $|z| = 1$, daß die Grenzwerte $\lim I(z)$, wenn z innerhalb irgend eines Winkelfeldes von $|z| < 1$ gegen einen Punkt auf $|z| = 1$ strebt, existieren. Weiter ist die Punktmenge, für die $\lim I(z) = a$ gilt auf $|z| = 1$ von der äußeren logarithmischen Kapazität null.

Dieser Satz kann bewiesen werden, indem man ihn zurückführt auf ein Ergebnis von MORI [1]:

Es sei $w = H(z)$ ein K-quasikonformer Homöomorphismus von $|z| < 1$ auf $|w| < 1$ mit $H(1) = 1$. Wenn $z \to 1$ in einem Winkelfeld

$$|\arg(1 - z)| < \Phi < \frac{\pi}{2},$$

so strebt ebenfalls $w = H(z)$ gegen 1 in einem Winkelfeld

$$|\arg(1 - w)| < \Psi < \frac{\pi}{2},$$

wobei Ψ nur von Φ und K abhängt.

Zum Beweise der letzten Aussage genügt es zu zeigen, daß wenn der Streifen $-\infty < x < +\infty$, $0 < y < 1$ der z-Ebene durch einen K-quasikonformen Homöomorphismus $w = H(z)$ in den Streifen $-\infty < u < +\infty$,

$0 < v < 1$ einer $w = u + iv$-Ebene abgebildet wird (die rellen Achsen entsprechen einander), das Bild der Geraden $0 < y_0 < 1$ für jedes y_0 von der reellen Achse $v = 0$ einen Abstand habe, dessen untere Grenze nur von y_0 und K abhängt. Eine Berechnung führt unter Zuhilfenahme des Satzes 5 in Abschnitt **4.11.** auf

$$0 < \frac{4}{\pi}\, \mathrm{tg}^{-1}\left[4^{-K}\left\{\mathrm{tg}\left(\frac{\pi}{4}\, y_0\right)\right\}^K\right] \leqq v_0 \,.$$

Der Satz ergibt sich nun aus der Überlegung (5,1), indem man die Abbildung $w = I(z)$ darstellt durch $w = \Phi(\zeta)$ und $\zeta = H(z)$, wobei $w = \Phi(\zeta)$ eine analytische Funktion angibt und $\zeta = H(z)$ ein quasikonformer Homöomorphismus von $|z| < 1$ auf $|\zeta| < 1$. Für die analytische Funktion $w = \Phi(\zeta)$ in $|\zeta| < 1$ gilt das bekannte Beurlingsche Resultat. Sei E_ζ die Ausnahmemenge auf $|\zeta| = 1$, wo $\lim \Phi(\zeta)$ nicht existiert und E_z gebe das Bild von E_ζ durch $z = H^{-1}(\zeta)$ an. Da nach Satz 7, Abschnitt **4.11.** E_ζ von der äußeren logarithmischen Kapazität 0 ist, so ist E_z ebenfalls von der äußeren logarithmischen Kapazität 0. Wenn nun z gegen einen Punkt auf $|z| = 1$ strebt, innerhalb eines Winkelfeldes, der nicht E_z angehört, so strebt sein H-Bild gegen einen Punkt E_ζ auf $|\zeta| = 1$ in einem Winkelfeld. Also existiert $\lim I(z) = \lim \Phi(H(z))$. Der 2. Teil des Satzes wird entsprechend bewiesen.

Für weitere Untersuchungen in dieser Richtung sei auf Arbeiten von SAKAI [1], AGMON [1], LOHWATER [1] und JENKINS [2] hingewiesen.

Da nach BEURLING-AHLFORS [1] sowie nach BELINSKIJ [2] ein quasikonformer Homöomorphismus von $|z| < 1$ auf $|w| < 1$ eine Nullmenge auf $|z| = 1$ nicht wieder in eine solche auf $|w| = 1$ überführen muß, so kann man nach JENKINS [2] nachweisen, daß die beiden folgenden Aussagen für quasikonforme Abbildungen nicht zutreffen:

a) Es sei $w = I(z)$ eine quasikonforme Abbildung in $|z| < 1$, beschränkt durch $|I(z)| < M$. Dann existiert der Grenzwert fast überall, wenn z in einem Winkelfeld gegen einen Punkt $e^{i\Theta}$ strebt.

b) Es sei $I(z)$ eine quasikonforme Abbildung in $|z| < 1$ und E eine Punktmenge auf $|z| = 1$, auf der der Winkelgrenzwert von $I(z)$ konstant bleibt. Dann ist E vom (Winkel)-Maß 0, oder $I(z)$ ist eine Konstante.

Mit verhältnismäßig einfachen Mitteln lassen sich noch viele weitere Sätze aus der Theorie der analytischen Funktionen auf quasikonforme Abbildungen übertragen, so z. B. die Theoreme von ROUCHE, HURWITZ und BLOCH. Beweise dafür findet man bei TOKI und SHIBATA [1].

Für die sog. "Cluster set"-Theorie für quasikonforme Abbildungen sei auf NOSHIRO [1] verwiesen.

5.10. Invariante Klassen Riemannscher Flächen bei quasikonformen Abbildungen. Es ging aus früheren Betrachtungen hervor, daß zwei offene, einfach zusammenhängende Riemannsche Flächen, welche man

K-quasikonform aufeinander beziehen kann, beide vom gleichen Typus (parabolisch oder hyperbolisch) sein müssen. Diese Aussage läßt sich verfeinern unter Heranziehung der von R. NEVANLINNA [2] betrachteten metrischen Eigenschaften des idealen Randes einer Fläche.

Man betrachtet dazu auf der offenen Riemannschen Fläche F eine Folge von kompakten Teilgebieten $F_0, F_1, \ldots F_n, \ldots$ die von je endlich vielen analytischen Bögen Γ_n der Fläche berandet und ineinandergeschachtelt sind ($F_0 \subset F_1 \subset \cdots \subset F_n \subset \ldots$) und so die Fläche F ausschöpfen. Weiter interessiert man sich für die Funktionen ω_n die eindeutig und harmonisch sind im Gebiet $F_n - F_0$ und den Wert 0 auf Γ_0, sowie 1 auf Γ_n annehmen. Die Folge ω_n ($n = 1, 2, \ldots$) strebt fallend entweder gegen die Konstante 0 oder gegen eine positive harmonische Grenzfunktion. $\lim\limits_{n \to \infty} \omega_n$ ist dabei unabhängig von der Wahl der Ausschöpfung $\{F_n\}$. Im ersten Fall hat der ideale Rand Γ das harmonische Maß (oder die Kapazität) null. Im zweiten Fall sagt man, der Rand habe positives harmonisches Maß (positive Kapazität). Man spricht abkürzungshalber auch von einem Nullrand oder von einem positiven Rand der Fläche.

Es ist leicht einzusehen, daß die Flächen mit positivem Rand diejenigen sind, welche eine Greensche Funktion besitzen. Flächen mit Nullrand sind vom parabolischen Typus, wenn sie einfach zusammenhängend sind. Nach PFLUGER [2] gilt für K-quasikonforme Abbildungen von Riemannschen Flächen aufeinander der

Satz: Zwei offene Riemannsche Flächen, welche mittels einer quasikonformen Abbildung aufeinander bezogen werden können, sind gleichzeitig nullberandet oder positiv berandet.

Beweis: Es seien F und F' die beiden Flächen. P und P' zwei entsprechende Punkte bei der quasikonformen Abbildung. Der Folge $\{F_n\}$ entspricht dann eine Folge $\{F_n'\}$ welche F' ausschöpft. Die harmonische Funktion ω_n wird in Ω_n transformiert, welche in $F_n' - F_0'$ definiert ist durch $\Omega_n(P') = \omega_n(P)$. Unter der Funktion ω_n' versteht man die eindeutige und harmonische Funktion in $F_n' - F_0'$ (0 auf Γ_0', 1 auf Γ_n'). Aus der bekannten Beziehung (2,18) erhält man

$$|\operatorname{grad}_{z'} \Omega_n| \leqq |\operatorname{grad}_z \omega_n| \left| \frac{dz}{dz'} \right|,$$

daraus aber folgt

$$\int\limits_{F_n' - F_0'} |\operatorname{grad} \Omega_n|^2 \, d\sigma_{z'} \leqq K \int\limits_{F_n - F_0} |\operatorname{grad} \omega_n|^2 \, d\sigma_z \, .$$

Da Ω_n und ω_n' die gleichen Werte auf dem Rand von $F_n' - F_0'$ annehmen, so folgt nach dem Dirichletschen Prinzip, daß

$$\int\limits_{F_n' - F_0'} |\operatorname{grad} \omega_n'|^2 \, d\sigma_{z'} \leqq \int\limits_{F_n' - F_0'} |\operatorname{grad} \Omega_n|^2 \, d\sigma_{z'}$$

also hat man

$$\int\limits_{F'_n-F'_0} |\mathrm{grad}\ \omega'_n|^2\, d\sigma_{z'} \leq K \int\limits_{F_n-F_0} |\mathrm{grad}\ \omega_n|^2\, d\sigma_z \qquad (n = 1, 2 \ldots)\ .$$

Daraus aber folgt, daß wenn die Fläche F einen Nullrand hat, auch F' nullberandet ist.

Eine Charakterisierung der nullberandeten Flächen wird durch die folgende Klassifizierung erreicht:

1. Betrachtet man die Flächenklasse, auf denen keine Greensche Funktion existiert, so ergeben sich die nullberandeten Flächen: O_g.

2. HP sei die Klasse der positiv harmonischen Funktionen auf einer Fläche R. Die Klasse der Riemannschen Flächen, auf denen HP aus lauter Konstanten besteht, bezeichnet man durch O_{HP}.

3. Die Klasse der absolut beschränkten harmonischen Funktionen auf einer Fläche R bezeichnet man mit HB, die entsprechende Klasse der Riemannschen Flächen, auf denen HB aus lauter Konstanten besteht, wird mit O_{HB} angegeben.

4. Die Klasse der auf R harmonischen Funktionen mit endlichem Dirichlet-Integral wird mit HD bezeichnet. Die zugehörige Flächenklasse, auf der HD aus lauter Konstanten besteht, bezeichnet man mit O_{HD}.

5. Die Klasse der auf R beschränkten analytischen Funktionen bezeichnet man mit AB, und die Klasse der Riemannschen Flächen, auf denen AB aus lauter Konstanten besteht, entsprechend mit O_{AB}.

6. Analog bezeichnet AD die Klasse der analytischen Funktionen mit endlichem Dirichlet-Integral und O_{AD} die Klasse der Flächen auf denen AD aus lauter Konstanten besteht.

Es gelten dann die Inklusionen:

$$O_g \subset O_{HP} \subset O_{HB} \begin{array}{c} \subset O_{HD} \subset \\ \\ \subset O_{AB} \subset \end{array} O_{AD}\ .$$

Man vergleiche hierzu auch PFLUGER [7].

Nach dem letzten Satz bleibt die Klasse O_g gegenüber einer K-quasikonformen Abbildung erhalten.

Die nachfolgenden Ergebnisse verdankt man H. ROYDEN.

Satz 1: Gehört die offene Riemannsche Fläche W zur Klasse O_{HD} und ist φ eine K-quasikonforme Abbildung von W auf eine Fläche V, so ist $V \subset O_{HD}$.

Beweis: Nach ROYDEN [2] benutzt man die beiden bekannten Aussagen:

a) Eine offene Riemannsche Fläche W gehört dann und nur dann zur Klasse O_{HD}, wenn für jede Funktion f auf W mit endlichem Dirichlet-

Integral eine Folge $\{f_n\}$ von Funktionen existiert, die außerhalb einer kompakten Menge verschwinden und für die $D\,[f-f_n] \to 0$ strebt.

b) Ist φ eine K-quasikonforme Abbildung von W auf V und f eine Funktion auf V mit endlichem Dirichlet-Integral, so gilt für die Funktion $f \circ \varphi$ auf W

$$D\,[f \circ \varphi] \leqq K\,D\,[f]\,.$$

Der eigentliche Beweis folgt nun sofort, indem man auf V eine Funktion g betrachtet mit einem endlichen Dirichlet-Integral. $f = g \circ \varphi$ ist jetzt eine Funktion auf W mit ebenfalls endlichem Dirichlet-Integral. Somit existiert eine Funktionenfolge f_n auf W, welche außerhalb einer kompakten Menge verschwindet, so daß $D\,[f_n-f] \to 0$ strebt. Aber $f_n \circ \varphi^{-1}$ ist eine Funktion auf V, welche außerhalb einer kompakten Menge verschwindet und

$$D\,[g-f_n \circ \varphi^{-1}] = D\,[(f-f_n) \circ \varphi^{-1}] \leqq K\,D\,[f-f_n] \to 0$$

also ist $V \in O_{HD}$.

Satz 2: Für Flächen von endlichem Geschlecht ist die Klasse O_{AD} invariant bezüglich K-quasikonformer Abbildungen.

Es sei F der Raum der harmonischen Funktionen, deren Konjugierte die Perioden null über den zerlegenden Zyklen aufweisen. Dann bezeichnet man mit O_{FD} diejenige Klasse Riemannscher Flächen, auf denen es keine nichtkonstanten Funktionen aus F gibt mit endlichem Dirichlet-Integral. Für Flächen mit endlichem Geschlecht stimmen die Klassen O_{AD} und O_{FD} überein, also folgt Satz 2 aus dem

Satz 3: Die Klasse O_{FD} ist gegenüber K-quasikonformen Abbildungen invariant.

Beweis: Der Raum FD von Funktionen der Klasse F mit endlichem Dirichlet-Integral ist das orthogonale Komplement (bezüglich des Dirichlet-Integrals) zum Raum $\overline{M}$, der aus denjenigen Funktionen besteht, die sich als Grenzfunktionen (im Sinne des Dirichlet-Integrals) darstellen lassen und konstant sind außerhalb einer kompakten Menge (vgl. dazu auch AHLFORS [4]). Also gehört eine Fläche dann und nur dann zu O_{FD}, wenn jede Funktion auf ihr mit endlichem Dirichlet-Integral zu $\overline{M}$ gehört. Da $\overline{M}$ und die Funktionsklasse mit endlichem Dirichlet-Integral gegenüber quasikonformen Abbildungen invariant bleiben, so trifft dies auch für O_{FD} zu.

Weiter kann man Beispiele konstruieren, die zeigen, daß schlichtartige Flächen der Klasse O_{AB} sich nicht invariant gegenüber quasikonformen Abbildungen verhalten[1].

---

[1] Die Resultate und Beweise zu den Sätzen 2 und 3, sowie die Bemerkung betreffend die Klasse O_{AB} verdanke ich einer mündlichen Mitteilung des Herrn ROYDEN.

5.11. Die Nevanlinnaschen Hauptsätze für quasimeromorphe Funktionen. Unter einer quasimeromorphen Abbildung $w = I(z)$ versteht man eine innere Abbildung, die ein offenes Gebiet D der z-Ebene K-quasikonform auf die vermittels der Abbildung erhaltene Riemannsche Fläche der w-Kugel bezieht.

Für solche Funktionen kann man, entsprechend wie im analytischen Fall (man vergleiche dazu das Buch von R. NEVANLINNA über eindeutige analytische Funktionen) einen ersten und einen zweiten Hauptsatz aufstellen, sowie auch eine Defekt und Verzweigungsrelation.

Für dieses spezielle Gebiet sei auf die entsprechende Literatur verwiesen bei AHLFORS [2], BELINSKIJ und GOLDBERG [1], HÄLLSTRÖM [1], [2], OZAKI-ONO-OZAWA [1], [2], [3], und TÔKI-SHIBATA [1].

6. Kapitel

Quadratische Differentiale und extremale quasikonforme Abbildungen

6.1. Die Teichmüllersche Formulierung. Betrachtet man zwei bestimmte Gebiete, die topologisch äquivalent sind, so gibt es im allgemeinen unendlich viele quasikonforme Abbildungen von einem Gebiet auf das andere. Eine Abbildung, für welche das Maximum des Dilatationsquotienten minimal wird bezüglich aller quasikonformen Transformationen heißt extremal quasikonform. An früherer Stelle wurde bereits auf Beispiele hingewiesen.

Der weite Problemkreis der extremalen quasikonformen Abbildungen wurde in größerem Ausmaße erstmals von O. TEICHMÜLLER [3] aufgegriffen. In einem umfangreichen Werk wird ein Programm für die Erschließung dieses Forschungsgebietes entwickelt, das als Theorie der quasikonformen Abbildungen über die Theorie der konformen Abbildungen hinaus errichtet werden soll, um deren Ergebnisse sowohl einzubetten, als auch deren Grenzen aufzuzeichnen. Das besondere Interesse TEICHMÜLLERs galt bestimmten Klassifikationsfragen, die sich nicht vom Konformen her angreifen lassen. Dabei handelt es sich um die Invarianten, welche topologisch gleichartige, aber konform nicht aufeinander abbildbare Gebiete kennzeichnen. In den angeführten Untersuchungen handelt es sich weitgehend um Vermutungen. Durch heuristische Betrachtungen werden zahlreiche Probleme beleuchtet und angegriffen.

So wird zuerst der Begriff des Hauptbereiches festgelegt. Darunter versteht man eine endliche, berandete oder nichtberandete Riemannsche Mannigfaltigkeit, die möglicherweise noch durch Auszeichnung einer festen Zahl von Innen- und Randpunkten gegeben ist. g sei die Anzahl der Henkel, γ diejenige der Kreuzhauben, n gebe die Anzahl der Randkurven, *h* die ausgezeichneten Innenpunkte und *k* die festgelegten Randpunkte an. ϱ sei die Parameterzahl der kontinuierlichen Gruppe der konformen Abbildungen des Hauptbereiches auf sich selbst. Man betrachtet jetzt alle Hauptbereiche, die einem gegebenen topologisch äquivalent sind. Diejenigen unter ihnen, welche konform ineinander abbildbar sind, werden zu je einer Klasse zusammengefaßt. Ohne Beweis wird angenommen, daß diese Klassen eine topologische Mannigfaltigkeit bilden, die im Kleinen dem σ-dimensionalen Raum (euklidisch) homöomorph sind ($\sigma > 0$). Die konformen Invarianten sind dann genau die Funktionen in diesem R^σ. In Analogie zum Riemann-Rochschen Satz gilt eine Dimensionsformel

$$\sigma - \varrho = -6 + 6\,g + 3\,\gamma + 3\,n + 2\,h + k\,.$$

Die drei folgenden Hauptprobleme werden in den Teichmüllerschen Untersuchungen diskutiert:

1. Gegeben sei ein Hauptbereich und eine konforme Invariante I, sowie ein $K > 1$. Welche Werte erhält I für diejenigen Hauptbereiche, welche aus dem gegebenen durch quasikonforme Abbildungen mit dem Dilatationsquotient $D \leq K$ hervorgehen?

2. Gesucht werden alle quasikonformen Abbildungen eines Hauptbereiches P auf andere Hauptbereiche, wobei entweder $D \leq K$ oder $D < K$ einzuhalten ist, d. h. mit anderen Worten, gesucht wird die abgeschlossene oder die offene K-Umgebung von P im R^σ.

3. Zwei zwar topologisch, aber nicht konform äquivalente Hauptbereiche P, Q (d. h. zwei Punkte eines R^σ) können durch allgemeinere als konforme Abbildungen, insbesondere quasikonforme, aufeinander bezogen werden. Die Entfernung (P, Q) werde definiert durch den Logarithmus der unteren Grenze von den Maxima der Dilatationsquotienten bei allen diesen Abbildungen. Es soll nun die Gesamtheit der extremalen quasikonformen Abbildungen bestimmt werden, für die überall der Dilatationsquotient $\leq \exp (P, Q)$ ist.

In 3. sind 1. und 2. enthalten.

An verschiedenen Hauptbereichen werden diese Fragestellungen erläutert und in diesem Zusammenhang die folgenden Vermutungen ausgesprochen:

α) Bei einer extremalen quasikonformen Abbildung ist der Dilatationsquotient konstant.

β) Im Falle $D > 1$ wird durch denjenigen Durchmesser des infinitesimalen Kreises, der in die große Achse der Bildellipse übergeht, in jedem Punkte eine Richtung ausgezeichnet; jeder Hauptbereich also bei der behandelten Abbildung mit einem Richtungsfeld belegt. Für extremale quasikonforme Abbildungen werden diese Richtungsfelder durch quadratische Differentiale $d\zeta^2$ bestimmt, und zwar durch die

Richtung, in denen ein solches positiv ist. Die oben erwähnten Differentiale der Dimension 2 oder ganz allgemein der ganzen Dimension n werden erklärt durch $\varphi(t)\,dt^n$, wo $\varphi(t)$ eine meromorphe Funktion der Fläche und t eine Ortsuniformisierende ist, derart, daß dieser Ausdruck beim Übergang zu einer neuen Ortsuniformierenden invariant bleibt.

Im weiteren benötigt man bestimmte Metriken, wodurch verschiedene topologisch äquivalente Hauptbereiche aus einem bestimmten unter ihnen, z. B. H_0, durch eine auf H_0 vorgegebene Riemannsche Metrik gekennzeichnet werden können. Dazu setzt man

$$ds^2 = E\,dx^2 + 2F\,dx\,dy + G\,dy^2 = \Lambda\,|dz|^2 + \mathfrak{Re}\,H\,dz^2.$$

$\Lambda = 1/2\,(E + G)$ ist eine reelle, $H = 1/2\,(E - G) - iF$ eine komplexe Funktion von z. Diese Metrik wird nur bis auf einen positiven (veränderlichen) Faktor λ bestimmt. Es ist dann

$$D = \sqrt{\frac{\Lambda + |H|}{\Lambda - |H|}}.$$

Das Problem der extremalen quasikonformen Abbildungen geht dadurch über in das folgende:

Sind auf H_0 zwei Metriken gegeben, also durch sie zwei Hauptbereiche H_1 und H_2 gekennzeichnet, so soll eine Abbildung A von H_0 auf sich selbst so bestimmt werden, daß das Maximum des Dilatationsquotienten D für das Metrikenpaar

$$ds_1^2\,(p) \quad \text{und} \quad ds_2^2\,(A\,p)$$

möglichst klein wird.

Es werden nun zunächst unter Beschränkung auf geschlossene, orientierbare Hauptbereiche, ohne ausgezeichnete Punkte, infinitesimale quasikonforme Abbildungen eines solchen Hauptbereiches auf einen benachbarten untersucht: Darunter soll eine „unendlich kleine Abänderung der Metrik" verstanden werden. Eine solche Abbildung, die nur infinitesimal von einer konformen abweicht, kann durch

$$\Lambda = \lambda + \varepsilon L\,;\, H = \varepsilon\,\lambda B \quad \text{oder} \quad ds^2 = (\lambda + \varepsilon L)\,(|dz|^2 + \varepsilon L\,\mathfrak{Re}\,B\,dz^2)$$

beschrieben werden, und da es auf einen positiven Faktor des ds^2 nicht ankommt, so kennzeichnet B allein oder auch

$$q = \varepsilon\,B\,\frac{dz^2}{|dz|^2}$$

diese infinitesimale Abbildung. B ist hier eine komplexwertige Ortsfunktion mit Invarianz von $B\,dz^2/|dz|^2$ bei einem Wechsel der Ortsuniformisierenden. Es wird nach dieser Invarianz eine geeignete Klasseneinteilung der B getroffen und dann das Problem behandelt, in jeder Klasse eine Abbildung mit minimalem Maximum von $|B|$ zu suchen Inf Max $|B|$ ist Abstand der Klasse von O. Die im Kleinen extremalen infinitesimalen quasikonformen Abbildungen lassen sich bestimmen, aus ihnen sind die im Großen extremalen auszusieben. Jene Klassen bilden übrigens einen linearen metrischen Raum.

Nun wird neben den geschlossenen orientierbaren Flächen ohne ausgezeichnete Punkte die Verallgemeinerung auf beliebige endliche Mannigfaltigkeiten als Hauptbereichsträger ausgeführt, wobei im wesentlichen die bekannte Verdoppelung zum Ziele führt. Die regulären quadratischen und die reziproken Differentiale werden dabei wieder parallel zum Früheren verwendet. Unter einem regulären quadratischen Differential des Hauptbereiches H wird ein quadratisches Differential des Trägers von H verstanden, welches überall endlich ist — abgesehen höchstens von Polen 1. Ordnung in den ausgezeichneten Punkten von H. Es kann bestätigt werden, ähnlich wie oben, daß das Problem der extremalen infinitesimalen quasikonformen Abbildungen gelöst wird durch die aus 0 und den $c\,\dfrac{d\zeta^2}{|d\zeta|^2}$ bestehenden Menge, wo $c > 0$ ist und $d\zeta^2$ ein nicht identisch verschwindendes reguläres quadratisches Differential von H.

Drittens folgt nach dem Studium der infinitesimalen das der endlichen quasikonformen Abbildungen. TEICHMÜLLER vermutet hier, daß die extremalen endlichen quasikonformen Abbildungen aus den infinitesimalen entstehen, indem man die Richtungsfelder beibehält und dem Dilatationsquotienten endliche konstante Werte > 1 erteilt. Die Extremaleigenschaft der Abbildung zu

$$d s^2 = \lambda \left(|d\zeta|^2 + c\,\Re\,d\zeta^2\right)$$

kann nachgewiesen werden.

In einer späteren Arbeit gibt dann TEICHMÜLLER [6] einen Beweis für seine Hauptvermutung. Dieser basiert auf Kontinuitätsbetrachtungen und ist verhältnismäßig kompliziert. Da es oft schwer fällt, bei TEICHMÜLLER Bewiesenes und Unbewiesenes auseinander zu halten und da, wie bereits angedeutet, zahlreiche Betrachtungen nur heuristisch untermauert wurden, so erachten es L. AHLFORS [3] und L. BERS [7] als zweckmäßig, den ganzen Problemkreis über extremale quasikonforme Abbildungen nochmals aufzurollen. In einer sorgfältigen Darstellung gelingt es ihnen, schlüssige Beweise zu erbringen. Es wird hier zuerst die Ahlforssche Methode, bei der die Kontinuitätsbeweise durch übersichtlichere Variationsbetrachtungen ersetzt sind und anschließend ein neuer Bersscher Existenzbeweis skizziert. Ein Hauptmoment in der Ahlforsschen Darstellung beruht in der Einführung der universellen Überlagerungsfläche, wodurch bestimmte topologische Eigenschaften elegant und einheitlich gehandhabt werden.

6.2. Problemstellung. Wie schon TEICHMÜLLER darauf hinwies, besteht auch bei AHLFORS das Hauptinteresse darin, die Abbildungen in verschiedene Homotopieklassen zu unterteilen. Da zwei topologische Abbildungen in derselben Homotopieklasse entweder beide orientierungserhaltend oder orientierungsändernd sind, so kann man sich im folgenden auf die richtungserhaltende Klasse beschränken. Es sei jetzt versucht, die Homotopiebedingung auf analytische Weise auszudrücken. Der einfachste und zugleich interessanteste Fall wird durch zwei geschlossene Riemannsche Flächen W und W' geliefert, die beide dasselbe Geschlecht g aufweisen. Unwichtig ist der Spezialfall $g = 0$ vom Extremalenstandpunkt aus. Hier gibt es offensichtlich nur eine Homotopieklasse und man hat unendlich viele konforme Abbildungen, welche extremale Eigenschaften aufweisen. Auch der Fall $g = 1$ läßt sich leicht erledigen. Man bildet die universellen Überlagerungsflächen und bezieht diese konform auf komplexe Ebenen. Dabei entsprechen die verschiedenen Homotopieklassen den verschiedenen Wahlen der Fundamentalparallelogramme. Das Problem besteht dann nur noch in der Abbildung zweier Parallelogramme aufeinander und dabei ist ohne weiteres klar, daß die affine Abbildung extremalen Charakter aufweist. Die Lösung ist eindeutig bis auf Parallelverschiebung. Man darf also im weiteren $g > 1$ annehmen. Dabei bildet man zu W und W' die beiden entsprechenden universellen Überlagerungsflächen $\widetilde{W}$ und $\widetilde{W}'$. Diese lassen sich bekanntlich konform auf die Einheitskreise C und C' abbilden. Den Überlagerungstransformationen von $\widetilde{W}$ und $\widetilde{W}'$ entsprechen Fuchssche Gruppen G und G' von linearen Transformationen S und S'. Es entspricht einer topologischen Abbildung von W auf W' gleichfalls eine topologische Transformation $\zeta = \zeta(z)$ von C auf C' oder besser gesagt, unendlich viele solche Abbildungen. Zu jedem $S \in G$ existiert ein eindeutiges $S' \in G'$, so daß $\zeta(Sz) = S' \zeta(z)$. Weil $\zeta(S_1 S_2 z) = S_1' S_2' \zeta(z)$, so ist diese Beziehung ein Isomorphismus, der im folgenden durch $S' = S^\alpha$ bezeichnet wird, also

$$\zeta(Sz) = S^\alpha \zeta(z) \, .$$

α ist natürlich nur bestimmt bis auf einen inneren Automorphismus von G oder G'. Umgekehrt gilt auch, daß eine topologische Abbildung $\zeta = \zeta(z)$ von C auf C' welche der Bedingung $\zeta(Sz) = S^\alpha \zeta(z)$ genügt, wobei α ein Isomorphismus angibt, als eine topologische Abbildung von W auf W' betrachtet werden kann.

Man interpretiert diese Überlegungen so, daß zwei topologische Abbildungen von W auf W' dann und nur dann homotop sind, wenn diese Isomorphismen bestimmen, welche nur durch einen inneren Automorphismus voneinander differieren.

Nach diesen Überlegungen läßt sich das Problem der extremalen quasikonformen Abbildungen übertragen auf die Abbildung von C auf C', denn die maximale Dilatation ändert sich nicht, gegenüber der Abbildung von W auf W'.

6.3. Problem A: In der Klasse der topologischen Abbildungen $\zeta = \zeta(z)$ von C auf C' welche der Funktionalgleichung $\zeta(Sz) = S^\alpha\zeta(z)$ genügen, wird für einen gegebenen Isomorphismus α eine solche gesucht, deren maximale Dilatation minimal wird.

Bezeichnet man mit $T(\alpha)$ die Klasse der topologischen Abbildungen welche der obigen Funktionalgleichung genügt und durch $Q(\alpha)$ die Klasse der quasikonformen Abbildungen in $T(\alpha)$ und mit $Q(\alpha, K)$ die Unterklasse von Abbildungen, deren maximale Dilatation höchstens K ist, so folgt in Verbindung mit den Aussagen über Normaleneigenschaften quasikonformer Abbildungen, daß jedes $Q(\alpha, K)$ nicht nur normal ist, sondern kompakt in dem Sinne, daß alle Limesfunktionen in derselben Klasse sind. Es folgt ohne weiteres daraus, daß in $Q(\alpha)$ eine Abbildung existiert, deren maximale Dilatation minimal ist. Damit ist ein Existenzbeweis für das Problem A skizziert. Der Beweis für die Eindeutigkeit ist mühsamer und wird später umrissen.

Neben den geschlossenen Riemannschen Flächen kann man auch solche mit analytischer Berandung heranziehen. Sie lassen sich bekanntlich durch Verdoppelung, d. h. abstrakte Spiegelung an den Rändern behandeln. Sind W und W' kompakt und vom Geschlecht g, versehen mit h Randkomponenten, dann sind die Verdoppelungen $\widehat{W}$ und $\widehat{W}'$ geschlossene Flächen vom Geschlecht $2\,g + h - 1$. Von den Verdoppelungen bestimmt man wie früher die universellen Überlagerungsflächen und bildet diese wieder konform auf C und C' ab. Der Symmetrisierung auf $\widehat{W}$ entspricht eine Selbstabbildung J von C, diese bestimmt einen Automorphismus von G. Somit kann eine topologische Abbildung von W auf W' erweitert werden zu einer symmetrischen Abbildung von $\widehat{W}$ auf $\widehat{W}'$. Die zugehörige Abbildung von C auf C' erfüllt unter normierten Bedingungen nicht nur die Funktionalgleichung

$$\zeta(Sz) = S^\alpha\zeta(z)$$

für einen bestimmten Isomorphismus α, sondern auch die Symmetriebedingung

$$\zeta(Jz) = J'\zeta(z)\,.$$

Hier ist α ein symmetrieerhaltender Isomorphismus.

Umgekehrt gilt, daß wenn diese Bedingungen erfüllt sind, $\zeta(z)$ oder $\zeta(Jz)$ als eine Abbildung von W auf W' interpretiert werden kann, dies führt aber zu

6.4. Problem B: In der Klasse der topologischen Abbildungen $\zeta = \zeta(z)$ von C auf C' welche den Funktionalgleichungen

$$\zeta(Sz) = S^\alpha\zeta(z) \quad \text{und} \quad \zeta(Jz) = J'\zeta(z)$$

genügen, wird für einen symmetrieerhaltenden Isomorphismus α eine solche gesucht, deren maximale Dilatation minimal wird.

9*

Man kann zeigen, daß sich Problem B auf Problem A zurückführen läßt. Als weitere Verallgemeinerung kann man noch den Fall von Riemannschen Flächen mit derselben Anzahl ausgezeichneter Punkte $p_1, \ldots p_k$ und $p_1', \ldots p_k'$ betrachten. Das Problem besteht dann darin, eine extremale quasikonforme Abbildung zu finden, welche die Punkte p_i in die entsprechenden p_i' überführt und zu einer gegebenen Homotopieklasse gehört. Man kann zeigen, daß sich dieses dritte Problem C ebenfalls zurückführen läßt auf das ursprüngliche Problem A. Dabei sind zwei bestimmte normierte Untergruppen G_0 und G_0' von G und G' anzugeben, die durch den zu bestimmenden Isomorphismus ineinander übergeführt werden.

6.5. Die formale Lösung. Unsere Lösung des Extremalenproblems steht in engem Zusammenhang mit den bereits erwähnten quadratischen Differentialen. Dabei versteht man also unter einem quadratischen Differential auf einer Riemannschen Fläche W eine invariante Größe von der Form $f(z)\, dz^2$. Hier ist z als lokaler Parameter aufzufassen. Überlappen sich zwei benachbarte Gebiete, so gilt die Transformation

$$f_1(z_1)\, dz_1^2 = f_2(z_2)\, dz_2^2$$

oder

$$f_1(z_1) = f_2(z_2) \left(\frac{dz_2}{dz_1}\right)^2 .$$

Ist weiter z die uniformisierende Variable, welche durch die Abbildung der universellen Überlagerungsfläche von W auf C erhalten wird, so gilt weiter für die eindeutige Funktion $f(z)$

$$f(Sz) = f(z) \left(\frac{d\,S(z)}{dz}\right)^{-2}$$

für alle $S \in G$.

Im folgenden interessieren lediglich die analytischen quadratischen Differentiale, für welche $f(z)$ analytisch ist. Aus dem Riemann-Rochschen Satz schließt man, daß eine geschlossene Fläche vom Geschlecht $g > 1$ insgesamt $3g - 3$ linear unabhängige analytische quadratische Differentiale über dem Feld der komplexen Ebene besitzt. Dabei hat bekanntlich jedes Differential $4g - 4$ Nullstellen. Man läßt gewöhnlich das Beiwort analytisch weg und spricht lediglich von quadratischen Differentialen f, meint aber den Ausdruck $f\,dz^2$.

Nach dieser Einführung ist man nun in der Lage, auf die kühne Vermutung Teichmüllers [3] einzugehen, in der ohne Beweis auf den Zusammenhang zwischen extremalen quasikonformen Abbildungen und quadratischen Differentialen hingewiesen wurde. Nach der Ahlforsschen Formulierung wird das Hauptresultat zusammengefaßt im

6.6. Theorem 1: Es seien W und W' geschlossene Riemannsche Flächen vom Geschlecht $g > 1$. Mit $\zeta(z)$ bezeichnet man die Lösung vom

Problem A für einen festen Isomorphismus α. Dann ist entweder $\zeta(z)$ eine analytische Funktion oder es existiert ein quadratisches Differential $f\,dz^2$ auf W und eine positive Konstante $k < 1$, so daß $\zeta(z)$ differenzierbar ist in allen Punkten, welche keine Nullstellen von f sind und komplexe Ableitungen ($\neq 0$) aufweist, die der Beziehung

$$\frac{q}{p} = k\,\frac{\bar{f}}{|f|} \tag{6,1}$$

genügen. Dabei ist das quadratische Differential f eindeutig bestimmt bis auf einen positiven konstanten Faktor. k gibt die konstante Exzentrizität der extremalen Abbildung an.

Für die inverse Abbildung, welche ebenfalls extremal sein muß, gelten entsprechende Bedingungen. Für die komplexen Ableitungen der inversen Funktion erhält man

$$p' = \frac{\bar{p}}{|p|^2 - |q|^2} \quad q' = -\frac{q}{|p|^2 - |q|^2}\,.$$

Daraus folgt, daß die extremale quasikonforme Abbildung auch die Bedingung

$$\frac{\bar{q}}{p} = k\,\frac{\varphi}{|\varphi|} \tag{6,2}$$

erfüllt, wo φ ein quadratisches Differential auf W' darstellt.

So existiert also ein eindeutiges Paar quadratischer Differentiale für irgend zwei topologisch äquivalente Riemannsche Flächen vom Geschlecht $g > 1$ und eine bestimmte Homotopieklasse, ausgenommen im trivialen Fall der konformen Äquivalenz.

Im weiteren Vorgehen betrachtet man einen Punkt z_0, mit dem Bild ζ_0, so daß $f(z_0)$ und $\varphi(\zeta_0)$ beide $\neq 0$ ausfallen. In der Umgebung dieser Punkte werden neue lokale Parameter eingeführt durch

$$z^* = \int \sqrt{f}\,dz\,, \quad \zeta^* = \int \sqrt{\varphi}\,d\zeta\,. \tag{6,3}$$

Dafür findet man

$$p^* = \frac{\partial \zeta^*}{\partial z^*} = \frac{\sqrt{\varphi}}{\sqrt{f}}\,p$$

$$q^* = \frac{\partial \zeta^*}{\partial \bar{z}^*} = \frac{\sqrt{\varphi}}{\sqrt{f}}\,q\,. \tag{6,4}$$

Nun erhält (6,1) die einfache Form

$$q^* = k\,p^* \tag{6,5}$$

und (6,2) ergibt

$$\bar{q}^* = k\,p^*\,. \tag{6,6}$$

Also sind p^* und q^* reell und aus

$$\frac{\partial}{\partial \bar{z}^*}\,(\zeta^* - k\,\bar{\zeta}^*) = q^* - k\,p^* = 0$$

schließt man, daß $\zeta^* - k\,\bar{\zeta}^*$ eine analytische Funktion von z ist mit der Ableitung $p^* - k\,\bar{q}^* = (1 - k^2)\,p^*$.

Es folgt auch, daß p^* reell und konstant sein muß. Damit kann man die Abbildung von z^* auf ζ^* ausdrücken durch

$$\zeta^* = A\,(z^* + k\,\bar{z}^*) + B \tag{6,7}$$

mit konstanten A und B. Diese Beziehung definiert eine affine Abbildung und man findet, daß die extremale Abbildung lokal zusammengesetzt ist aus einer konformen Abbildung von z auf z^*, einer affinen von z^* auf ζ^* und einer anderen konformen von ζ^* auf ζ.

Ohne weiter darauf einzugehen sei auch der Zusammenhang der quadratischen Differentiale mit den Problemen B und C erwähnt. Dafür bleibt die Behauptung des Theorems gültig für berandete Flächen mit ausgezeichneten Punkten, allerdings mit dem Unterschied, daß $f\,dz^2$ reell auf der Berandung ausfällt und einfache Pole in den ausgezeichneten Punkten aufweisen muß.

Wenn man nun zur Einführung bestimmter Metriken schreitet, so sei daran erinnert, daß eine Riemannsche Fläche durch ein Umgebungssystem definiert ist, in dem der Wechsel von einer Variablen zu einer anderen gegeben ist durch komplexe konforme Strukturen mittels einer fundamentalen Form

$$ds^2 = g_{11}\,dx^2 + 2\,g_{12}\,dx\,dy + g_{22}\,dy^2. \tag{6,8}$$

Diese Struktur ist bestimmt bis auf einen positiven veränderlichen Faktor $(ds_1^2 = \lambda\,ds^2)$.

In komplexer Schreibweise kann die Metrik dieser Art geschrieben werden durch

$$ds^2 = |dz + \mu\,d\bar{z}|^2 \tag{6,9}$$

wo μ komplex ist und $|\mu| < 1$.

Hier hängt μ von lokalen Variablen in der Weise ab, daß $\mu\,\dfrac{d\bar{z}}{dz}$ invariant bleibt unter konformer Abbildung.

Wird die Fläche W mit einer konformen Struktur (6,9) versehen, so ist sie verschieden von der Originalfläche W und wird künftig mit W_μ bezeichnet. Man erkennt sofort, daß die Exzentrizität der identischen Abbildung von W auf W_μ durch $|\mu|$ gegeben ist. Eine Abbildung von W_μ auf W' ist sicher konform, wenn $q = \mu\,p$ gilt, wobei die komplexen Ableitungen ausgedrückt werden durch lokale Variable auf W und W'.

Für $\mu = k\,\dfrac{f}{|f|}$ ist diese Bedingung identisch mit (6,1). Eine Fläche W_μ deren konforme Struktur durch diese Wahl bestimmt ist, heißt $W(k,f)$. Damit läßt sich Theorem 1 auch umschreiben durch

Theorem 2: Gegeben seien W und W', sowie eine Homotopieklasse α. Es existiert eine Fläche $W(k,f)$, welche konform abbildbar ist auf W'

vermittels einer Abbildung aus α. Diese Abbildung fällt zusammen mit der eindeutigen quasikonformen Abbildung von W auf W' in derselben Homotopieklasse.

6.7. Die Extremaleigenschaft. Eine Abbildung $\zeta = \zeta(z)$ mit komplexen Ableitungen, die der Beziehung (6,2) genügt für ein gewisses φ, bezeichnet man als formale Lösung. Es kann bewiesen werden, daß jede formale Lösung eine extremale quasikonforme Abbildung ergibt, so daß ihre maximale Dilatation kleiner ist als diejenige jeder andern Abbildung. Auch die Eindeutigkeit der formalen Lösung kann nachgewiesen werden.

Die Beweismethoden von AHLFORS und TEICHMÜLLER decken sich weitgehend. Man betrachtet zwei geschlossene Flächen W und W' vom Geschlecht $g > 1$ und bildet ihre universellen Überlagerungsflächen konform auf C und C' ab. Gibt man ein quadratisches Differential $\varphi\,d\zeta^2$ auf W' und eine positive Konstante $k < 1$, so setzt man die Existenz einer konformen Abbildung von W auf $W'(k, -\varphi)$ voraus, die zu einer konformen Abbildung von C auf $C'(k, -\varphi)$ erweitert werden kann. Da $\zeta(z)$ die Gleichung $\zeta(Sz) = S^\alpha\zeta(z)$ für einen gewissen Isomorphismus α erfüllt, soll dieser verglichen werden mir einer quasikonformen Abbildung $\zeta_0(z)$, welche dieselbe Funktionalgleichung befriedigt.

Für den Beweis wird entsprechend zu AHLFORS die Riemannsche Metrik auf C' gebraucht, welche durch

$$ds = \sqrt{|\varphi(\zeta)|}\ |d\,\zeta| \tag{6,10}$$

definiert ist. Die nach (6,10) eingeführte Metrik ist vollständig in dem Sinne, daß die Begrenzung $|\zeta| = 1$ in unendlicher Entfernung liegt. Für den Nachweis bestimmt man einen Kreis $|\zeta| < R_0 < 1$ der mindestens einen Repräsentanten jeder Kongruenzklasse $\mathrm{mod}\,G'$ enthält. Sei $R_0 < R_1 < 1$ und δ die kleinste Distanz in der Metrik (6,10) von $|\zeta| = R_0$ zu $|\zeta| = R_1$, so wird der Kreis $|\zeta| = R_1$ überdeckt durch eine endliche Anzahl von Bildern von $|\zeta| < R_0$ bezüglich der Transformationen $S' \in G'$. Sobald der Kreis $|\zeta| = R_2$ das Bild von $|\zeta| = R_1$ umschließt, bezüglich dieser Transformationen, so ist die Distanz von $|\zeta| = R_1$ größer als δ. Durch Wiederholung dieses Prozesses findet man ein $|\zeta| = R$, dessen Distanz von $|\zeta| = R_0$ beliebig groß ist.

Weiter ist die Existenz der kürzesten Linie zwischen zwei Punkten zu untersuchen. Eine solche kürzeste Linie ist aus geodätischen Bögen aufgebaut, das heißt aus Bögen auf denen $\sqrt{\varphi}\,d\zeta$ ein konstantes Argument aufweist. Man kann beweisen, daß die kürzeste Linie eindeutig bestimmt ist. Die Begründung stützt sich auf die Tatsache, daß die Metrik (6,10) als eine solche mit nicht negativer Krümmung angesehen werden kann.

Ein geodätischer Bogen mit $\arg \varphi\,d\zeta^2 = 0$ wird als horizontaler Bogen bezeichnet, weil jeder Zweig von

$$\zeta^* = \sqrt{\varphi}\,d\,\zeta \tag{6,11}$$

diesen auf ein horizontales Segment abbildet. Es bedarf auch eines Nachweises dafür, daß sich ein horizontaler Bogen nicht selber schneiden kann, und daß er den kürzesten Abstand zwischen irgend 2 Punkten angibt.

Für den folgenden Beweis benötigt man noch die beiden Lemmas, deren Verifikationen leicht zu finden sind.

Lemma 1: Jeder Punkt in C' ist Mittelpunkt eines horizontalen Bogens von beliebiger Länge $2\,T$. Dieser Bogen ist eindeutig bestimmt, solange er frei ist von Nullstellen bezüglich φ.

Lemma 2: Man betrachtet eine Menge von horizontalen Bögen, welche alle dieselbe Länge $2\,T$ aufweisen und nimmt an, daß die Bögen der Länge $4\,T$ mit denselben Mittelpunkten keine Nullstellen von φ aufweisen. Wenn die Bögen mindestens 3 verschiedene Endpunkte bezüglich der Gruppe G' haben, dann existieren mindestens zwei verschiedene äquivalente Mittelpunkte.

Für den Hauptteil des Beweises sei nun $Q\,(\delta,\,2\,T)$ ein Viereck in C', das durch zwei horizontale Bögen der Länge $2\,T$ und durch 2 vertikale Bögen der Länge δ begrenzt wird. Für die vertikalen Bögen gilt $\arg\varphi\,d\,\zeta^2 = \pi$. Das Viereck enthalte keine Nullstellen von φ, so daß ein eindeutiger Zweig von ζ^*, definiert durch (6,11), dieses in ein Rechteck abbildet mit den Seiten $2\,T$ und δ. In der Metrik $ds = |d\zeta^* - k\,d\bar{\zeta}^*|$, welche sich konform zur Metrik von $C'(k,\,-\varphi)$ verhält, hat das Rechteck die Längen $(1-k)\,2\,T$ und $(1+k)\,\delta$. Der Modul von $Q\,(\delta,\,2\,T)$ bezüglich $C'(k,\,-\varphi)$ wird gegeben durch

$$\frac{2\,T}{K\delta} \quad \text{mit} \quad K = \frac{1+k}{1-k}.$$

Die inverse Abbildung $z\,(\zeta)$ von $\zeta\,(z)$, welche sich konform verhält von $C'(k,\,-\varphi)$ auf C, bildet $Q\,(\delta,\,2\,T)$ in ein Viereck ab mit demselben Modul. Die Abbildung $z\,(\zeta)$ wird zu einer Abbildung $\zeta_0\,[z\,(\zeta)]$ zusammengesetzt vermittels einer quasikonformen Abbildung $\zeta_0\,(z)$ der maximalen Dilatation K'. Das Bild in C' weist jetzt einen Modul auf von höchstens

$$\frac{K'}{K}\frac{2\,T}{\delta}. \tag{6,12}$$

Ist L der kürzeste Abstand in der Metrik (6,10) zwischen den Bildern der vertikalen Seiten und gibt A die Fläche in derselben Metrik an, so gilt

$$\frac{L^2}{A} \leqq \frac{K'}{K}\frac{2\,T}{\delta}. \tag{6,13}$$

Es wird angenommen, daß $\zeta_1\,(z)$ in derselben Homotopieklasse ist wie $\zeta\,(z)$ und gezeigt, daß $K' \geq K$ wird. Um dies aus (6,13) herzuleiten, benötigt man eine untere Grenze für L und eine obere für A. Zur ersten

Überlegung betrachtet man die Punkte $\zeta \in C'$, die dem Punkte ζ_a in einem kompakten Fundamentalpolygon P' äquivalent sind. Schreibt man $\zeta = S' \zeta_a$ und $\zeta_0 [z(\zeta)] = S' \zeta_0 [z(\zeta_a)]$ so folgt, daß die Distanz zwischen ζ und $\zeta_0 [z(\zeta)]$ in der Metrik (6,10) gleich derjenigen zwischen ζ_a und $\zeta [z(\zeta_a)]$ ist, also beschränkt durch den Durchmesser d des Polygons. Also wird jeder Punkt höchstens um die Distanz d verschoben, so daß

$$L \geqq 2T - 2d \tag{6,14}$$

gilt. Für die zweite Überlegung gibt es keine obere Grenze für die Abschätzung von A, die für ein individuelles Viereck gebraucht werden kann. Was aber benötigt wird, das ist eine Abschätzung für die Summe der Flächen welche einer passend gewählten Folge von Vierecken mit demselben T entspricht.

Zu einem $T > d$ wird ein Kreis $|\zeta| = R$ gewählt, dessen Distanz vom Fundamentalpolygon größer als $2T$ ist. Innerhalb dieses Kreises werden die Nullstellen von φ angegeben und alle horizontalen Bögen gezeichnet, welche in einer Nullstelle beginnen und beim ersten Schnittpunkt mit $|\zeta| = R$ enden. Diese Bögen teilen $|\zeta| < R$ in endlich viele einfach zusammenhängende Gebiete Ω_ν und in jedem Ω_ν kann ein eindeutiger Zweig von ζ^* definiert werden. Man schließt auch, daß ζ^* eindeutig ist in $\Omega_\nu \cap P'$. Jetzt betrachtet man Exemplare von ζ^*-Ebenen, welche je einem Ω_ν entsprechen und bedeckt jede Ebene mit einem Netz von Vierecken. Es werden dann diejenigen Vierecke ausgewählt, welche im Bild von $\Omega_\nu \cap P'$ enthalten sind. Ist die Seite δ des Vierecks genügend klein, so differiert die gesamte Fläche der gewählten Vierecke von

$$I(P') = \iint\limits_{P'} |\varphi| \, d\xi \, d\eta$$

um weniger als ein gegebenes $\varepsilon > 0$. δ wird so gewählt, daß $(2n+1)\delta = 2T$ beträgt, mit ganzem n.

Sei q_0 eines der gewählten Vierecke und q_0' das entsprechende in P'. Jeder Punkt in q_0' ist Mittelpunkt eines horizontalen Bogens der Länge $4T$. Die Bögen der Länge $2T - \delta$ mit demselben Mittelpunkt füllen das Viereck $Q(\delta, 2T)$ aus. Dieses kann in $2n+1$ kleinere Vierecke q_m' $(m < n)$ zerlegt werden, indem man q_0' längs der Strecke $m\,\delta$ auf den horizontalen Bögen in beiden Richtungen verschiebt. Dann folgt aus Lemma 2, daß die Gesamtheit aller q_m' für ein festes $m > 0$ höchstens 2 Punkte enthält, welche äquivalent zu einem gegebenen Punkt in P' sind. Die Bilder von diesem q_m' bezüglich $\zeta_0 [z(\zeta)]$ haben demzufolge eine Fläche, welche $2I(P')$ nicht übersteigt und man schließt, daß die Summe der Flächen A, welche allen Vierecken $Q(\delta, 2T)$ entspricht, höchstens $(2n+1)I(P')$ ist.

Kehrt man zur Ungleichung (6,13) zurück unter Berücksichtigung von (6,14), multipliziert mit A und summiert bezüglich aller Quadrate $Q\,(\delta,\,2\,T)$, so ergeben die obigen Überlegungen

$$4\,N\,(T-d)^2 \leqq \frac{K'}{K}\,\frac{2\,T}{\delta}\,(2\,n+1)\,I\,(P')\,, \qquad (6,15)$$

wo N die Anzahl der Quadrate angibt.

Mit der Annahme

$$N\,\delta^2 \geqq I\,(P') - \varepsilon$$

und

$$2\,T = (2\,n+1)\,\delta$$

findet man

$$(I\,(P') - \varepsilon)\,(T-d)^2 \leqq \frac{K'}{K}\,T^2\,I\,(P')\,.$$

Daraus folgt die Behauptung $K' \geqq K$, indem man $T \to \infty$ und $\varepsilon \to 0$ gehen läßt.

Es bleibt noch die Eindeutigkeit der extremalen quasikonformen Abbildung nachzuweisen. Dies aber verlangt schärfere Abschätzungen, und es ist deshalb zweckmäßig, von der Differenzierbarkeit Gebrauch zu machen. Es sei $\zeta_0\,(z)$ eine beliebige quasikonforme Abbildung in der gegebenen Homotopieklasse mit der gleichen maximalen Dilatation K wie für die formale Lösung $\zeta\,(z)$. Man weist nach, daß $\zeta_0\,(z)$ stetig differenzierbar ist, ausgenommen in isolierten Punkten. Unter diesen Annahmen wird gezeigt, daß $\zeta_0\,(z) \equiv \zeta\,(z)$ ist. Dazu betrachtet man die Abbildung von $Q\,(\delta,\,2\,T)$ durch $\zeta_0\,[z\,(\zeta)]$ und schreibt für $\zeta^* = \xi^* + i\,\eta^*$. Integration über eine Linie $\eta^* = \text{const.}$ ergibt

$$2\,(T-d) \leqq \int \sqrt{|\varphi\,(\zeta_0)|}\,\left|\frac{\partial \zeta_0}{\partial \xi^*}\right|\,d\,\xi^*.$$

Integration bezüglich η^* sowie die Anwendung der Schwarzschen Ungleichung führen zu

$$4\,(T-d)^2\,\delta^2 \leqq 2\,T\,\delta \iint\limits_{Q\,(\delta,\,2\,T)} |\varphi\,(\zeta_0)|\,\left|\frac{\partial \zeta_0}{\partial \xi^*}\right|^2\,d\,\xi^*\,d\,\eta^*.$$

Diese Ungleichung ersetzt (6,13).

Der Integrand rechts bleibt invariant gegenüber Transformationen $S' \in G'$. Wird also summiert über das ganze $Q\,(\delta,\,2\,T)$, so erhält man mit der gleichen Überlegung wie früher

$$4\,(T-d)^2\,N\,\delta^2 \leqq 2\,T\,(2\,n+1)\,\delta \iint\limits_{P'} |\varphi\,(\zeta_0)|\,\left|\frac{\partial \zeta_0}{\partial \xi^*}\right|^2\,d\,\xi^*\,d\,\eta^*.$$

Weiter wird $(2\,n+1)\,\delta$ durch $2\,T$ ersetzt und von der Ungleichung

$$N\,\delta^2 \geqq I\,(P') - \varepsilon$$

Gebrauch gemacht, dann folgt

$$\left(\frac{T-d}{T}\right)^2 (I(P')-\varepsilon) \leq \iint\limits_{P'} |\varphi(\zeta_0)| \left|\frac{\partial \zeta_0}{\partial \xi^*}\right|^2 d\xi^* d\eta^*$$

und im Grenzwert erhält man

$$\iint\limits_{P'} |\varphi(\zeta_0)| \left|\frac{\partial \zeta_0}{\partial \xi^*}\right|^2 d\xi^* d\eta^* \geq I(P') . \tag{6,16}$$

Die Fläche $I(P)$ läßt sich ausdrücken durch

$$I(P') = \iint\limits_{P'} \frac{|\varphi(\zeta_0)|}{|\varphi(\zeta)|} \frac{|p_0|^2-|q_0|^2}{|p|^2-|q|^2} d\xi^* d\eta^* .$$

Dies ergibt in Verbindung mit (6,16)

$$\iint\limits_{P'} \frac{|\varphi(\zeta_0)|}{|\varphi(\zeta)|} \left[\frac{|p_0|^2-|q_0|^2}{|p|^2-|q|^2} - |\varphi(\zeta)| \left|\frac{\partial \zeta_0}{\partial \xi^*}\right|^2\right] d\xi^* d\eta^* \leq 0 . \tag{6,17}$$

Man stellt fest, daß der Integrand in (6,17) nicht negativ ist. Weiter gilt

$$\frac{\partial \zeta_0}{\partial \zeta} = \frac{p_0 \bar{p} - q_0 \bar{q}}{|p|^2-|p|^2} , \quad \frac{\partial \zeta_0}{\partial \bar{\zeta}} = \frac{q_0 p - p_0 q}{|p|^2-|q|^2} \tag{6,18}$$

und wegen

$$\frac{\bar{q}}{p} = k \frac{\varphi}{|\varphi|}$$

wird

$$\frac{\partial \zeta_0}{\partial \xi^*} = \frac{1}{\sqrt{\varphi}} \frac{\partial \zeta_0}{\partial \zeta} + \frac{1}{\sqrt{\bar{\varphi}}} \frac{\partial \zeta_0}{\partial \bar{\zeta}} = (1-k) \frac{p_0 \bar{q} \sqrt{\bar{\varphi}} + q_0 p \sqrt{\varphi}}{|\varphi| (|p|^2-|q|^2)} .$$

Die Ungleichung $|q_0| \leq k |p_0|$ ergibt

$$|\varphi| \left|\frac{\partial \zeta_0}{\partial \xi^*}\right|^2 \leq (1-k)^2 \frac{|p|^2}{(|p|^2-|q|^2)^2} (|p_0| + |q_0|)^2 =$$

$$= \frac{1-k}{1+k} \frac{|p_0| + |q_0|}{|p_0| - |q_0|} \frac{|p_0|^2-|q_0|^2}{|p|^2-|q|^2} \leq \frac{|p_0|^2-|q_0|^2}{|p|^2-|q|^2} .$$

In (6,17) muß überall das Gleichheitszeichen stehen, das ist aber nur dann der Fall, wenn $|q_0| = k |p_0|$ und wenn das Verhältnis

$$\frac{q_0 p \, \varphi}{p_0 \bar{p} \, |\varphi|}$$

reell positiv ist. Daraus folgt aber

$$q_0 p = \frac{k p_0 \bar{p} \, \bar{\varphi}}{|\varphi|} = p_0 q .$$

Aus (6,18) schließt man auf

$$\frac{\partial \zeta_0}{\partial \bar{\zeta}} = 0 .$$

Damit ist bewiesen, daß ζ_0 eine analytische Funktion ist von ζ in allen Punkten, wo Differenzierbarkeit besteht. Da $\zeta_0[z(\zeta)]$ topologisch ist, muß sie auch eine lineare Transformation T sein und sie genügt für alle $S' \in G'$ der Relation

$$T S' \zeta = S' T \zeta \, .$$

Aber die einzige lineare Transformation, die vertauschbar ist mit allen S' ist die Identität, also folgt

$$\zeta_0(z) = \zeta(z) \, .$$

6.8. Die quasikonformen Abbildungen im Mittel.

In Theorem 1 wurde die Existenz einer formalen Lösung behauptet. Diese soll nun mit Hilfe einer Variationsmethode nachgewiesen werden. Dabei wäre es möglich, die Variation direkt auf das Maximum von $\dfrac{|q|}{|p|}$ anzuwenden, aber aus technischen Gründen ist es vorzuziehen, die Norm der Dilatation in einem L^m-Raum zu minimisieren, um dadurch das Minimum des Maximums für $m \to \infty$ zu erhalten. Es geht dabei in erster Linie darum, die Kompaktheit der Klasse von quasikonformen Abbildungen im Mittel nachzuweisen. Für jede differenzierbare Abbildung von C auf C' und für jedes $m \geqq 1$ führt man das Integral

$$I_m(\zeta) = \frac{1}{\pi} \iint\limits_{C'} \left(\frac{|p|^2 + |q|^2}{|p|^2 - |q|^2} \right)^m d\xi \, d\eta \tag{6,19}$$

ein. Dabei ist es zweckmäßig über C' zu integrieren statt über C. Nach der Hölderschen Ungleichung ist $I_m(\zeta)^{1/m}$ wachsend mit m, also ist die Klasse $Q_m(K)$ der Abbildungen mit $I_m(\zeta) \leq K^m$ enthalten in der Klasse $Q_1(K)$. Mit $\overline{Q}_m(K)$ bezeichnet man die abgeschlossene Hülle von $Q_m(K)$ bezüglich der gleichmäßigen Konvergenz auf kompakten Mengen. Da $\overline{Q}_m(K) \in \overline{Q}_1(K)$, genügt es, die Erweiterung in $\overline{Q}_1(K)$ zu definieren.

Das Integral $I_1(\zeta)$ kann man schreiben als

$$I_1(\zeta) = \frac{1}{\pi} \iint\limits_{C} \left(|p|^2 + |q|^2 \right) dx \, dy \, . \tag{6,20}$$

Angenommen $\zeta(z)$ sei der gleichmäßige Limes von $\zeta_n(z) \in Q_1(K)$ auf jeder kompakten Menge und p_n, q_n bezeichnen die komplexen Ableitungen von $\zeta_n(z)$.

Für jede differenzierbare Abbildung $f(z)$, welche außerhalb einer kompakten Menge verschwindet, ist

$$\iint\limits_{C} (p_m - p_n) f \, dx \, dy = - \iint\limits_{C} (\zeta_m - \zeta_n) \frac{\partial f}{\partial z} \, dx \, dy \, .$$

Der Ausdruck rechts strebt gegen 0 für $m, n \to \infty$, also existiert

$$\lim_{n \to \infty} \iint\limits_{C} p_n f \, dx \, dy$$

und stellt ein lineares Funktional $L(f)$ dar, für welches

$$|L(f)|^2 \leqq \pi K \iint_C |f|^2\, d x\, d y$$

gilt.

Ein Funktional mit dieser Eigenschaft läßt sich auf alle quadratisch integrierbaren Funktionen erweitern und kann in der Form

$$L(f) = \iint_C p f\, d x\, d y$$

geschrieben werden, wo also p quadratisch integrierbar ist. Man sagt auch, p sei der schwache Grenzwert von p_n oder p sei die schwache Ableitung.

Für das weitere ist der Begriff der Meßbarkeit von Bedeutung. Eine Abbildung heißt meßbar, wenn sie eine Nullmenge in eine Nullmenge überführt. Gleichbedeutend damit ist die Eigenschaft, daß eine meßbare Menge in eine meßbare Bildmenge übergeführt wird. Das Maß in einer ζ-Ebene ist dann absolut stetig bezüglich des Maßes in einer z-Ebene.

In diesem Zusammenhang gilt der

Hilfssatz 1: Eine Abbildung der Klasse $\overline{Q}_1(K)$ ist meßbar und die Dichte des Maßes in der ζ-Ebene bezüglich der Dichte in der z-Ebene ist i. a. $|p|^2 - |q|^2$.

Dazu beachtet man das Integral

$$A_{m,n}(r) = \iint_{|z|<r} \left(|p_m - p_n|^2 - |q_m - q_n|^2\right) d x\, d y$$

für $r < 1$.

Partielle Integration führt dann auf

$$A_{m,n}(r) = \frac{1}{2i} \int_{|z|=r} (\zeta_m - \zeta_n)\, d\,(\bar{\zeta}_m - \bar{\zeta}_n)$$

und für ein $\varepsilon > 0$ ist

$$|A_{m,n}(r)| \leqq \varepsilon \int_{|z|=r} \left(|p_m| + |p_n| + |q_m| + |q_n|\right) d\,\Theta$$

sobald m, n genügend groß sind, und zwar gleichmäßig für $r \leqq R < 1$, also

$$\lim_{m,n \to \infty} \int_0^R A_{m,n}(r)^2\, d r = 0. \tag{6,21}$$

Weiter gilt

$$A_{m,n}(r) = \iint_{|z|<r} \left(|p_m|^2 - |q_m|^2\right) d x\, d y + \iint_{|z|<r} \left(|p_n|^2 - |q_n|^2\right) d x\, d y -$$

$$- 2\,\mathfrak{Re} \iint_{|z|<r} \left(p_m \bar{p}_n - q_m \bar{q}_n\right) d x\, d y.$$

Bezeichnet man mit $S(r)$ die Bildfläche von $|z| < r$ bezüglich $\zeta(z)$, so wird der Grenzwert

$$\lim_{n \to \infty} \lim_{m \to \infty} A_{m,n}(r) = 2\,S(r) - 2 \iint\limits_{|z| < r} (|p|^2 - |q|^2)\, dx\, dy$$

mit Ausnahme einer Menge r vom Maß null und aus (6,21) folgt

$$S(r) = \iint\limits_{|z| < r} (|p|^2 - |q|^2)\, dx\, dy\,. \qquad (6{,}22)$$

Läßt man den Kreisradius $r \to 0$ streben, so wird die Dichte gleich $|p|^2 - |q|^2$. Nach (6,22) schließt man auch auf die absolute Stetigkeit und weitere Überlegungen zeigen, daß das Integral (6,19) definiert ist für jedes $\zeta(z) \in \bar{Q}_1(K)$.

Bezeichnet $\varrho(\zeta)$ eine stetige Funktion $\geqq 0$, die identisch verschwindet außerhalb einer kompakten Menge, so ist bei schwacher Konvergenz

$$\iint\limits_{C} (|p|^2 + |q|^2)\, \varrho\,[\zeta(z)]\, dx\, dy = \lim_{n \to \infty} \iint\limits_{C} (p\,\bar{p}_n + q\,\bar{q}_n)\, \varrho\,[\zeta(z)]\, dx\, dy$$

und nach der Schwarzschen Ungleichung

$$\iint\limits_{C} (|p|^2 + |q|^2)\, \varrho\, dx\, dy \leqq \lim_{n \to \infty} \inf \iint\limits_{C} (|p_n|^2 + |q_n|^2)\, \varrho\,[\zeta(z)]\, dx\, dy\,;$$

$\varrho\,[\zeta(z)]$ kann man ersetzen durch $\varrho\,[\zeta_n(z)]$. Nach dem letzten Hilfssatz wird dann

$$\iint\limits_{C'} \frac{|p|^2 + |q|^2}{|p|^2 - |q|^2}\, \varrho\, d\xi\, d\eta \leqq \lim_{n \to \infty} \inf \iint\limits_{C'} \frac{|p_n|^2 + |q_n|^2}{|p_n|^2 - |q_n|^2}\, \varrho\, d\xi\, d\eta\,. \qquad (6{,}23)$$

Daraus folgt der

Hilfssatz 2: Jede Abbildung in $\bar{Q}_m(K)$ erfüllt die Bedingung

$$I_m(\zeta) \leqq K^m\,.$$

Für $m = 1$ bleibt (6,23) richtig mit $\varrho = 1$. Für $m > 1$ bleibt die gleiche Ungleichung gültig für jedes nichtnegative ϱ der Klasse $L^{\frac{m}{m-1}}$ mit

$$\varrho = \left(\frac{|p|^2 + |q|^2}{|p|^2 - |q|^2} \right)^{m-1}$$

und der Hilfssatz 2 folgt aus der Hölderschen Ungleichung.

Statt die Existenz einer extremalen Abbildung zu beweisen, genügt es zu zeigen, daß $\bar{Q}_m(K)$ kompakt ist. AHLFORS gelang der Nachweis von

Hilfssatz 3: Die Abbildungen $\zeta(z)$ der Klasse $\bar{Q}_m(K)$ $(m > 2)$ sind gleichgradig stetig auf jeder kompakten Teilmenge von C.

Beweis: Für eine differenzierbare Abbildung seien ζ_1 und ζ_2 die Bilder von z_1 und z_2. w und W bedeuten Zwischenvariable, definiert durch

$$z = \frac{z_1 + z_2}{2} + \frac{z_1 - z_2}{4} \left(w + \frac{1}{w} \right)$$

$$\zeta = \frac{\zeta_1 + \zeta_2}{2} + \frac{\zeta_1 - \zeta_2}{4} \left(W + \frac{1}{W} \right)$$

$(|z_1| < \varrho; |z_2| < \varrho)$. Ein Kreis $|w| = e^t > 1$ entspricht einer Ellipse in der z-Ebene. Dem Bild in der W-Ebene entspricht eine geschlossene Kurve um 0, also

$$2\pi \leq \int\limits_{|w| = e^t} |d \log W| \leq \int\limits_{|w| = e^t} (|p| + |q|) \left| \frac{d \log W}{d \zeta} \right| \left| \frac{dz}{d \log w} \right| d \arg w \; .$$

Eine weitere Integration von 0 bis T, sowie eine explizite Ausrechnung ergeben

$$4\pi^2 T^2 \leq \iint\limits_{C} \frac{dx\,dy}{|z-z_1|\,|z-z_2|} \iint\limits_{C'} \frac{|p| + |q|}{|p| - |q|} \frac{d\xi\,d\eta}{|\zeta-\zeta_1|\,|\zeta-\zeta_2|} \; .$$

Hier ist

$$\iint\limits_{C} \frac{dx\,dy}{|z-z_1|\,|z-z_2|} \sim 2\pi \log \frac{1}{|z_1-z_2|} \sim 2\pi\,T$$

daraus folgt die Ungleichung

$$\log \frac{1}{|z_1-z_2|} \leq B \iint\limits_{C'} \frac{|p| + |q|}{|p| - |q|} \frac{d\xi\,d\eta}{|\zeta-\zeta_1|\,|\zeta-\zeta_2|} \leq$$

$$\leq 2\,B \iint\limits_{C'} \frac{|p|^2 + |q|^2}{|p|^2 - |q|^2} \frac{d\xi\,d\eta}{|\zeta-\zeta_1|\,|\zeta-\zeta_2|} \; ,$$

dabei ist B eine Konstante und die Höldersche Ungleichung führt auf

$$\log \frac{1}{|z_1-z_2|} \leq 2\,B\,K\,\pi^{\frac{1}{m}} \left[\iint\limits_{C'} \frac{d\xi\,d\eta}{(|\zeta-\zeta_1|\,|\zeta-\zeta_2|)^{m/m-1}} \right]^{\frac{m-1}{m}} \; .$$

Erstreckt man das Integral rechts über die ganze Ebene, so konvergiert dieses und sein Wert ist gleich einer Konstanten mal $|\zeta_1-\zeta_2|^{-2/(m-1)}$, also

$$\log \frac{1}{|z_1-z_2|} \leq B_1 |\zeta_1 - \zeta_2|^{\frac{2}{m}}$$

oder

$$|\zeta_1-\zeta_2| = O\left[\left(\log \frac{1}{|z_1-z_2|} \right)^{-\frac{m}{2}} \right] \; .$$

Die Grenze hängt nur ab von ϱ, m und K, damit ist aber der Hilfssatz bewiesen.

Die beiden letzten Hilfssätze führen zum zentralen

Theorem 3: Für irgend einen Isomorphismus α und ein $m > 2$ existiert eine Abbildung $\zeta(Sz) = S^\alpha \zeta(z)$, welche $I_m(\zeta)$ minimisiert.

Der Beweis hierzu verläuft analog zum Existenzbeweis, der zum Problem A beschrieben wurde.

6.9. Infinitesimale Deformationen. Zur Vorbereitung des geplanten Variationsbeweises benötigt man noch den Begriff der infinitesimalen

Deformation. Es sei $z = H(z', \varepsilon)$ eine differenzierbare eindeutige Abbildung von C auf sich selbst, welche von einem reellen Parameter ε abhängt. Für $H(z, \varepsilon)$ gelte die Entwicklung

$$H(z, \varepsilon) = z + \varepsilon\, h(z) + o(\varepsilon)$$
$$\frac{\partial H}{\partial z} = 1 + \varepsilon\, \frac{\partial h}{\partial z} + o(\varepsilon) \tag{6,24}$$
$$\frac{\partial H}{\partial \bar{z}} = \varepsilon\, \frac{\partial h}{\partial \bar{z}} + o(\varepsilon),$$

dabei sei die Abschätzung des Restgliedes gleichmäßig auf jeder kompakten Menge.

Solche Funktionen $H(z, \varepsilon)$ bestimmen eine infinitesimale Deformation auf der Fläche W, wenn $H(Sz, \varepsilon) = SH(z, \varepsilon)$ für alle $S \in G$. Diese Beziehung führt zu

$$h(Sz) = \frac{dSz}{dz}\, h(z),$$

woraus folgt, daß $\dfrac{h(z)}{dz}$ sich invariant verhält und ein Differential der Ordnung -1 oder ein inverses Differential darstellt, wobei $h(z)$ nicht als analytisch vorausgesetzt ist.

Man kann nachweisen, daß jedes differenzierbare inverse Differential auf W eine entsprechende infinitesimale Deformation auf W bestimmt.

6.10. Ein Variationsproblem. Für das nachfolgende Variationsproblem spielt die Ableitung $\mu = \dfrac{\partial h}{\partial \bar{z}}$ eine wichtige Rolle, denn es gilt

$$\mu(Sz)\, \frac{d\bar{S}\bar{z}}{d\bar{z}} = \mu(z)\, \frac{dSz}{dz}.$$

Für jedes quadratische Differential $f\, dz^2$ ist der Ausdruck $\mu f\, dx\, dy$ also invariant. Betrachtet man das Integral über W, so ergibt partielle Integration

$$\iint\limits_{W} \mu f\, dx\, dy = -\iint\limits_{W} h\, \frac{\partial f}{\partial \bar{z}}\, dx\, dy = 0.$$

Daraus folgt als Konsequenz

$$\iint\limits_{C} \mu F\, dx\, dy = 0 \tag{6,25}$$

für jede beschränkte analytische Funktion $F(z)$. Für einen Beweis sei auf AHLFORS [3] verwiesen.

Umgekehrt gilt auch, daß sich jedes genügend reguläre μ, das (6,25) und die Invarianzbedingung erfüllt, in der Form $\dfrac{\partial h}{\partial \bar{z}}$ schreiben läßt.

Wenn jetzt eine Deformation $z = H(z', \varepsilon)$ auf die unabhängige Variable ausgeführt wird, so findet man als Transformationsgesetz für die komplexen Ableitungen p und q die Beziehung

$$p' = p + \varepsilon \left(p\, \frac{\partial h}{\partial z} + q\, \frac{\partial \bar{h}}{\partial z} \right) + o\,(|p|\,\varepsilon)$$

$$q' = q + \varepsilon \left(p\, \frac{\partial h}{\partial \bar{z}} + q\, \frac{\partial \bar{h}}{\partial \bar{z}} \right) + o\,(|p|\,\varepsilon)$$

(6,26)

und eine explizite Berechnung ergibt

$$\left(\frac{|p'|^2 + |q'|^2}{|p'|^2 - |q'|^2} \right)^m = \left(\frac{|p|^2 + |q|^2}{|p|^2 - |q|^2} \right)^m \left(\left(1 + 4\,m\,\Re\mathfrak{e}\,\varepsilon\, \frac{p\,\bar{q}}{|p|^2 + |q|^2}\, \frac{\partial h}{\partial \bar{z}} + o\,(\varepsilon) \right) \right). \quad (6,27)$$

Diese Variation wendet man an auf $I_m\,(\zeta)$ und setzt

$$\zeta'\,(z) = \zeta\,H\,(z,\,\varepsilon)$$

dann wird

$$I_m\,(\zeta') - I_m\,(\zeta) = 4\,m\,\varepsilon\,\Re\mathfrak{e} \int\!\!\int_{C'} \left(\frac{|p|^2 + |q|^2}{|p|^2 - |q|^2} \right)^m \frac{p\,\bar{q}}{|p|^2 + |q|^2}\, \frac{\partial h}{\partial \bar{z}}\, d\xi\, d\eta + I_m\,(\zeta)\, o\,(\varepsilon).$$

Jetzt folgt, daß eine Abbildung $\zeta\,(z)$, die $I_m\,(\zeta)$ minimisiert, die Variationsbedingung

$$\int\!\!\int_{C} \left(\frac{|p|^2 + |q|^2}{|p|^2 - |q|^2} \right)^m \frac{p\,\bar{q}}{|p|^2 + |q|^2}\, \frac{\partial h}{\partial \bar{z}}\, d\xi\, d\eta = 0 \quad (6,28)$$

erfüllen muß.

Dieses Integral läßt sich auf Grund der erwähnten Meßbarkeitsbedingungen in die z-Ebene transformieren, so daß (6,28) geschrieben werden kann durch

$$\int\!\!\int_{C} U_m\, p\,\bar{q}\, \frac{\partial h}{\partial \bar{z}}\, dx\, dy = 0$$

mit

$$\begin{cases} U_m = \left(\dfrac{|p|^2 + |q|^2}{|p|^2 - |q|^2} \right)^{m-1} & \text{für } |p| > |q| \\[2mm] U_m = 0 & \text{für } |p| = |q|\,. \end{cases}$$

Auf Grund des Verhaltens von p, q und h bezüglich der Transformation S kann man das Integral auf ein Fundamentalgebiet zurückführen. Man findet dann

$$\int\!\!\int_{W} U_m\, \varrho\, p\,\bar{q}\, \frac{\partial h}{\partial \bar{z}}\, dx\, dy = 0$$

mit

$$\varrho = \sum_{S'} \left| \frac{d\,S'\,\zeta}{d\,\zeta} \right|^2.$$

$h_0\,(z)$ sei eine beliebige, differenzierbare Funktion in C, welche außerhalb einer kompakten Menge verschwindet. Dann ist

$$h\,(z) = \sum_{S} h_0\,(S\,z) \left(\frac{d\,S}{d\,z} \right)^{-1}$$

ein inverses Differential, denn die Summe ist endlich und

$$h\,(Tz) = \sum_S h_0\,(S\,T\,z)\left(\frac{d\,S\,T}{d\,z}\right)^{-1}\left(\frac{d\,T}{d\,z}\right) = h\,(z)\,\frac{d\,T}{d\,z}\,.$$

Da nun $U_m\,\varrho\,p\,\bar{q}\,dz^2$ invariant ist, erhält man

$$\iint_C U_m\,\varrho\,p\,\bar{q}\,\frac{\partial\,h_0}{\partial\,\bar{z}}\,d\,x\,d\,y = \iint_W U_m\,\varrho\,p\,\bar{q}\,\frac{\partial\,h}{\partial\,\bar{z}}\,d\,x\,d\,y = 0\,.$$

Damit ist bewiesen, daß

$$\iint_C U_m\,\varrho\,p\,\bar{q}\,\frac{\partial\,h}{\partial\,\bar{z}}\,d\,x\,d\,y = 0 \qquad\qquad (6{,}29)$$

für jedes differenzierbare h, welches außerhalb einer kompakten Menge verschwindet.

Nach dem Weylschen Lemma besagt aber die Bedingung (6,29), daß

$$V = U_m\varrho\,p\,\bar{q}$$

fast überall eine analytische Funktion ergibt. Für einen Beweis dieses Lemmas siehe AHLFORS [3].

Diese analytische Funktion ist aber identisch 0, wenn $q = 0$ ist. In allen anderen Fällen sind ihre Nullstellen isoliert und unser Resultat heißt

$$\left(\frac{|p|^2 + |q|^2}{|p|^2 - |q|^2}\right)^{m-1}\varrho\,p\,\bar{q} = f_m\,(z) \qquad\qquad (6{,}30)$$

wo $f_m\,(z)$ analytisch ist. Man verifiziert leicht, daß $f_m\,d\,z^2$ ein quadratisches Differential ist.

6.11. Existenzbeweis nach AHLFORS. Nach diesen Vorbereitungen kann man den geplanten Existenzbeweis in Angriff nehmen. Dazu bezeichnet man die Abbildung, welche $I_m\,(\zeta)$ für einen gegebenen Isomorphismus minimalisiert, durch $\zeta_m\,(z)$. Seine komplexen Ableitungen werden durch p_m und q_m angegeben. Da allerdings die Eindeutigkeit hier nicht bewiesen ist, bedeute ζ_m irgend eine der minimalisierenden Funktionen. Das Minimum selber sei bezeichnet durch K_m^m, d. h.

$$\iint_{C'}\left(\frac{|p_m|^2 + |q_m|^2}{|p_m|^2 - |q_m|^2}\right)^m d\,\xi\,d\,\eta = \pi\,K_m^m\,.$$

Nach HÖLDER ist K_m wachsend in m. Die Grenze von K_m für $m \to \infty$ heiße K, mit $K < \infty$.

Es wird jetzt gezeigt, daß $\zeta_m\,(z)$ gegen eine formale Lösung $\zeta\,(z)$ strebt. Die maximale Dilatation dieser Lösung ist allerdings nicht K, sondern $K + \sqrt{K^2 - 1}$.

Aus (6,30) folgt

$$\left(\frac{|p_m|^2 + |q_m|^2}{|p_m|^2 - |q_m|^2}\right)^{m-1}\varrho\,(\zeta_m\,(z))\,p_m\,\bar{q}_m = C_m\,f_m\,(z)\,, \qquad\qquad (6{,}31)$$

wo $C_m > 0$ ein normierender Faktor ist. Für ein identisch verschwindendes f_m ist weiter nichts zu beweisen.

Verschwindet q_m fast überall, so gilt

$$\int_C \int \zeta_m(z)\,\frac{\partial h}{\partial \bar z}\,dx\,dy = 0$$

für jedes h, welches außerhalb einer kompakten Menge verschwindet. Nach dem Weylschen Lemma folgt die Analytizität von $\zeta_m(z)$.

In jedem anderen Fall kann f_m normiert werden durch

$$\iint_W |f_m|\,dx\,dy = 1\,.$$

Mit dieser Normierung erhält man aus (6,31)

$$C_m = \int_{W'} \int \left(\frac{|p_m|^2 + |q_m|^2}{|p_m|^2 - |q_m|^2}\right)^m \frac{|p_m|\,|q_m|}{|p_m|^2 + |q_m|^2}\,\varrho\,d\xi\,d\eta\,.$$

Durch die Substitution

$$\varrho = \Sigma \left|\frac{d\,S'\,\zeta}{d\zeta}\right|^2$$

ergibt dies

$$C_m = \int_{C'} \int \left(\frac{|p_m|^2 + |q_m|^2}{|p_m|^2 - |q_m|^2}\right)^m \frac{|p_m|\,|q_m|}{|p_m|^2 + |q_m|^2}\,d\xi\,d\eta \qquad (6,32)$$

und führt direkt zur Ungleichung

$$C_m \leqq \frac{\pi}{2}\,K_m^m \leqq \frac{\pi}{2}\,K^m\,. \qquad (6,33)$$

Um eine Abschätzung nach unten zu finden, betrachtet man nach AHLFORS die Ungleichung

$$\left(\frac{|p_m|^2 + |q_m|^2}{|p_m|^2 - |q_m|^2}\right)^m \leqq \left(\frac{|p_m|^2 + |q_m|^2}{|p_m|^2 - |q_m|^2}\right)^m \frac{|p_m|\,|q_m|}{|p_m|^2 + |p_m|^2}\,\frac{1 + \delta^2}{\delta} + \left(\frac{1 + \delta^2}{1 - \delta^2}\right)^m,$$

welche für jedes $0 < \delta < 1$ gilt.

Eine Integration führt auf

$$\pi\,K_m^m < \frac{1 + \delta^2}{\delta}\,C_m + \left(\frac{1 + \delta^2}{1 - \delta^2}\right)^m \pi\,.$$

Wählt man δ durch die Bedingung

$$\left(\frac{1 + \delta^2}{1 - \delta^2}\right)^m = \frac{1}{2}\,K_m^m\,,$$

so findet man, daß

$$\delta^2 \to \frac{K - 1}{K + 1}$$

oder

$$C_m > \frac{\pi}{4}\,K_m^m\,\sqrt{\frac{K - 1}{K + 1}} \qquad (6,34)$$

für alle genügend großen m.

Die beiden Abschätzungen ergeben für $K > 1$

$$\lim_{m \to \infty} \sqrt[m]{C_m} = K \, . \tag{6,35}$$

Führt man jetzt eine positive Konstante k ein mit

$$K = \frac{1 + k^2}{1 - k^2} \, ,$$

so beweist man

$$\lim_{m \to \infty} \iint_C \big| |q_m| - k| \, p_m| \big| \, dx \, dy = 0 \, . \tag{6,36}$$

Ist $k > 0$, so führt man zwei Mengen E_m und F_m auf C ein, charakterisiert durch

$$E_m : \frac{|q_m|}{|p_m|} > k \, (1 + \varepsilon) \; ; \quad F_m : \frac{|q_m|}{|p_m|} < k \, (1 - \varepsilon)$$

mit

$$0 < \varepsilon < 1 - \frac{1}{k} \, .$$

Nach (6,32) ergibt sich für E_m

$$\iint_{E_m} |p_m|^2 \, dx \, dy \leqq \frac{1}{k \, (1 + \varepsilon)} \left(\frac{1 - k^2 \, (1 + \varepsilon)^2}{1 + k^2 \, (1 + \varepsilon)^2} \right)^{m-1} C_m \, . \tag{6,37}$$

Nach (6,35) strebt das Glied rechts in (6,37) nach 0 für ein festes ε. Der Integrand rechts kann durch den kleineren Ausdruck $(|q_m| - k \, |p_m|)^2$ ersetzt werden. Zusammen mit der Schwarzschen Ungleichung folgt

$$\lim_{m \to \infty} \iint_{E_m} \big| |q_m| - k \, |p_m| \big| \, dx \, dy = 0 \, .$$

Ein entsprechender Beweis ergibt dasselbe für F_m, womit (6,36) bewiesen ist, denn

$$\iint_{C - E_m - F_m} (|q_m| - k \, |p_m|)^2 \, dx \, dy \leqq \frac{k^2 \varepsilon^2}{1 - k^2 \, (1 + \varepsilon)^2} \, \pi \, ,$$

also wird der Restteil beliebig klein.

Nach diesen Erörterungen folgt der Existenzbeweis für die Lösung. Beschränkt man sich auf eine Teilfolge, so nimmt man an, daß die f_m gegen eine Limesfunktion f konvergieren und daß die Abbildungen $\zeta_m(z)$ gleichmäßig gegen eine Grenzabbildung streben auf kompakten Mengen.

Diese Grenzabbildung habe komplexe Ableitungen p und q. Es folgt aus (6,31) daß

$$\left| \frac{f_m}{|f_m|} \, q_m - k \, p_m \right| = \big| |q_m| - k \, |p_m| \big|$$

und nach (6,36) weiter

$$\lim_{m \to \infty} \iint_C \left| \frac{f_m}{|f_m|} \, q_m - k \, p_m \right| \, dx \, dy = 0 \, . \tag{6,38}$$

Die Nullstellen von f bilden eine Punktmenge A von beliebig kleinem Maß, so daß

$$\frac{f_m}{|f_m|} - \frac{f}{|f|}$$

gleichmäßig nach 0 strebt außerhalb A.

Ausgehend von dem Ausdruck

$$\left(\iint_A |p_m|\, dx\, dy\right)^2 \leq \pi K \text{ mes } A$$

folgt für (6,38)

$$\lim_{m \to \infty} \int_C \int \left|\frac{f}{|f|}\, q_m - k\, p_m\right|\, dx\, dy = 0.$$

Mittels der schwachen Konvergenz schließt man

$$\int_C \int h\left(\frac{f}{|f|}\, q - k\, p\right)\, dx\, dy = 0$$

für jedes beschränkte h, das ist aber nur möglich für

$$\frac{f}{|f|}\, q = k\, p \tag{6,39}$$

fast überall in C.

V gebe eine kleine Umgebung von z_0 an, wobei $f(z_0) \neq 0$ sei. In dieser Umgebung wird ein eindeutiger Zweig von $\sqrt{f}$ festgelegt, so daß (6,39) übergeht in

$$\sqrt{f}\, q = k\, \sqrt{\bar{f}}\, p.$$

Ist h eine differenzierbare Funktion, welche identisch außerhalb einer kompakten Menge in V verschwindet, so gilt

$$\iint h\left(\sqrt{f}\, q - k\, \sqrt{\bar{f}}\, p\right)\, dx\, dy = 0$$

und dies ergibt

$$\int_C \int \zeta\left(\sqrt{\bar{f}}\, \frac{\partial h}{\partial \bar{z}} - k\, \sqrt{f}\, \frac{\partial h}{\partial z}\right)\, dx\, dy = 0. \tag{6,40}$$

Durch Einführung der neuen Variablen

$$z^* = \int \sqrt{f}\, dz + k \int \sqrt{\bar{f}}\, d\bar{z}$$

werde V schlicht auf V^* in eine z^*-Ebene abgebildet. Dann findet man

$$(1 - k^2)\, \frac{\partial h}{\partial \bar{z}^*} = \frac{1}{\sqrt{\bar{f}}}\, \frac{\partial h}{\partial \bar{z}} - \frac{k}{\sqrt{f}}\, \frac{\partial h}{\partial z}$$

und die Funktionaldeterminante wird $|f|\,(1 - k^2)$. Damit läßt sich (6,40) ausdrücken durch

$$\int_{V^*} \int \zeta\, \frac{\partial h}{\partial \bar{z}^*}\, dx^*\, dy^* = 0.$$

Das ist aber die Bedingung im Weylschen Lemma, und man schließt, daß ζ analytisch ist in z^* bezüglich V. Daraus folgt weiter, daß $\zeta(z)$ differenzierbar in V ist mit den Ableitungen

$$p = \frac{d\zeta}{dz^*}\sqrt{f}, \quad q = k\,\frac{d\zeta}{dz^*}\sqrt{\bar{f}}.$$

Diese Relationen ergeben

$$\frac{f}{|f|}\,q = k\,p$$

in der Umgebung von z_0.

Da aber z_0 beliebig war, so gilt dies überall mit Ausnahme der Nullstellen von f.

Damit hat man bewiesen, daß $\zeta(z)$ eine formale Lösung ist, denn sie genügt den Bedingungen von Theorem 1. Umgekehrt wurde aber gezeigt, daß eine Lösung, welche Bedingung 2 bzw. Bedingung 1 erfüllt, extremal quasikonform ist, und daß es die einzige extremale quasikonforme Abbildung in ihrer Homotopieklasse ist, womit Theorem 1 vollständig bewiesen ist.

6.12. Der Existenzbeweis nach Bers. Bers[1] [7] geht von der Beltramischen Differentialgleichung

$$w_{\bar{z}} = \mu(z)\,w_z \tag{6,41}$$

aus. Ist in (6,41) $|\mu| \leqq k < 1$, so bezeichnet man $\mu(z)$ als Beltrami-Koeffizient und

$$\mu\,\frac{d\bar{z}}{dz} \tag{6,42}$$

als Beltrami-Differential.

Man kann zeigen, daß eine eindeutige Beziehung zwischen Beltrami-Differentialen auf einer geschlossenen Riemannschen Fläche S und den K-quasikonformen Abbildungen (Homöomorphismen) auf S besteht. S^μ entsteht aus S, wenn S eine konforme Metrik $|dz + \mu\,d\bar{z}|$ aufgeprägt wird. Dann ist die identische Abbildung $f : S \to S^\mu$ quasikonform mit dem Beltrami-Koeffizienten μ. Normiert man den Raum der Beltrami-Differentiale auf S durch

$$\left\|\mu\,\frac{d\bar{z}}{dz}\right\| = \|\mu\| = \text{vrai max }|\mu| \tag{6,43}$$

so erfüllt die Abbildung, welche durch $\mu\,\dfrac{d\bar{z}}{dz}$ erzeugt wird, die Beziehung

$$k\,[f^\mu] = \|\mu\|. \tag{6,44}$$

Hierzu vergleiche man besonders Bers [7] p. 25.

Unter einer Teichmüller-Abbildung f versteht Bers ein Homöomorphismus von einer Riemannschen Fläche S auf eine andere S' wenn

---

[1] Da die Arbeit kurz vor der Drucklegung dieses Berichtes erschien, so kann hier nur noch skizzenhaft darauf eingegangen werden.

f entweder konform ist oder quasikonform mit einem Beltrami-Koeffizient der Form

$$\mu(z) = k\,\frac{\Phi(z)}{|\Phi(z)|}\,. \tag{6,45}$$

Hier ist $\Phi(z)\,dz^2 \neq 0$ ein reguläres quadratisches Differential auf S

Zur weiteren Untersuchung ist es zweckmäßig, den Begriff der ausgezeichneten Riemannschen Fläche einzuführen. Unter einer solchen ausgezeichneten Fläche versteht man eine geschlossene Riemannsche Fläche S vom Geschlecht $g > 1$, versehen mit einer kanonischen Zerschneidung α; dafür wird geschrieben: (S, α).

Als Hauptergebnis gelten nun die beiden Sätze:

Theorem A: $f_0\colon (S, \alpha) \to (S', \alpha')$ sei eine Teichmüller-Abbildung von zwei ausgezeichneten Riemannschen Flächen mit $g > 1$. Ist $f\colon (S, \alpha) \to$ $\to (S', \alpha')$ eine andere Abbildung, verschieden von f_0, dann gilt

$$K\,[f_0] < K\,[f]\,. \tag{6,46}$$

Theorem B: Es seien (S, α) und (S', α') zwei gleichorientierte ausgezeichnete Riemannsche Flächen vom Geschlecht $g > 1$. Es existiert dann eine Teichmüller-Abbildung

$$f_0\colon (S, \alpha) \to (S', \alpha')\,.$$

Nach dem Eindeutigkeitssatz A ist diese letzte Abbildung extremal.

Wie früher bemerkt, so soll hier lediglich der Existenzsatz B einer näheren Betrachtung unterzogen werden.

Für einen solchen Beweis sei vorausgeschickt, daß jede ausgezeichnete Riemannsche Fläche (S, α) mit $g > 1$ durch eine eindeutig bestimmte, normierte Anzahl von nichteuklidischen Transformationen definiert werden kann.

Mit M bezeichnet man den Raum der Beltrami-Koeffizienten $\mu(z)$, die zu einer ausgezeichneten Fläche (S^0, α^0) gehören. C markiert entsprechend den Raum, der aus allen zu (S^0, α^0) äquivalenten gleichorientierten, ausgezeichneten Riemannschen Flächen vom Geschlecht g besteht.

Dabei ist C ein Teilraum vom $6\,g - 6$ dimensionalen Euklidischen Raum. Ist ξ ein Punkt im Euklidischen Raum, so bezeichnet $|\xi|$ den Abstand dieses Punktes vom Nullpunkt.

Die ausgezeichnete Riemannsche Fläche (S^0, α^0) sei definiert durch die Anzahl $(A_1^0, \ldots, A_{2g}^0)$ nichteuklidischer Transformationen und $\sigma_1^0, \tau_1^0, \ldots \sigma_{2g}^0, \tau_{2g}^0$ bezeichnen die Fixpunkte der Transformationen.

Für $\mu \in M$ sei $w^\mu(z)$ die eindeutig bestimmte Lösung der Beltrami-Differentialgleichung $w_{\bar z} = \mu(z)\,w_z$, welche die obere Halbebene H homöomorph auf sich selbst bezieht und den Bedingungen genügt:

a) $\quad w^\mu(0) = 0 \quad w^\mu(\infty) = \infty$

b) $\quad |w^\mu(\sigma_{2g-1}^0)\,w^\mu(\tau_{2g-1}^0)| = 1\,.$

Setzt man

$$A_j^\mu = (w^\mu)\, A_j^0\, (w^\mu)^{-1}, \qquad j = 1, 2, \ldots 2\,g\,, \qquad (6{,}47)$$

so sieht man sofort, daß $A_1^\mu, \ldots, A_{2g}^\mu$ eine Zahl normierter, nicht-euklidischer Translationen angibt, denn die Fixpunkte von A_j^μ sind $w^\mu\,(\sigma_j^0)$ und $w^\mu\,(\tau_j^0)$. Diese A_j^μ definieren eine ausgezeichnete Riemannsche Fläche (S^μ, α^μ), dargestellt durch den Punkt

$$x = \Phi(\mu)\,. \qquad (6{,}48)$$

Also induziert w^μ ein Homöomorphismus $f^\mu\colon S \to S'$, welcher (S^0, α^0) auf (S^μ, α^μ) bezieht, und man kann zeigen, daß $\Phi(\mu) \in C$. Dadurch ist eine Abbildung

$$\Phi\colon M \to C$$

definiert und es ist

$$K\,[f^\mu] = \frac{1 + \|\mu\|}{1 - \|\mu\|}\,. \qquad (6{,}49)$$

Man kann jetzt beweisen:

Lemma 1.

$$\Phi\colon M \to C$$

ist eine stetige Abbildung von M auf C.

Nach einem klassischen Korollar zum Riemann-Rochschen Satz folgt:

Lemma 2: Die regulär quadratischen Differentiale auf einer geschlossenen Riemannschen Fläche S vom Geschlecht $g > 1$ bilden einen linearen Vektorraum der Dimension $6\,g - 6$.

Lemma 2 führt zur Definition einer Abbildung der offenen Einheitskugel B aus E_{6g-6} in den Raum M durch

$$\mu = \Psi(\xi) \qquad (6{,}50)$$

mit

$$\xi = (\xi_1, \xi_2, \ldots \xi_{6g-6})\,.$$

Lemma 3: Man weist nach, daß

$$\Psi\colon B \to M$$

stetig ist.

Jetzt konstruiert man $\Omega = \Phi\,\Psi$. Also

$$\Omega\colon B \to C\,.$$

Ist $x = \Omega(\xi)$, dann existiert eine Teichmüller-Abbildung f_0 von (S^0, α^0) auf die ausgezeichnete Riemannsche Fläche, dargestellt durch den Punkt x und für diese Abbildung ist

$$K\,[f_0] = \frac{1 + |\xi|}{1 - |\xi|}\,. \qquad (6{,}51)$$

Aus Lemma 1 und 3 folgt dann

Lemma 4: Die Abbildung

$$\Omega\colon B \to C$$

ist stetig. Weiter kann man zeigen:

Lemma 5: Die Abbildung

$$\Omega: B \to C$$

ist eineindeutig.

Lemma 6: Aus Lemma 4 und 5 sowie dem Browerschen Satz über die Gebietsinvarianz folgt:

$$\Omega: B \to C$$

ist ein Homöomorphismus und $\Omega(B)$ ist offen.

Nun braucht man noch

Lemma 7: Wenn $\Omega(\xi) = \Phi(\mu)$ so ist $\|\mu\| \geq |\xi|$ und der Existenzbeweis B folgt aus

Lemma 8: Die Abbildung $\Omega: B \to C$ ist eine Abbildung von B auf C, so daß C homöomorph ist zu E_{6g-6}.

Da die Beweise der nötigen Lemmas verhältnismäßig einfach sind, so hat man es hier mit einem sehr eleganten Existenzbeweis zu tun.

Für weitere Untersuchungen vgl. man GERSTENHABER und RAUCH [1].

6.13. Vollständige Lösung einer Extremalaufgabe der quasikonformen Abbildung. Unter diesem Titel weist TEICHMÜLLER [5] die Existenz, sowie vor allem die speziellen Eigenschaften einer extremalen quasikonformen Abbildung für den Fall eines sog. Fünfeckgebietes nach. Dabei wird von einem einfachzusammenhängenden Gebiet ausgegangen, bei dem 5 verschiedene erreichbare Randpunkte ausgezeichnet sind. Durch eine konforme Abbildung läßt sich dieses Gebiet so in die obere Halbebene $\Im z > 0$ überführen, daß drei bestimmte, von den ausgezeichneten Randpunkten in $z = 0, 1,$ und ∞ übergehen, die beiden übrigen in $z = p_2$ und $z = p_4$ $(0 < p_2 < 1, \ 1 < p_4 < \infty)$. Durch diese normierte Abbildung wird das Fünfeck durch zwei reelle Parameter p_2, p_4 festgelegt. Das Fünfeck läßt sich geometrisch durch den Punkt P der (p_2, p_4)-Ebene darstellen. Die Punkte P, denen normierte Fünfecke entsprechen, liegen im offenen Halbstreifen $R: 0 < p_2 < 1, \ 1 < p_4 < \infty$. Neben diesem Fünfeck, das durch P repräsentiert wird, stellt man ein zweites normiertes Fünfeck dar, nämlich die obere Halbebene mit den ausgezeichneten Randpunkten $0, q_2, 1, q_4, \infty$, dessen Vertreter Q heiße. Nun kann man in beiden Richtungen stetige Abbildungen der abgeschlossenen oberen Halbebene auf sich betrachten, die $0, p_2, 1, p_4, \infty$ der Reihe nach in $0, q_2, 1, q_4, \infty$ überführen. Es handelt sich also um Abbildungen $P \to Q$. Die Abbildungen seien stetig differenzierbar, ausgenommen in endlich vielen ausgezeichneten Punkten und auf endlich vielen ausgezeichneten Kurvenbögen. Abgesehen von diesen Ausnahmen sei die Abbildung quasikonform. Zum Beweise, daß es zu einem beliebigen P und Q stets eine extremale quasikonforme Abbildung $P \to Q$ gibt, bestimmt TEICHMÜLLER zunächst, von einem P ausgehend, eine von zwei Parametern K, φ abhängige Schar besonderer Abbildungen $P \to Q$.

Die hier auftretenden Q heißen $P(K, \varphi)$. Jetzt wird bewiesen, daß diese Abbildungen alle extremal quasikonform sind. Ein folgender Kontinuitätsbeweis zeigt, daß sich jedes Q in der Form eines $P(K, \varphi)$ darstellen läßt, d. h. daß also für jedes Q eine extremale Abbildung $P \to Q$ bestimmt werden kann.

6.14. Teichmüller-Räume. In einer weiteren Arbeit, in der TEICHMÜLLER [6] nachträglich den Beweis für die extremalen quasikonformen Abbildungen für geschlossene Riemannsche Flächen gibt, schließen sich auch zahlreiche Bemerkungen über die Theorie der Moduln bei Riemannschen Flächen in mehr fragmentarischer Art an. Zum gleichen Thema nimmt er Stellung in seinen Untersuchungen zum Beweis der analytischen Abhängigkeit des konformen Moduls einer analytischen Ringflächenschar von Parametern [7] und in seiner letzten Arbeit über Extremalenprobleme der konformen Geometrie [4]. Da die hier aufgeworfenen Probleme in gewissen Zusammenhängen mit den quasikonformen Abbildungen stehen — auch der Begriff des quadratischen Differentials spielt wesentlich hinein — so seien hier in Kürze einige Fragestellungen erwähnt.

Die *Modultheorie* wurde durch RIEMANNs Bemerkung hervorgerufen, daß die konforme Struktur einer geschlossenen Fläche des Geschlechts $g > 1$ von $6g - 6$ reellen Parametern abhänge. Sei nun W_0 eine geschlossene Riemannsche Fläche, so betrachtet man alle Paare (W, α), bestehend aus einer Riemannsche Fläche W des Geschlechts g und einer Homotopieklasse α von topologischen Abbildungen von W_0 auf W. Zwei solche Paare (W, α) und (W', α') gelten dann und nur dann als identisch, wenn eine konforme Abbildung von W auf W' existiert, welche zur Homotopieklasse $(\alpha'\alpha^{-1})$ gehört. Dies ist eine Äquivalenzrelation und die Äquivalenzklasse, welche (W, α) enthält, werde durch $\langle W, \alpha \rangle$ bezeichnet. W_0 selber gehört zur Klasse $\langle W_0, \varepsilon \rangle$, wo ε auf die Homotopieklasse der identischen Abbildungen hinweist. $\langle W, \alpha \rangle$ hängt natürlich von der Wahl von W_0 ab. Die Distanz zwischen $\langle W, \alpha \rangle$ und $\langle W', \alpha' \rangle$ wird wie einleitend erwähnt, nach TEICHMÜLLER durch $\log K$ bezeichnet, wo K die konstante Dilatation der extremalen quasikonformen Abbildung von W auf W' in der Homotopieklasse $(\alpha'\alpha^{-1})$ angibt. Durch diese Festlegung wird die Menge aller Klassen $\langle W, \alpha \rangle$ zu einem metrischen Raum, den AHLFORS als Teichmüller-Raum T_g bezeichnet.

Der Inhalt von Theorem 1 oder Theorem 2 aus Abschnitt **6.6.** kann nun folgendermaßen wiedergegeben werden:

In jeder Klasse $\langle W, \alpha \rangle \neq \langle W_0, \varepsilon \rangle$ existiert genau ein Element der Form $(W_0(k, f), \varepsilon)$.

Nach diesen Überlegungen lassen sich die Punkte aus T_g identifizieren mit W_0 und $W_0(k, f)$. Damit ist aber die topologische Natur von T_g noch nicht bestimmt.

Nach TEICHMÜLLER und AHLFORS betrachtet man nun das quadratische Differential f auf W_0, das bekanntlich einen $(6\,g-6)$ dimensionalen Vektorraum über dem Reellen bildet. Es wird zu einem Euklidischen Raum $E^{(6\,g-6)}$ bei der Wahl eines Maximalsystems von linear unabhängigen Vektoren. Wenn die Norm durch $\|f\|$ bezeichnet wird, so gilt die folgende Beziehung, für deren Beweis wir auf AHLFORS [3] verweisen:

Satz: Die Abbildung von $\|f\| < 1$ auf T_g, welche dadurch definiert ist, daß die 0 dem Element W_0 zugeschrieben wird und $f \neq 0$ dem Element $W_0(\|f\|,f)$, ist ein Homöomorphismus. Der Teichmüller-Raum T_g ist also homöomorph dem Euklidischen Raum der Dimension $6\,g-6$.

Die Theorie der Teichmüller-Räume wurde in jüngster Zeit weiter ausgebaut. Ein vertieftes Eindringen in dieser Richtung müßte den Rahmen dieser Darstellung überschreiten, es sei deshalb auf die einschlägige Literatur von BERS [7], RAUCH [1] und AHLFORS u. BERS[1] verwiesen.

7. Kapitel

Quasikonforme Abbildungen, Differentialgleichungen und pseudoanalytische Funktionen

7.1. Überblick. Wenn eine Funktion $h(x,y)$ der Laplaceschen Differentialgleichung genügt, so läßt sie sich als Realteil einer analytischen Funktion $f(z)$ schreiben. Ebenfalls analytisch ist dann der komplexe Gradient $g(z) = h_x - i h_y$, denn es gilt $g(z) = f'(z)$.

Im folgenden werden allgemeinere elliptische Differentialgleichungen betrachtet und deren Lösungen untersucht, die man nach dem Vorschlag von L. BERS als pseudoanalytische Funktionen bezeichnet.

In diesem Abschnitt werden lineare Differentialgleichungssysteme von zwei Gleichungen 1. Ordnung bezüglich der Funktionen $u\,(x,\,y)$ und $v\,(x,\,y)$:

$$u_x = a_{11}v_x + a_{12}v_y + b_{11}u + b_{12}v + c_1$$
$$- u_y = a_{21}v_x + a_{22}v_y + b_{21}u + b_{22}v + c_2 \tag{7,1}$$

sowie lineare elliptische Differentialgleichungen zweiter Ordnung der Form

$$A_{11}\varphi_{xx} + 2\,A_{12}\varphi_{xy} + A_{22}\varphi_{yy} + A_1\varphi_x + A_2\varphi_y + A_0\varphi = B \tag{7,2}$$

untersucht.

Das System (7,1) heißt elliptisch, wenn $a_{12} > 0$ und

$$4\,a_{12}a_{21} - (a_{11} + a_{22})^2 > 0\,.$$

---

[1] Noch nicht erschienen.

Das System heißt gleichmäßig elliptisch, wenn alle Koeffizienten beschränkt sind.

Ist Gleichung (7,2) elliptisch, so darf man ohne Beschränkung der Allgemeinheit die Festlegung treffen

$$A_{11}\,A_{22} - A_{12}^2 \equiv 1\, , A_{11} > 0\, .$$

Auch hier wird von einer gleichmäßigen elliptischen Differentialgleichung gesprochen, wenn alle Koeffizienten gleichmäßig beschränkt sind.

Von den Koeffizienten wird vorläufig verlangt, daß es sich um meßbare Funktionen $a_{11}\,(x,\,y)\, , \ldots B\,(x,\,y)$ handelt. Zwischen den elliptischen Gleichungen der speziellen Form

$$A_{11}\,\varphi_{xx} + 2\,A_{12}\,\varphi_{xy} + A_{22}\,\varphi_{yy} + A_1\,\varphi_x + A_2\,\varphi_y = B \qquad (7,3)$$

und den elliptischen Systemen besteht ein enger Zusammenhang. Ergänzt man nämlich irgend eine Funktion φ zum komplexen Gradienten $w = u + iv = \varphi_x - i\,\varphi_y$, so weiß man, daß φ dann und nur dann eine Lösung von (7,3) ist, wenn $(u,\,v)$ eine Lösung des elliptischen Systems

$$u_x = (2\,A_{12}/A_{11})\,v_x + (A_{22}/A_{11})\,v_y - (A_1/A_{11})\,u + (A_2/A_{11})\,v + (B/A_{11})$$
$$-u_y = v_x \qquad (7,4)$$

darstellt.

Ohne weiteres ist zu erkennen, daß die allgemeinere Gleichung (7,2) sich in die speziellere Form (7,3) überführen läßt.

Nun folgt ein kurzer Überblick über einige bekannte Resultate aus der Theorie der elliptischen Differentialgleichungen vom Typus (7,1) und (7,2) um nachher den gewünschten Anschluß an die Theorie der pseudoanalytischen und quasikonformen Abbildungen zu erhalten. Hier wird auf jegliche Beweisangabe verzichtet und dafür auf die einschlägige Literatur, z. B. von BERS und NIRENBERG [1], [2] verwiesen.

Es erweist sich als zweckmäßig, in den kommenden Darstellungen die komplexe Schreibweise sowohl für komplexwertige, wie für reelle Funktionen zu benutzen. Ist $z = x + iy$, $z = x - iy$, so versteht man bekanntlich unter

$$\frac{\partial}{\partial z} = \frac{1}{2}\left(\frac{\partial}{\partial x} - i\,\frac{\partial}{\partial y}\right);\quad \frac{\partial}{\partial \bar{z}} = \frac{1}{2}\left(\frac{\partial}{\partial x} + i\,\frac{\partial}{\partial y}\right)$$

und es ist

$$2\,w_z = w_x - i\,w_y \quad \text{und} \quad 2\,w_{\bar{z}} = w_x + i\,w_y\, .$$

Mit Hilfe dieser Darstellung ergibt eine weitere Rechnung für das System (7,1) die komplexe Schreibweise

$$w_{\bar{z}} = \mu\,w_z + \nu\,\bar{w}_{\bar{z}} + \alpha w + \beta \bar{w} + \gamma\, . \qquad (7,5)$$

Dabei bedeuten $\mu(z)\ldots\gamma(z)$ komplexwertige meßbare Funktionen, welche den Ungleichungen

$$|\mu| + |\nu| \leqq k < 1$$
$$|\alpha| + |\beta| \leqq k' \; ; \; |\gamma| \leqq k'' \tag{7,6}$$

genügen. Ein Vergleich zwischen den Gleichungen (7,5) und (7,1) liefert:

$$\gamma \equiv 0 \quad \text{ergibt} \quad c_1 \equiv c_2 \equiv 0 \quad \text{und umgekehrt.}$$

$$\mu \equiv \nu \equiv 0 \quad \text{ergibt} \quad \begin{cases} a_{12} \equiv a_{21} \equiv 1 \\ a_{11} \equiv a_{22} \equiv 0 \end{cases} \quad \text{und umgekehrt.}$$

$$\alpha \equiv \beta \equiv 0 \quad \text{ergibt} \quad b_{ij} = 0 \quad \text{und umgekehrt.}$$

7.2. Das Darstellungstheorem. $w(z)$ sei eine Lösung der gleichmäßig elliptischen Gleichung (7,5), definiert in einem Gebiet D, einem Teilgebiet von $|z| < 1$. Dann hat $w(z)$ die Darstellung

$$w(z) = e^{s(z)} f\left[\chi(z)\right] + s_0(z) \,.$$

Dabei sind s und s_0 stetig auf $|z| \leqq 1$, verschwinden in $z = 1$ und sind reell auf $|z| = 1$; $\zeta = \chi(z)$ ist ein Homöomorphismus, d. h. eine topologische Abbildung des abgeschlossenen Einheitskreises auf sich selbst mit $\chi(0) = 0$ und $\chi(1) = 1$. Weiter ist $f(\zeta)$ analytisch in dem Gebiet $\chi(D)$, dem Bild von D bezüglich χ.

Die Funktionen $s(z)$, $s_0(z)$, $\chi(z)$ und $\chi^{-1}(\zeta)$ genügen gleichmäßigen Hölderbedingungen, welche nur von den Konstanten in (6,6) abhängen.

Für $\gamma \equiv 0$ gilt das Theorem mit $s_0 \equiv 0$.

Für $\mu \equiv \nu \equiv 0$ gilt das Theorem mit $\chi(z) \equiv z$.

Für $\alpha \equiv \beta \equiv 0$ gilt das Theorem mit $s \equiv 0$.

Sind $\alpha \equiv \beta \equiv \mu \equiv \nu \equiv 0$ in einem offenen Gebiet, so sind die Funktionen s, s_0 und χ analytisch.

Zum Beweise dieses Haupttheorems geht man zuerst aus von der spezielleren Gleichung

$$w_{\bar{z}} = \mu w_z + \alpha \qquad (|\mu| \leqq k < 1 \; ; \; |\alpha| \leqq k') \tag{7,7}$$

und zeigt, daß diese eine Lösung $w(z)$ aufweist für $|z| \leqq 1$, wobei w reell bleibt auf $|z| = 1$, in $z = 1$ verschwindet und eine gleichmäßige Hölderbedingung erfüllt, welche nur von k und k' abhängt. Sodann bleibt das Dirichlet-Integral von w beschränkt durch eine Konstante, welche nur von k und k' abhängt. Betrachtet man weiter die Gleichung

$$w_{\bar{z}} = \mu w_z \qquad (|\mu| \leqq k < 1) \,, \tag{7,8}$$

so läßt sich hier eine Lösung nachweisen für $|z| \leqq 1$ mit den folgenden Eigenschaften:

α) w ist eine topologische Abbildung des abgeschlossenen Einheitskreises auf sich mit den Fixpunkten $z = 0$ und $z = 1$.

β) w und w^{-1} genügen Hölderbedingungen, welche von k abhängen.

Unter Benutzung dieser beiden Spezialfälle, die von MORREY [1] stammen, läßt sich das Haupttheorem im wesentlichen beweisen. Vergleiche hierzu auch die Resultate von VEKUA [2, 3] und BOYARSKIJ [1, 2].

γ) Die Ableitungen w_z und $w_{\bar{z}}$ sind summierbar mit einem Exponenten $p > 2$, d. h. w_z und $w_{\bar{z}} \in L^p$. Vgl. hierzu auch BOYARSKIJ [1].

Aus der Gleichung (7,8) geht weiter hervor

$$|w_{\bar{z}}| \leqq k\,|w_z|\;.$$

Dies besagt, daß die Abbildung eine beschränkte Exzentrizität aufweist. Die Aussage β) ist somit eine Haupteigenschaft für derartige quasikonforme Abbildungen, welche unabhängig von MORREY [1], AHLFORS [3] und LAVRENTIEFF [8] gefunden wurde.

Aus dem Darstellungstheorem schließt man auf die nun folgenden Eigenschaften der Lösungen $w(z)$ eines elliptischen Systems:

7.3. Nullstellen. Es sei $w(z)$ Lösung des gleichmäßigen homogenen, elliptischen Systems

$$w_{\bar{z}} = \mu\,w_z + \nu\,\overline{w_{\bar{z}}} + \alpha w + \beta\overline{w}\;. \tag{7,9}$$

Dann liegen die Nullstellen der Lösung isoliert und der Index von w in jeder Nullstelle ist positiv. Ist n der Index für eine Nullstelle z_0, so gilt

$$w(z) = O\left(|z - z_0|\right)^{n\delta}; \quad \frac{1}{w(z)} = O\left(|z - z_0|^{-n/\delta}\right) \qquad \text{für } z \to z_0,$$

wobei die positive Konstante $\delta < 1$, nur von der Gleichung (7,9) abhängt (vgl. hierzu CARLEMAN [1] und MORREY [1]).

Kehrt man zur allgemeinen Gleichung (7,5) zurück, so wird nachgewiesen, daß zwei Lösungen von (7,5) übereinstimmen, wenn sie auf einer unendlichen Punktfolge mit einem Häufungspunkt im Innern des gemeinsamen Existenzgebietes identisch sind.

Isolierte Singularitäten: Es sei $w(z)$ eine Lösung von (7,5), gegeben in einer Umgebung von z_0. Dann ist w entweder stetig in z_0 oder besitzt dort einen Pol, so daß $w \to \infty$ für $z \to z_0$ oder w besitzt dort eine wesentliche Singularität, so daß w jedem komplexen Wert beliebig nahe kommt für $z \to z_0$.

7.4. Das DIRICHLET-Problem. Es existiert eine bestimmte Lösung $w(z)$ von (7,5), für welche gilt

$$\mathfrak{Re}\,w(z) = \tau(z) \qquad |z| = 1\;,$$

wobei $\tau(z)$ eine reellwertige stetige Funktion auf $|z| = 1$ ist, die einer gleichmäßigen Hölderbedingung genügt und höchstens endlich viele Unstetigkeitsstellen auf $|z| = 1$ zuläßt[1].

Das Dirichlet-Problem gilt auch noch für quasilineare elliptische Systeme von der Form

$$u_x = a_{11}v_x + a_{12}v_y + c_1$$
$$-u_y = a_{21}v_x + a_{22}v_y + c_2 , \qquad (7,10)$$

wobei die Koeffizienten $a_{11}, \ldots .c_2$ Funktionen von x, y, u, v sind und als gleichmäßig beschränkt vorausgesetzt werden. Das System (7,10) kann man komplex schreiben in der Form

$$w_{\bar{z}} = \mu(z, w) w_z + \nu(z, w) \overline{w_{\bar{z}}} + \gamma_0(z, w)$$

mit $\qquad (7,11a)$

$$|\mu| + |\nu| \leqq k < 1 \quad \text{und} \quad |\gamma_0| \leqq k(1 + |w|)$$

oder auch

$$w_{\bar{z}} = \mu(z, w) w_z + \nu(z, w) \overline{w_{\bar{z}}} + \alpha(z, w) w + \beta(z, w) \overline{w} + \gamma(z, w)$$

mit $\qquad (7,11b)$

$$|\mu| + |\nu| < k < 1 ; \quad |\alpha| \leqq k', |\gamma| \leqq k''.$$

Vgl. BOYARSKIJ [1,2], SCHAPIRO [1], DRESSEL und GERGEN [1].

7.5. Verallgemeinerter Riemannscher Abbildungssatz. Wenn die Koeffizienten des quasilinearen Systems (7,10) stetig definiert sind für x, y in einem Jordangebiet D und u, v in einem solchen Δ und wenn das System gleichmäßig elliptisch ist für diese Variablen, dann existiert eine Lösung des Systems, welche einen Homöomorphismus darstellt von dem abgeschlossenen Gebiet D auf das abgeschlossene Gebiet Δ bei welchem 3 gegebene Randpunkte in drei ausgezeichnete Randpunkte übergehen. Dieses erweiterte Resultat verdankt man SCHAPIRO. Später wird noch auf Verallgemeinerungen von LAVRENTIEFF hingewiesen. (Vgl. auch die Zusammenstellung der Resultate bei DRESSEL und GERGEN [1], sowie die Arbeit von LEHTO und VIRTANEN [1].)

7.6. Die pseudoanalytischen Funktionen. Es gehört weitgehend zum Verdienste von L. BERS [1], [2], [8], [9], die elliptischen Systeme so von einem Standpunkt aus behandelt zu haben, daß die Lösungen möglichst nahe an die analytischen Funktionen heranreichen. Dies gelang durch zusätzliche Voraussetzungen, welche an die Koeffizienten des Systems gestellt werden.

Einleitend sei der allgemeine Begriff der pseudoanalytischen Funktion formuliert. Dazu geht man aus von zwei beliebig gewählten komplexwertigen, aber Hölderstetigen Funktionen $F(z)$ und $G(z)$, von denen vorausgesetzt wird, daß

$$\Im(\overline{F} G) > 0 \qquad (7,12)$$

---

[1] Die Hölderbedingung bezieht sich nur auf Teilbögen, auf denen keine Singularitäten auftreten.

und nennt diese beiden Funktionen kurz die Erzeugenden der betrachteten Klasse pseudoanalytischer Funktionen. Eine komplexwertige Funktion $w(z)$ kann immer in der Form

$$w = \varphi F + \psi G \tag{7,13}$$

geschrieben werden mit reellwertigen Funktionen φ und Ψ. Der Ausdruck (7,13) heißt (F, G)-pseudoanalytische Funktion erster Art unter der Voraussetzung, daß die (F, G)-Ableitung, definiert durch den endlichen Grenzwert

$$\dot{W}(z) = \lim_{\zeta \to z} \frac{[\varphi(z) - \varphi(\zeta)]\, F(\zeta) + [\psi(z) - \psi(\zeta)]\, G(\zeta)}{z - \zeta} \tag{7,14}$$

für sämtliche Punkte des Existenzgebietes vorhanden ist.

Man erkennt auch, daß die Existenz der (F, G)-Ableitung die Stetigkeit bedingt und daß (7,13) dann und nur dann (F, G)-pseudoanalytisch ist, wenn φ und ψ die Gleichung

$$\varphi_{\bar{z}} F + \psi_{\bar{z}} G = 0 \tag{7,15}$$

befriedigen. Ist hingegen (7,15) erfüllt, so kann man (7,14) schreiben durch

$$\dot{W} = \varphi_z F + \psi_z G. \tag{7,16}$$

Der (F, G)-pseudoanalytischen Funktion erster Art $w = \varphi F + \psi G$ ordnet man noch die Funktion

$$\omega(z) = \varphi + i\,\psi \tag{7,17}$$

zu und nennt diese eine (F, G)-pseudoanalytische Funktion 2. Art.

Es soll nun gezeigt werden, wie diese pseudoanalytischen Funktionen mit Lösungen von elliptischen Systemen in Zusammenhang gebracht werden können. Dazu wird verlangt, daß alle Gleichungen, die im folgenden herangezogen werden, Hölderstetige Koeffizienten haben. Die einfachste lineare elliptische Gleichung läßt sich in der Form

$$\Phi_{xx} + \Phi_{yy} + A_1 \Phi_x + A_2 \Phi_y = 0 \tag{7,18}$$

angeben. Nach BERS ist es i. a. möglich, zwei reelle Funktionen $\sigma > 0$ und τ so zu finden, daß die Gleichung (7,18) durch Elimination aus dem elliptischen System

$$\Phi_x = \tau \Psi_x + \sigma \Psi_y \,; \quad \Phi_y = -\sigma \Psi_x + \tau \Psi_y \tag{7,19}$$

erhalten werden kann.

Dieses System ist gleichbedeutend mit (7,15) für

$$F = 1 \quad \text{und} \quad G = -\tau + i\,\sigma.$$

Somit ist jede Lösung Φ von (7,18) gleich dem Realteil einer (F, G)-pseudoanalytischen Funktion zweiter Art und umgekehrt. Andererseits erfüllt der komplexe Gradient von Φ, d. h. $W = \Phi_x - i\,\Phi_y$ die Gleichung

$$W_{\bar{z}} = a_1 W + \bar{a}_1 \overline{W}$$

mit

$$a_1 = -\,(A_1 + i\,A_2)/4\;.$$

BERS zeigt auch, daß ein Erzeugendenpaar (F_1, G_1) existiert, so daß jede Lösung dieser Gleichung (F_1, G_1) pseudoanalytisch 1. Art ist. Weiter läßt sich nachweisen, daß das System (7,19) auf die Form

$$\omega_{\bar{z}} = \nu\,\bar{\omega}_{\bar{z}} \tag{7,20}$$

mit

$$\omega = \Phi + i\,\Psi$$

und

$$\nu = -\,\frac{F + iG}{F - iG} \qquad (|\nu| < 1)$$

gebracht werden kann.

Geht man jetzt über zur elliptischen Gleichung

$$A_{11}\,\Phi_{xx} + 2\,A_{12}\,\Phi_{xy} + A_{22}\Phi_{yy} = 0$$

mit

$$A_{11}\,A_{22} - A_{12}^2 \equiv 1\;;\quad A_{11} > 0 \tag{7,21}$$

und betrachtet die Riemannsche Metrik

$$A_{22}\,dx^2 - 2\,A_{12}\,dx\,dy + A_{11}\,dy^2, \tag{7,22}$$

so existiert ein konformer Homöomorphismus $\zeta = \zeta(z) = \xi + i\,\eta$ bezüglich der Metrik (7,22) als Lösung der Beltrami-Gleichung

$$\zeta_{\bar{z}} = \hat{\mu}\,\zeta_z\,,\;\left(\hat{\mu} - \frac{A_{22} - A_{11} + 2i\,A_{12}}{A_{22} + A_{11} + 2}\right) \tag{7,23}$$

der die Gleichung (7,21) in (7,18) überführt, wenn die Koeffizienten A_{ij} Hölderstetig differenzierbar sind.

Die Lösungen der elliptischen Gleichung

$$A_{11}\Phi_{xx} + 2\,A_{12}\Phi_{xy} + A_{22}\Phi_{yy} + A_1\Phi_x + A_2\Phi_y = 0 \tag{7,24}$$

können ebenfalls durch pseudoanalytische Funktionen ausgedrückt werden, denn die gleiche Abbildung $\zeta = \zeta(z)$ führt (7,24) in (7,18) über, wenn die A_{ij} wieder Hölderstetig differenzierbar sind.

Die allgemeinste lineare, homogene, elliptische Gleichung

$$A_{11}\Phi_{xx} + 2\,A_{12}\Phi_{xy} + A_{22}\Phi_{yy} + A_1\Phi_x + A_2\Phi_y + A_0\Phi = 0 \tag{7,25}$$

läßt sich auf die Form (7,24) transformieren für jedes Gebiet, in welchem (7,25) eine positive Lösung Φ_0 hat.

Geht man nun zu den elliptischen Systemen über und betrachtet zuerst den speziellen Fall des normierten Systems

$$
\begin{aligned}
u_x &= \tau v_x + \sigma v_y + b_{11} u + b_{12} v \\
- u_y &= \sigma v_x - \tau v_y + b_{21} u + b_{22} v \qquad (\sigma > 0) ,
\end{aligned}
\tag{7,26}
$$

so läßt sich (7,26), indem man für $u + i v = w$ setzt, in komplexer Form schreiben

$$
w_{\bar z} = \nu \, \overline{w_{\bar z}} + \alpha \, w + \beta \, \overline{w} \quad \text{mit} \quad |\nu| < 1 .
\tag{7,27}
$$

Setzt man $\alpha = \beta = 0$, so ergibt sich der bekannte Typus (7,20) und w ist eine pseudoanalytische Funktion zweiter Art. Wenn aber α und $\beta \neq 0$ sind, so ist eine Transformation auf pseudoanalytische Funktionen im Großen möglich, falls ν Hölderstetig differenzierbar ist. Dazu setzt man $W = w - \nu \, \overline{w}$, wodurch (7,27) die Form

$$
W_{\bar z} = a \, W + b \, W
\tag{7,28}
$$

annimmt, deren Lösungen, wie schon erwähnt, pseudoanalytische Funktionen erster Art sind. (Vgl. auch VEKUA [1].)

Das allgemeine lineare, homogene System

$$
\begin{aligned}
u_x &= a_{11} v_x + a_{12} v_y + b_{11} u + b_{12} v \\
- u_y &= a_{21} v_x + a_{22} v_y + b_{21} u + b_{22} v
\end{aligned}
\tag{7,29}
$$

heißt bekanntlich elliptisch, wenn

$$
4 \, a_{12} \, a_{21} - (a_{11} + a_{22})^2 > 0 , \; a_{12} > 0 .
$$

Das System läßt sich dann auf die Form

$$
w_{\bar z} = \mu \, w_z + \nu \, \overline{w_{\bar z}} + \alpha \, w + \beta \, \overline{w} \qquad (|\mu| + |\nu| < 1)
\tag{7,30}
$$

bringen. Sei wiederum $\zeta(z)$ ein konformer Homöomorphismus bezüglich der Metrik von (7,29), also eine Lösung der Beltrami-Gleichung (7,23), so führt $z \to \zeta$ die Gleichung (7,30) in die kanonische Form (7,26) über. Für eine Erweiterung bezüglich weniger starken Koeffizientenbedingungen sei auf BERS verwiesen.

7.7. Eigenschaften pseudoanalytischer Funktionen. Auch hier soll es sich vorwiegend um eine Zusammenstellung von Sätzen über pseudoanalytische Funktionen handeln, deren nähere Beweise man bei BERS findet. Ausgegangen wird bei vorgegebenem F und G von den (F, G)-pseudoanalytischen Funktionen 1. Art, welche durch die Lösungsklasse (Φ, Ψ) des elliptischen Systems

$$
\begin{aligned}
\Phi_{\bar z} \, F + \Psi_{\bar z} \, G &= 0 \\
\Phi_z \, F + \psi_z \, G &= \dot{w}
\end{aligned}
\tag{7,31}
$$

gegeben sind.

Integralsätze und Differenzierbarkeitsregeln: Neben den erzeugenden F und G ist es zweckmäßig, das duale Erzeugendenpaar $(F, G)^* = (F^*, G^*)$ durch die Beziehung

$$F^* = \frac{2\,\bar{G}}{F\bar{G} - \bar{F}G} \qquad G^* = \frac{2\,\bar{F}}{F\bar{G} - \bar{F}G} \tag{7,32}$$

einzuführen. Aus der Beziehung (7,31) schließt man dann auf

$$2\,\Phi_z = F^*\,\dot{w} \qquad\qquad 2\,\Psi_z = -\,G^*\,\dot{w}\,.$$

Mit dieser Überlegung definiert man den folgenden Integralbegriff: Es sei $W(z)$ eine stetige Funktion, definiert auf einer rektifizierbaren Kurve Γ. Das (F, G)-Integral von W auf Γ wird dann gebildet durch

$$\int_\Gamma W d_{(F,\,G)}\,z = \mathfrak{Re} \int_\Gamma F^*\,W\,dz - i\,\mathfrak{Re} \int_\Gamma G^*\,W\,dz\,. \tag{7,33}$$

Ist $w(z)$ (F, G)-pseudoanalytisch erster Art, so ist

$$\omega(z_1) - \omega(z_0) = \int_{z_0}^{z_1} \dot{w}\, d_{(F,\,G)}\,z \tag{7,34}$$

die entsprechende pseudoanalytische Funktion zweiter Art. Daß zwischen den analytischen und den pseudoanalytischen Funktionen Parallelen bestehen, erkennt man auch darin, daß für ein Erzeugendenpaar (F, G) in einem Gebiet D_0 stets zwei zugeordnete Paare (F_1, G_1) und (F_{-1}, G_{-1}) existieren, so daß

1. eine (F, G)-Ableitung einer (F, G)-pseudoanalytischen Funktion (F_1, G_1)-pseudoanalytisch erster Art ist und

2. eine (F, G)-pseudoanalytische Funktion erster Art ist die (F_{-1}, G_{-1})-Ableitung einer (F_{-1}, G_{-1})-pseudoanalytischen Funktion.

Auf diese Art ist eine pseudoanalytische Funktion erster Art unendlich oft differenzierbar. Die Konstruktion dieser Erzeugendenfolge (F_{-1}, G_{-1}), (F, G), (F_1, G_1) ist recht heikel. In speziellen Fällen ergibt sie sich durch Lösung von linearen Integralgleichungen.

Nach den obigen Erläuterungen kann man ein Erzeugendenpaar (F, G) so in eine Folge einbetten, daß

$$\ldots (F_{-1}, G_{-1}),\ (F, G),\ (F_1, G_1),\ (F_2, G_2)$$

gilt.

Es gelang PROTTER[1] die Existenz von Folgen mit einer vorgeschriebenen minimalen Periode N anzugeben, so daß

$$(F_{\nu + N},\ G_{\nu + N}) = (F_\nu,\ G_\nu)$$

für alle ν gilt.

---

[1] Noch nicht erschienen.

Der Wertevorrat. Die Nullstellen: Es sei $w(z) = \Phi F + \Psi G$ eine pseudoanalytische Funktion 1. Art. In der Umgebung irgend eines Punktes z_0 gilt dann

$$w(z) = \Phi(z_0)\, F(z) + \Psi(z_0)\, G(z) + \alpha\, (z - z_0)^n + o\, (|z - z_0|)^n\,; \; (\alpha \neq 0)\,. \qquad (7{,}35)$$

Dabei ist α eine komplexe Konstante und n eine positive ganze Zahl, ausgenommen in den Punkten mit $\dot{w} = 0$, für welche

$$w \equiv \Phi(z_0)\, F(z) + \Psi(z_0)\, G(z)\,.$$

gilt. Man erkennt hieraus, daß die Nullstellen einer pseudoanalytischen Funktion isoliert sind, woraus weiter folgt, daß eine pseudoanalytische Funktion bestimmt ist durch ihre Werte auf irgend einer offenen Punktmenge.

Die Singularitäten: Ist z_0 eine isolierte Singularität für die gilt: $w(z) \to \infty$ wenn $z \to z_0$ geht, so spricht man von einem Pol. In diesem Fall gibt es eine ganze Zahl $n > 0$ so, daß

$$w(z) = \frac{\alpha}{(z - z_0)^n} + o\,(|z - z_0|^{-n})\,; \qquad (\alpha \neq 0)\,. \qquad (7{,}36)$$

z_0 ist eine wesentliche Singularität von $w(z)$, wenn $w(z)$ in der Umgebung von z_0 jeder beliebigen komplexen Zahl beliebig nahe kommt. (7,35) und (7,36) lassen sich differenzieren und man erhält:

$$\dot{w}(z) = n\, \alpha\, (z - z_0)^{n-1} + o\,(|z - z_0|^{n-1}) \qquad (7{,}37)$$

$$\dot{w}(z) = -\frac{n\, \alpha}{(z - z_0)^{n+1}} + o\,(|z - z_0|^{-n-1})\,. \qquad (7{,}38)$$

Daraus folgt, daß man bei pseudoanalytischen Funktionen von einer Ordnung der Nullstellen bzw. der Pole sprechen kann, was für den allgemeineren Fall in (7,9) noch nicht der Fall ist. Weiter muß man beachten, daß Funktionen erster Art die geometrischen Eigenschaften analytischer Funktionen nicht mehr beibehalten. Das ist klar, da schließlich die Erzeugenden F und G ganz beliebige komplexe Funktionen sind. Hingegen findet man bei den pseudoanalytischen Funktionen 2. Art wiederum geometrische Abbildungseigenschaften, denn aus (7,35) und (7,37) folgt, daß die Abbildung $\omega = \omega(z)$ durch eine pseudoanalytische Funktion 2. Art ein Homöomorphismus für die Umgebung eines Punktes z_0 ist, vorausgesetzt daß $\dot{w}(z_0) \neq 0$. Ist $\dot{w}(z_0) = 0$ von der Ordnung n, dann bildet $\omega(z)$ die Umgebung von z_0 auf ein $(n + 1)$-blättriges Windungselement ab. (Vgl. Abschnitt 5.1.)

Diese Überlegung läßt sich vom Lokalen ins Globale übertragen, so daß man zum Ergebnis kommt:

Satz: Jede pseudoanalytische Funktion 2. Art ist eine innere Abbildung. Die Dilatation D einer solchen inneren Abbildung läßt sich durch F und G angeben und ist gleichmäßig beschränkt. Setzt man nämlich wie in (7,20) für

$$v(z) = \frac{F+iG}{F-iG}, \tag{7,39}$$

dann ist

$$\varkappa = \frac{1+|v|^2}{1-|v|^2} \qquad \text{mit} \quad |v| < 1$$

daraus folgt

$$D = \varkappa + \sqrt{\varkappa^2 - 1} \le K. \tag{7,40}$$

Somit sind die pseudoanalytischen Funktionen 2. Art nicht nur innere Abbildung, sondern auf jedem kompakten Teilgebiet, in welchem die Erzeugenden definiert sind, ist die Dilatation beschränkt, d. h. die Abbildungen sind K-quasikonform. Es ist jetzt klar, daß für pseudoanalytische Funktionen 2. Art ein Riemannscher Abbildungssatz besteht (vgl. dazu die Arbeiten von DRESSEL und GERGEN [1]).

Weiter sei nur noch erwähnt, daß für (F, G)-pseudoanalytische Funktionen, entsprechend wie für analytische Funktionen, Potenzreihenentwicklungen bestehen. Es treten analoge Darstellungen auf, zu den Taylor- und Laurententwicklungen, und auch eine Cauchysche Integralformel kann hergeleitet werden. Es ist auch angebracht, von ganzen und rationalen pseudoanalytischen Funktionen zu sprechen, analog wie im analytischen Fall. Offensichtlich ist auch, daß eine rationale pseudoanalytische Funktion gleichviel Nullstellen wie Pole hat. Eine mehrwertige (F, G)-pseudoanalytische Funktion heißt algebraisch, falls sie endlich vielwertig ist. Auch hier gelten entsprechende Beziehungen wie im Analytischen.

Weiter kann eine sinnvolle Erweiterung für doppeltperiodische Funktionen aufgestellt werden. Ein Erzeugendenpaar (F, G) heißt doppeltperiodisch, wenn sowohl $F(z)$ wie auch $G(z)$ zwei Perioden Ω_1 und Ω_2 mit $\mathfrak{Im}\,(\Omega_1 \bar{\Omega}_2) > 0$ besitzen. Eine (F, G)-pseudoanalytische Funktion, welche die gleichen Perioden Ω_1 und Ω_2 aufweist, und stetig ist bis auf Pole, heißt eine (F, G)-elliptische Funktion. Eine (F, G)-elliptische Funktion 2. Art kann durch einen Homöomorphismus in eine gewöhnliche elliptische Funktion transformiert werden.

In Analogie zur Weierstraßschen ζ-Funktion gibt es zwei lineare unabhängige überall stetige (F, G)-Funktionen ζ_1 und ζ_2, so daß für alle ganzen m und n gilt

$$\zeta_i\,(z + m\,\Omega_1 + n\,\Omega_2) - \zeta_i\,(z) = m\,\lambda_i\,F\,(z) + n\,\mu_i\,G\,(z) \qquad i = 1, 2$$

mit reellen λ_i, μ_i, die konstant sind. Die Ableitungen $\dot{\zeta}_1$ und $\dot{\zeta}_2$ haben auch die Perioden Ω_1 und Ω_2.

Differentiale auf Riemannschen Flächen: Sei S eine abstrakt definierte Riemannsche Fläche. Zwei Funktionen F, G definieren dann ein Erzeugendenpaar auf S wenn sie Hölderstetig sind in den lokalen Parametern.

Ein Differential dW auf S heißt dann ein (F, G)-Differential, wenn für jeden lokalen Parameter z in der Umgebung vom Punkte p eine (F,G)-pseudoanalytische Funktion $w(z)$ existiert, so daß $dW = \dot{w}\, dz$. Jede (F, G)-Funktion kann ein (F, G)-Differential erzeugen, aber ein (F, G)-Differential ist das Differential einer (F, G)-Funktion nur dann, wenn seine (F, G)-Perioden verschwinden, dabei sind die (F, G)-Perioden von dW über eine geschlossene Kurve definiert als Integral

$$\int_{\Gamma} \mathfrak{Re}\,(F^*\, dW) - i\,\mathfrak{Re}\,(G^*\, dW)\,.$$

Geht man zu geschlossenen Riemannschen Flächen über vom Geschlecht $g > 1$, so kann man zeigen, daß ein (F, G)-Differential, das nicht identisch verschwindet, $2\,(g-1)$ mehr Nullstellen als Pole hat. Das Existenztheorem für (F, G)-Differentiale sagt aus, daß es genau $2\,g$ linear unabhängige, überall stetige (F, G)-Differentiale gibt. Zum Schluß sei erwähnt, daß für pseudoanalytische Funktionen auf geschlossenen Flächen ein Analogon zum Riemann-Rochschen Satz existiert.

Das Ähnlichkeitsprinzip: In Analogie zum Darstellungsprinzip gilt für ein Erzeugendenpaar (F, G), definiert in einem Gebiet D, die Darstellung einer pseudoanalytischen Funktion 1. Art in $D_0 \subset D$, so daß

$$w(z) = e^{s(z)}\, f(z)\,.$$

wird. Dabei ist $f(z)$ analytisch und $s(z)$ komplexwertig auf dem abgeschlossenen Gebiet D, beschränkt und Hölderstetig. Ist andererseits $f(z)$ eine eindeutige analytische Funktion in D, so existiert eine komplexwertige Funktion $s(z)$ nach obiger Angabe, so daß die Funktion

$$w(z) = e^{s(z)}\, f(z)$$

(F, G)-pseudoanalytisch ist.

Für Erweiterungen dieses Prinzipes wird auf LEE [1], VEKUA [1], BOYARSKIJ [1,2], NEWMAN[1] und MORAWETZ[1] verwiesen.

Mit Hilfe dieses Ähnlichkeitsprinzips zeigt BERS, wie man eine Anzahl von klassischen Sätzen aus der Funktionentheorie übertragen kann, so z. B. die Jensensche Ungleichung, Aussagen über Blaschke-Produkte, den Fatouschen Satz über radiale Grenzwerte, sowie die bekannten Eindeutigkeitssätze von F. und M. RIESZ, PRIVALOFF und LUSIN usw.

Für Randwertprobleme wird das Ähnlichkeitsprinzip gebraucht zur Konstruktion der Greenschen und Neumannschen Funktion.

---

[1] Noch nicht erschienen.

7.8. LAVRENTIEFFs **Fundamentaltheorem für quasikonforme Abbildungen** [8, 9].

LAVRENTIEFF bezeichnet eine homöomorphe Abbildung eines Gebietes D auf ein Gebiet Δ, gegeben durch

$$u = u\,(x, y)\,, \quad v = v\,(x, y) \tag{7,41}$$

als quasikonforme Abbildung, wenn die Funktionen (7,41) das System

$$\Phi_1\left(x, y, u, v, \frac{\partial u}{\partial x}, \frac{\partial u}{\partial y}, \frac{\partial v}{\partial x}, \frac{\partial v}{\partial y}\right) = 0$$
$$\Phi_2\left(x, y, u, v, \frac{\partial u}{\partial x}, \frac{\partial u}{\partial y}, \frac{\partial v}{\partial x}, \frac{\partial v}{\partial y}\right) = 0 \tag{7,42}$$

befriedigen. Zur Festlegung der quasikonformen Abbildung legt man in der w-Ebene ein Quadrat fest, dessen eine Ecke in w_0 liegt und von der die beiden Seiten $\overline{w_0 w_1}$, $\overline{w_0 w_2}$ ausgehen, so daß gilt

$$w_2 - w_0 = (w_1 - w_0)\,e^{i\pi/2}\,.$$

Unter ν bezeichnet man den Winkel zwischen der Seite, bzw. dem Vektor $\overline{w_0 w_1}$ und der u-Achse: $w_1 - w_0 = e^{i\nu}$.

Linearisiert man die Abbildung durch

$$u - u_0 = u_x\,(x - x_0) + u_y\,(y - y_0)$$
$$v - v_0 = v_x\,(x - x_0) + v_y\,(y - y_0) \tag{7,43}$$

so geht dieses Quadrat in ein Parallelogramm über, bestimmt durch die w_0, w_1, w_2 entsprechenden Punkte z_0, z_1, z_2. Setzt man noch

$$z_2 - z_0 = V_\nu\,e^{i\alpha_\nu}\,, \quad \Theta_\nu = \arg\frac{z_2 - z_0}{z_1 - z_0}\,; \quad\quad W_\nu V_\nu J = 1$$

wobei J die Funktionaldeterminante im Punkte $z_0 = x_0 + i y_0$ bedeutet, also

$$J = \begin{vmatrix} u_x & u_y \\ v_x & v_y \end{vmatrix}\,,$$

so bestimmen V_ν, α_ν, w_ν und Θ_ν das Parallelogramm.

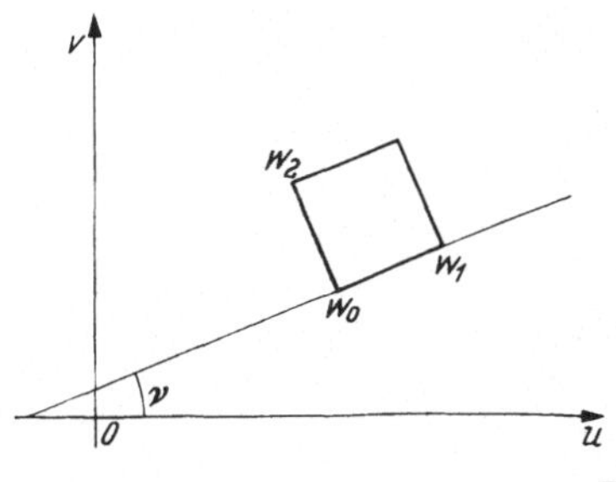

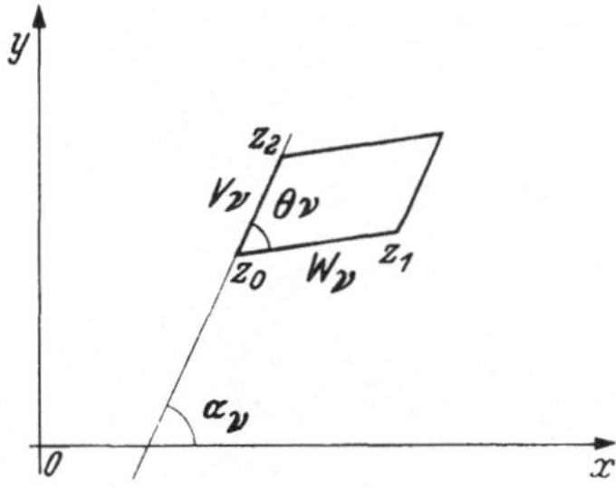

Fig. 35

Die Funktionen (7,42) sind gleichbedeutend mit zwei Relationen zwischen den charakteristischen Größen V, α, W und Θ der Abbildung, nämlich

$$W_\nu = F_1^{(\nu)} \, (V_\nu, \, \alpha_\nu, \, x, \, y, \, u, \, v)$$
$$\Theta_\nu = F_2^{(\nu)} \, (V_\nu, \, \alpha_\nu, \, x, \, y, \, u, \, v) \, . \tag{7,44}$$

Das System (7,42) wird nach LAVRENTIEFF „stark elliptisch" genannt, wenn für jeden Wert ν in (7,44) die folgenden drei Bedingungen gelten:

1. Es existiert eine positive Konstante k so, daß für alle Werte der Argumente gilt

$$k < \Theta < \pi - k \; ; \quad J > 0 \, .$$

2. F_1 und F_2 sind eindeutig, stetig und differenzierbar für alle Argumentswerte.

3. Für jedes fixierte α, x, y, u und v ist F_1 monoton wachsend, bezüglich V_ν, $(V_\nu > 0)$

also $$\frac{\partial F_1}{\partial V} > k > 0 \, .$$

Quasikonforme Abbildungen, welche Lösungen von stark elliptischen Differentialgleichungssystemen sind, weisen wiederum zahlreiche Eigenschaften von konformen Abbildungen auf. Als Haupttheorem in dieser Richtung formuliert man den

7.9. Lavrentieffschen Abbildungssatz. Für irgend zwei Gebiete D und Δ, begrenzt durch stückweise glatte Kurven, auf denen im gleichen Umlaufssinne die drei Punkte z_1, z_2, z_3 auf dem Rande von D bzw. w_1, w_2, w_3 auf demjenigen von Δ gegeben sind, und für irgend ein stark elliptisches System (7,44), mit Funktionen F_1 und F_2, welche gleichförmig stetige partielle Ableitungen besitzen, existiert eine eindeutige quasikonforme Abbildung, welche zum System (7,44) gehört und welche D auf Δ abbildet, so daß die drei Punkte z_1, z_2, z_3 in die 3 Bildpunkte w_1, w_2, w_3 übergehen.

Zum Beweise dieses Satzes weist LAVRENTIEFF darauf hin, daß falls die Abbildung (7,41) zum System (7,44) gehört, die Charakteristiken $V = V_0$ und $\alpha = \alpha_0$ dieser Abbildung dem System

$$\frac{\partial V}{\partial v} = a_1 \frac{\partial V}{\partial u} + a_2 \frac{\partial \alpha}{\partial u} + a_3$$
$$\frac{\partial \alpha}{\partial v} = b_1 \frac{\partial V}{\partial u} + b_2 \frac{\partial \alpha}{\partial u} + b_3 \tag{7,45}$$

genügen, wo sich die Koeffizienten a_1, a_2, a_3, b_1, b_2, b_3 explizite ausdrücken lassen durch V, α, W, Θ. Es ist

$$a_1 = \frac{\partial W}{\partial V} \operatorname{ctg} \Theta - \frac{\partial \Theta}{\partial V} \frac{W}{\sin^2 \Theta}$$

$$a_2 = \frac{\partial W}{\partial \alpha} \operatorname{ctg} \Theta - \frac{\partial \Theta}{\partial \alpha} \frac{W}{\sin^2 \Theta} - W$$

$$a_3 = \left\{ \frac{\partial W}{\partial u} + V \frac{\partial W}{\partial x} \cos \alpha + V \frac{\partial W}{\partial y} \sin \alpha \right\} \operatorname{ctg} \Theta$$

$$- \left\{ \frac{\partial \Theta}{\partial u} + V \frac{\partial W}{\partial x} \cos \alpha + V \frac{\partial W}{\partial y} \sin \alpha \right\} \frac{W}{\sin^2 \Theta}$$

$$b_1 = \frac{1}{V} \frac{\partial W}{\partial V} \; ; \; b_2 = \frac{1}{V} \left\{ \frac{\partial W}{\partial \alpha} + W \operatorname{ctg} \Theta \right\}$$

$$b_3 = \frac{1}{V} \frac{\partial W}{\partial u} + \frac{\partial W}{\partial x} \cos \alpha + \frac{\partial W}{\partial y} \sin \alpha \; .$$

Weiß man, daß (7,42) stark elliptisch ist, dann ist System (7,45) elliptisch, mit $b_1 > 0$ und

$$- 4 a_3 b_1 - (b_2 - a_1)^2 > k > 0$$

wo k eine positive Konstante ist.

Weiter ist es zweckmäßig, in Analogie zur Gasdynamik den Begriff der Stromlinie einzuführen. Man nennt die Linie in der (x, y)-Ebene, welche in Geraden $v = \text{const.}$ der (u, v)-Ebene mittels der quasikonformen Abbildung übergehen werden, als Stromlinien. Zur Vereinfachung schreibt man dann (7,41) in der neuen Form

$$y = y (x, v) \qquad u = u (x, v) \; . \tag{7,46}$$

Für $v = \text{const.}$ gibt uns die 1. Gleichung die Stromlinien an. Für die Stromliniendichte R bzw. die Stromlinienrichtung τ setzt man

$$R = \frac{\partial y}{\partial v} , \quad \tau = \frac{\partial y}{\partial x} \; .$$

Ist nun System (7,42) stark elliptisch, so zeigt man, daß R und τ dem elliptischen System

$$\frac{\partial R}{\partial x} = \frac{\partial \tau}{\partial v}$$

$$\frac{\partial R}{\partial v} = a \frac{\partial \tau}{\partial x} + b \frac{\partial \tau}{\partial v} + c$$

genügen. Dabei lassen sich a, b und c wieder explizite bestimmen. Setzt man nämlich

$$a_4 = \frac{W}{V} (\operatorname{tg} \alpha - \operatorname{ctg} \Theta)$$

so wird

$$a = V^2 \cos^2 \alpha \left[a_2 b_1 - (a_1 + a_4) (b_2 + a_4) \right]$$

$$b = V \cos \alpha \left[a_1 + a_4 + \frac{1}{V} \frac{\partial W}{\partial \alpha} + \frac{1}{V} \operatorname{tg} \alpha \right]$$

$$c = \frac{1}{\cos \alpha} \left\{ R \cdot \frac{\partial W}{\partial y} + a_4 \frac{\partial W}{\partial u} + \frac{\partial W}{\partial v} - V \left[a_3 b_1 + b_2 (a_1 + a_4) \right] \right\}$$

mit $\qquad - 4 a - b^2 > k V^2 \cos^2 \alpha > 0$

wo k eine positive Konstante ist.

Der vollständige Beweis muß in verschiedenen Schritten geführt werden. Dabei zeigt man, daß das Hauptproblem dadurch ersetzt werden kann, daß man eine quasikonforme Abbildung eines Streifengebietes in der (y, u)-Ebene in einen Parallelstreifen $0 < v < 1$ in der (x, v)-Ebene betrachtet, so daß $\pm \infty$ einander entsprechen und wobei $y\,(x, v)$ und $u\,(x, v)$ einem System von zwei nichtlinearen Gleichungen genügen. Dabei läßt sich dieses oben erwähnte System durch Lösung einer Gleichung der Art

$$\frac{\partial^2 y}{\partial v^2} - b\,\frac{\partial^2 y}{\partial x\,\partial v} - a\,\frac{\partial^2 y}{\partial x^2} = c \tag{7,47}$$

mit Randbedingungen $y\,(x, 0) = y_1(x)$ und $y\,(x, 1) = y_2(x)$ ersetzen, wobei a, b, c Funktionen von R, τ, x, v sind. Zur Lösung dieser Gleichung benutzt Lavrentieff Variationsmethoden. Ein spezieller Fall resultiert, wenn die a, b und c lediglich von y und u abhängen. Der Streifen $0 < v < 1$ wird dann in n Teilstreifen S_i geteilt: $\{(i-1)/n < v < i/n; i = 1, 2, \ldots n\}$. Hernach führt man Approximationslösungen $Y\,(x, v)$ ein, welche in jedem Streifen der Gleichung

$$\frac{\partial^2 y}{\partial v^2} - b_n^0\,\frac{\partial^2 y}{\partial x\,\partial v} - a_n^0\,\frac{\partial^2 y}{\partial x^2} = c_n^0$$

genügen, wobei hier b_n^0, a_n^0, c_n^0 die Koeffizienten a, b, c approximieren. Dann werden Schranken für die Variation von $Y_n(x, v)$ bestimmt für variable Randwerte und es wird gezeigt, daß die $Y_n(x, v)$ für $n = N$, $N + 1, \ldots$ eine normale Familie bilden, woraus die Existenz der Lösung von (7,47) im angenommenen Spezialfall folgt.

Für den allgemeinen Fall, wo alle 4 Koordinaten in den Koeffizenten auftreten, wird das Existenztheorem zuerst für schmale Streifen bewiesen. Um von diesen zu beliebigen überzugehen, kann man sich des Schwarzschen alternierenden Verfahrens bedienen.

Nachtrag

Wie schon im Vorwort darauf hingewiesen wurde, so sollen die quasikonformen Abbildungen im Raum in diesem Bericht nicht weiter behandelt werden, doch dürfte eine kurze Erwähnung der neuesten Resultate in dieser Richtung dennoch angebracht sein.

Bei den Untersuchungen über quasikonforme Abbildungen im Raum, die zur Zeit größtenteils noch unveröffentlicht sind, handelt es sich weitgehend um Ideen von LOEWNER, welche GEHRING dazu benützte, um eine Definition des Moduls von Ringgebieten im Raum einzuführen. Dabei stellte sich heraus, daß im R^3 entsprechende Normalgebiete vorliegen zu denjenigen in der Ebene.

Definiert man einen K-quasikonformen Homöomorphismus im R^3, für den die Beziehung

$$\frac{1}{K} \bmod R \leqq \bmod R' \leqq K \bmod R$$

bezüglich aller Ringe R und ihrer Bilder R' gilt, so beweist GEHRING analoge Verzerrungssätze zu denjenigen im Kapitel 4. Besondere Bedeutung kommt einer Übertragung des Satzes 7, Kapitel 4 zu, wo es sich um die Abbildung der Einheitskugel auf sich handelt.

Als Folge zu diesen Verzerrungssätzen studierte GEHRING die Abbildung von Halbräumen auf Halbräume und stellte dabei fest, daß sich solche K-quasikonforme Abbildungen auf die Begrenzungsebenen fortsetzen lassen, und daß die resultierende Randkorrespondenz eine K-quasikonforme Abbildung zwischen den Begrenzungsebenen darstellt. Auf dem Rand gilt dann die absolute Stetigkeit, was bekanntlich im Zweidimensionalen nicht der Fall ist (vgl. Satz 10, Kapitel 4).

Literaturverzeichnis

AGMON, S.· [1] A property of quasi-conformal mappings. J. Rational Mech. Anal. 3 (1954).

AHLFORS, L.: [1] Über eine in der neuen Wertverteilungstheorie betrachtete Klasse transzendenter Funktionen. Acta Math. **58** (1932).

— [2] Zur Theorie der Überlagerungsflächen. Acta Math. **65** (1935).

— [3] On quasiconformal mappings. J. Analyse Math. 3, pp. 1—58 and 207—208 (1954).

— [4] The method of orthogonal decomposition for differentials on open RIEMANN surfaces. Ann. Acad. Sci. Fenn. Ser. A. I. **249**, 7 (1958).

— u. BEURLING, A.: [1] Conformal invariants and function theoretic null-sets. Acta Math. **83** (1950).

BELINSKIJ, P. P.: [1] On distortion in quasi-conformal mappings. Dokl. Akad. Nauk SSSR. **91** (1933). (Russisch)

— [2] Über metrische Eigenschaften der quasikonformen Abbildung. Dokl. Akad. Nauk SSSR. **93** (1953). (Russisch)

— [3] Behavior of a quasi-conformal mapping at an isolated singular point. Ivanov. Gos. Ped. Inst. Uč. Zap. Fiz.-Mat. Nauki. **29** (1954). (Russisch)

— and GOLDBERG: [1] Application of a theorem on conformal mapping to questions of invariance of defect of meromorphic functions. Ukrain. Math. Ž. **6** (1954). (Russisch)

— and I. N. PESIN: [1] On the closure of a class of continuously differentiable quasiconformal mappings. Dokl. Akad. Nauk SSSR. **102** (1955). (Russisch)

BERGMAN, S.: [1] Functions satisfying certain partial differential equations of elliptic type and their representation. Duke Math. J. **14** (1947).

BERS, L.: [1] Theory of pseudo-analytic functions. Inst. Math. Mech. New York Univ. (1953).

— [2] Partial differential equations and pseudo-analytic functions on RIEMANN surfaces. Ann. of Math. 30 Princeton (1953).

— [3] Partial differential equations and generalized analytic functions. Proc. nat. Acad. Sci. USA. **36/37** (1951).

— [4] Univalent solutions of linear elliptic systems. Comm. Pure Appl. Math. **6** (1953).

— [5] Nonlinear elliptic equations without nonlinear entire solutions. J. Rational Mech. Anal. **3** (1954).

— [6] On a theorem of MORI and the definition of quasiconformality. Trans. Amer. Math. Soc. **84** (1956).

— [7] Quasiconformal mappings and TEICHMÜLLERs theorem. MM-NYU 246 New York (1958).

— [8] An outline of the theory of pseudo-analytic functions. Bull. Amer. Math. Soc. (1956).

— [9] Local theory of pseudoanalytic functions. Michigan Press 1955.

— and A. GELBART: [1] On a class of differential equations in mechanics of continua. Quart. App. Math. **1** (1943).

— — [2] On a class of functions defined by partial differential equations. Trans. Amer. Math. Soc. **56** (1944).

Bers, L., and L. Nirenberg: [1] On a representation theorem for linear elliptic systems with discontinuous coefficients and its applications. Conv. Internat. sulle Equazioni Derivate e Parziali, Agosto (1954).

— — [2] On linear and nonlinear elliptic boundary value problems in the plane. Conv. Internat sulle Equazioni Derivate e Parziali, Agosto (1954).

Beurling, A., and L. Ahlfors: [1] The boundary-correspondence under quasi-conformal mappings. Acta Math. **96** (1956).

Bohr, H.: [1] Über streckentreue und konforme Abbildung. Math. Z. **1**, (1918).

Boyarskij, B. W.: [1] Generalized solutions of a system of differential equations of the first order of elliptic type with discontinuous coefficients. Mat. Sbornik N. S. **43** (1957). (Russisch)

— [2] Homeomorphic solutions of Beltrami systems. Dokl. Akad. Nauk SSSR (N. S.) **102** (1955). (Russisch)

Caccioppoli, R.: [1] Sur une généralisation des fonctions analytiques et des familles normales. C. R. Acad. Sci. (Paris) **235** (1952).

— [2] Sur une généralisation des fonctions analytiques. C. R. Acad. Sci. (Paris) **235** (1952).

— [3] Fondamenti per una teoria generale delle funzioni pseudo-analitiche di una variabile complessa. Atti Accad. Naz. Lincei, Rendic. **13** (1952).

— [4] Funzioni pseudo-analitiche e rappresentazioni pseudo-conformi delle superficie riemanniane. Ricerche Mat. II (1953).

Carathéodory, C.: [1] Vorlesungen über reelle Funktionen. 2. Aufl. Leipzig: Teubner 1927.

Carleman, T.: [1] Sur les systèmes linéaires aux derivées partielles du premier ordre à deux variables. C. r. Acad. Sci. (Paris) **197** (1933).

Courant, R.: [1] Über eine Eigenschaft der Abbildungsfunktionen bei konformen Abbildungen. Nachr. Akad. Wiss. Göttingen. Math.-Phys. Kl. (1922).

Dressel, F. G., and J. J. Gergen: [1] The extension of the Riemann mapping theorem to elliptic equations. Proc. Confer. Differential equations, Maryland(1955).

Elfving, G.: [1] Über eine Klasse von Riemannschen Flächen und ihre Uniformisierung. Acta Soc. Sci. Fenn. N. S. 2, Nr. 3 (1934).

Evans, G. C.: [1] Fundamental points of potential theory. Rice Inst. Pamphl. **7** (1920).

Finn, R.: [1] Sur quelques généralisations du théorème de Picard. C. r. Acad. Sci. (Paris) **235** (1952).

— [2] On a problem of type with applications to elliptic partial differential equations. J. Rational Mech. Anal. **3** (1954).

Gehring, F. · [1] The definitions and exceptional sets for quasiconformal mappings. Ann. Acad. Sci. Fenn. Ser. A. I. **281** (1960).

— and O. Lehto: [1] On the total differentiability of functions of a complex variable. Ann. Acad. Sci. Fenn. Ser. A. I. **272** (1960).

— and J. Väisälä · [1] On the geometric definition for quasiconformal mappings. Erscheint in Comment. Math. Helv.

Gerstenhaber, M., and H. E. Rauch: [1] On the extremal quasiconformal mapping I and II. Proc. mat. Acad. Sci. USA. **40** (1954).

Grötzsch, H.: [1] Über einige Extremalprobleme der konformen Abbildung I und II. Ber. Verh. Sächs. Akad. Wiss. Leipzig. Math.-Nat. Kl. **80** (1928).

— [2] Über die Verzerrung bei schlichten nichtkonformen Abbildungen und über eine damit zusammenhängende Erweiterung des Picardschen Satzes. Ber. Verh. Sächs. Akad. Wiss. Leipzig. Math.-Nat. Kl. **80** (1928).

— [3] Über ein Variationsproblem der konformen Abbildung. Ber. Verh. Sächs. Akad. Wiss. Leipzig. Math.-Nat. Kl. **82** (1930).

GRÖTZSCH, H.: [4] Über die Verzerrung bei nichtkonformen Abbildungen mehrfach zusammenhängender schlichter Bereiche. Ber. Verh. Sächs. Akad. Leipzig. Math.-Nat. Kl. 82 (1930).

— [5] Über möglichst konforme Abbildungen von schlichten Bereichen. Ber. Verh. Sächs. Akad. Wiss. Leipzig. Math.-Nat. Kl. 84 (1932).

HÄLLSTRÖM, G. AF.: [1] Eine quasikonforme Abbildung mit Anwendungen auf die Wertverteilungslehre. Acta Acad. Abo. 18, 8 (1952).

— [2] Wertverteilungssätze pseudomeromorpher Funktionen. Acta Acad. Abo. 21, 9 (1958).

HERSCH, J.: [1] Longueurs extrémales et théorie des fonctions. Comment. Math. Helv. 29 (1955).

— [2] Contribution à la théorie des fonctions pseudo-analytiques. Comment. Math. Helv. 30 (1956).

— and A. PFLUGER: [1] Généralisation du lemme de SCHWARZ et du principe de la mesure harmonique pour les fonctions pseudo-analytique. C. r. Acad. Sci. (Paris) 234 (1952).

HURWITZ, A., u. R. COURANT: [1]Funktionentheorie (3. Auflage). Berlin: Springer-Verlag 1929.

JENKINS, J. A.: [1] Some results related to extremal length. Ann. Math. Studies 30, Princeton Univ. Press (1953).

— [2] On quasi-conformal mappings. J. Rational Mech. Anal. 5 (1956).

— [3] A new criterion for quasiconformal mapping. Ann. of Math. II. Ser. 65, (1957).

JUVE, Y.: [1] Über gewisse Verzerrungseigenschaften konformer und quasikonformer Abbildungen. Ann. Acad. Sci. Fenn. Ser. A. I. 174 (1954).

KAHRAMANER, S.: [1] Sur le comportement d'une représentation presque-conforme dans le voisinage d'un point singulier. Rev. Fac. Sci. Univ. Istanbul. Sér. A. 22 (1957).

KAKUTANI, S.: [1] Applications of the theorie of pseudo-regular functions to the type-problem of RIEMANN surfaces. Jap. J. Math. 13 (1937).

— [2] On the functions $m(r, a)$ in the theory of meromorphic functions. Jap. J. math. 13 (1937).

KÜNZI, H. P.: [1] Neue Beiträge zur geometrischen Wertverteilungslehre. Comment. Math. Helv. 29 (1955).

— [2] Einführung in die Theorie der quasikonformen Abbildung. Elem. Math. 11 (1956).

— [3] Quasikonforme Abbildungen. Ann. Acad. Sci. Fenn. Ser. A. I. 249, 2 (1958).

— and H. WITTICH: [1] The distribution of the a-points of certain meromorphic functions. Michigan. Math. J. 6 (1959).

LAVRENTIEFF, M. A.: [1] Sur une classe de représentations continues. C. r. Acad. Sci. (Paris) 200 (1935).

— [2] Sur une classe de représentations continues. Rec. math. Moscou 42 (1935).

— [3] Sur une classe de transformation quasi-conforme et sur les sillages gazeux. C. r. Acad. Sci. URSS, N. S. 20 (1938).

— [4] The general problem of quasiconformal mappings of plane regions. Rep. Acad. Sci. Ukrainian SSR, Nr. 3—4 (1946). (Ukrainisch und Englisch)

— [5] Les représentations quasi-conformes et leurs systèmes dérivés. C. r. Acad. Sci. URSS, N. S. 52 (1946). (Russisch)

— [6] A general problem of the theory of quasiconformal representation of plane regions. Mat. Sbornik N. S. 21 (1947). (Russisch)

— [7] A fundamental theorem of the theory of quasi-conformal mapping of plane regions. Izvestya Akad. Nauk SSSR. 12 (1948) (Russisch)

LAVRENTIEFF, M. A.: [8] Englische Übersetzung: A fundamental theorem of the theory of quasiconformal mappings of two dimensional regions. Amer. Math. Soc. Transl. **29** (1950).

— [9] Englische Übersetzung: The general problem of the theory of quasiconformal mappings of plane regions. Amer. Math. Soc. Transl **46** (1951).

LEE, C. Y.: [1] Similarity principle with boundary conditions for pseudo-analytic functions. Duke Math. J. **23** (1956).

LEHTO, O.: [1] On the differentiability of quasiconformal mappings with prescribed complex dilatation. Ann. Acad. Sci. Fenn. Ser. A. I. **275** (1960).

LEHTO, O., and K. I. VIRTANEN: [1] Boundary behaviour and normal meromorphic functions. Acta Math. **97** (1957).

— [2] On the existence of quasiconformal mappings with prescribed complex dilatation. Ann. Acad. Sci. Fenn. Ser. A. I. **274** (1960).

— K. I. VIRTANEN and J. VÄISÄLÄ: [1] Contributions to the distortion theory of quasiconformal mappings. Ann. Acad. Sci. Fenn. Ser. A. I. **273** (1960).

LELONG-FERRAND, J.: [1] Représentation conforme et transformations à intégrale de DIRICHLET bornée. Paris: Gauthier-Villars 1955.

LE VAN, T.: [1] Beitrag zum Typenproblem der RIEMANNschen Flächen. Comment. Math. Helv. **20**, (1947).

LOWHATER, A. J.: [1] The boundary behaviour of a quasi-conformal mapping. J. Rational Mech. Anal. **5** (1956).

MORI, A.: [1] On quasi-conformality and pseudo-analyticity. Trans. Amer. Math. Soc. **84** (1956).

— [2] On an absolute constant in the theory of quasiconformal mappings. J. Math. Soc. Japan. **8** (1956).

MORREY, C. B.: [1] On the solution of quasilinear elliptic partial differential equations. Trans. Amer. Math. Soc. **43** (1938).

NEVANLINNA, R.: [1] Über RIEMANNsche Flächen mit endlich vielen Windungspunkten. Acta Math. **58**, (1932).

— [2] Ein Satz über offene RIEMANNsche Flächen. Ann. Acad. Sci. Fenn. Ser. A. I. **54** (1940).

— [3] Eindeutige analytische Funktionen. 2. Auflage. Berlin-Göttingen-Heidelberg: Springer 1953.

— [4] A remark on differentiable mappings. Michigan Math. J. **3** (1955).

— [5] Über fastkonforme Abbildungen. Ann. Acad. Sci. Fenn. Ser. A. I. **251**, 7 (1958).

NIRENBERG, L.: [1] On nonlinear elliptic partial differential equations and HÖLDER continuity. Comm. Pure Appl. Math. **6** (1953).

— [2] On a generalization of quasiconformal mappings and its applications to elliptic partial differential equations. Annals of Math. Studies 33. Princeton Univ. Press. (1954).

NOSHIRO, K.: [1] A theorem on the cluster sets of pseudo-analytic functions. Nagoya Math. J. **1** (1950).

OIKAWA, K.: [1] On the prolongation of an open RIEMANN surface of finite genus. Kodai Math. Sem. Rep. **9** (1957).

OZAKI, S., and I. ONO: [1] Second principal theorem of pseudo-meromorphic functions. Sci. Rep. Tokyo Daigaku Sect. A. **4** (1952).

— — and M. OZAWA: [1] A theorem of pseudo-meromorphic function. Sci. Rep. Tokyo Daigaku Sect. A. **4** (1951).

— — — [2] Second principal theorem of the pseudo-meromorphic mapping in the three dimensional spaces. Sci. Rep. Tokyo Daigaku Sect. A. **4** (1951).

— — — [3] On the pseudo-meromorphic mappings on RIEMANN surfaces. Sci. Rep. Tokyo Daigaku Sect. A. **4** (1952).

PESIN, I. N.: [1] On the theory of generalized Q-quasi-conformal mappings. Dokl. Akad. Nauk SSSR. **102** (1955).

PFLUGER, A.: [1] Une propriété métrique de la représentation quasi-conforme. C. r. Acad. Sci. (Paris) **226** (1948).

— [2] Sur une propriété de l'application quasi-conforme d'une surface de RIEMANN ouverte. C. r. Acad. Sci. (Paris) **227** (1948).

— [3] Quelques théorèmes sur une classe de fonctions pseudo-analytiques. C. r. Acad. Sci. (Paris) **231** (1950).

— [4] Quasikonforme Abbildungen und logarithmische Kapazität. Ann. Inst. Fourier, Grenoble (1951).

— [5] Extremallängen und Kapazität. Comment. Math. Helv. **29** (1955).

— [6] Über die Äquivalenz der geometrischen und der analytischen Definition quasikonformer Abbildungen. Comment. Math. Helv. **33**, (1959).

— [7] Theorie der RIEMANNschen Flächen. Berlin-Göttingen-Heidelberg: Springer **1957**.

PIRL, U.: [1] Isotherme Kurvenscharen und zugehörige Extremalprobleme der konformen Abbildung. Diss. Wiss. Z. M. Luther Univ. Halle **4** (1955).

POLOŽII, G. N.: [1] On the application of the generalised derivative to a class of quasiconformal mappings. Dokl. Akad. Nauk SSSR **63** (1948). (Russisch)

— [2] A generalization of CAUCHY's integral formula. Math. Sbornik N. S. **24**, (1949). (Russisch)

— [3] A theorem on the correspondence of boundaries and variational theorems for certain elliptic systems of differential equations. Dokl. Akad. Nauk SSSR. **95** (1954). (Russisch)

PÖSCHL, K.: [1] Über die Wertverteilung der erzeugenden Funktionen RIEMANN-scher Flächen mit endlich vielen periodischen Enden. Math. Ann. **123** (1951).

RAUCH, H. E.: [1] WEIERSTRASS points, branch points, and moduli of RIEMANN surfaces. Comm. Pure Appl. Math. **12** (1959).

RENGEL, E.: [1] Über einige Schlitztheoreme der konformen Abbildung. Schriften des Math. Inst. Univ. Berlin **1**, H. 4 (1933).

— [2] Zur Definition der quasikonformen Abbildungen. Erscheint in Comment. Math. Helv.

RENGGLI, H.: [1] Un théorème de représentation conforme. C. r. Acad. Sci. (Paris) **235** (1952).

ROYDEN, H. L.: [1] The conformal rigidity of certain subdomains on a RIEMANN surface. Trans. Amer. Math. Soc. **76** (1954).

— [2] A property of quasi-conformal mapping. Proc. Amer. Math. Soc. **5** (1954).

ŠABAT, B. V.: [1] Cauchy's theorem and formula for linear classes of quasi-conformal mappings. Dokl. Akad. Nauk. SSSR (N. S.) **69** (1949). (Russisch)

— [2] On generalized solutions of systems of partial elliptic differential equations. Mat. Sb. **17** (1945). (Russisch)

SAKAI, E.: [1] Note on pseudo-analytic functions. Proc. Japan. Acad. **25** (1949).

SAKS, S.: [1] Theory of the integral. 2nd ed., Warsaw 1937.

SARIO, L.: [1] Über RIEMANNsche Flächen mit hebbarem Rand. Ann. Acad. Sci. Fenn. Ser. A. I. **50** (1948).

— [2] Sur le problème du type des surfaces de RIEMANN. C. r. Acad. Sci. (Paris) **229** (1949).

SCHAPIRO, Z.: [1] Sur l'existence des représentations quasiconformes. Dokl. Akad. Nauk SSSR. (N. S.) **30** (1941).

SCHLESINGER, E. C.: [1] Conformal invariants and prime ends. Amer. J. Math. **80** (1958).

SHIBATA, K.: [1] Remarks on the sequence of quasiconformal mappings. Proc. Jap. Acad. **32** (1956).
— [2] On boundary values of some pseudo-analytic functions. Proc. Jap. Acad. **33** (1957).
STOÏLOW, S.: [1] Leçons sur les principes topologiques de la théorie des fonctions analytiques. Paris: Gauthier-Villars 1938.
— [2] Remarques sur la définition des fonctions presque analytiques de M. LAVRENTIEFF. C. r. Acad. Sci. (Paris) **200** (1935).
STORVICK, D. A.: [1] On pseudo-analytic functions. Nagoya math. J. **12** (1957).
STREBEL, K.: [1] On the maximum dilatation of quasiconformal mappings. Bull. Amer. Math. Soc. **63** (1955).
— [2] Eine Abschätzung der Länge gewisser Kurven bei quasikonformer Abbildung. Ann. Acad. Sci. Fenn. Ser. A. I. **243** (1957).
TEICHMÜLLER, O.: [1] Eine Anwendung quasikonformer Abbildungen auf das Typenproblem. Deutsche Math. **2** (1937).
— [2] Untersuchungen über konforme und quasikonforme Abbildungen. Deutsche Math. **3** (1938).
— [3] Extremale quasikonforme Abbildungen und quadratische Differentiale. Abh. Preuß. Akad. Wiss. Math.-Nat. Kl. **22** (1940).
— [4] Über Extremalprobleme der konformen Geometrie. Deutsche Math. **6** (1941).
— [5] Vollständige Lösung einer Extremalaufgabe der quasikonformen Abbildung. Abh. Preuß. Akad. Wiss. Math.-Nat. Kl. **5** (1941).
— [6] Bestimmung der extremalen quasikonformen Abbildung bei geschlossenen, orientierten RIEMANNschen Flächen. Preuss. Akad. Wiss. Math.-Nat. Kl. **4** (1943).
— [7] Beweis der analytischen Abhängigkeit des konformen Moduls einer analytischen Ringflächenschar von den Parametern. Deutsche Math. **7** (1944).
— [8] Ein Verschiebungssatz der quasikonformen Abbildung. Deutsche Math **7** (1944).
— [9] Veränderliche RIEMANNsche Flächen. Deutsche Math. **7** (1944).
TÔKI, Y., and K. SHIBATA: [1] On the pseudo-analytic functions. Osaka Math. J. **6** (1954).
ULLRICH, E.: [1] Zum Umkehrproblem der Wertverteilungslehre. Nachr. Ges. Wiss. Göttingen. N. F. **1** (1936).
VÄISÄLÄ, J.: [1] On normal quasiconformal functions. Ann. Acad. Sci. Fenn. Ser. A. I. **266** (1959).
VEKUA, I. N.: [1] Über einige Eigenschaften der Lösungen elliptischer Systeme. Dokl. Akad. Nauk SSSR. (N. S.) **98** (1954). (Russisch)
— [2] Allgemeine Darstellung von Funktionen zweier unabhängiger Veränderlicher, die Ableitungen im Sinne von SOBOLEW besitzen. Dokl. Akad. Nauk SSSR (N. S.) **89** (1953). (Russisch)
— [3] Transformation einer Differentialform vom elliptischen Typus auf kanonische Gestalt und Verallgemeinerung der CAUCHY-RIEMANNschen Gleichungen. Dokl. Akad. Nauk SSSR. (N. S.) **100** (1955). (Russisch)
VOLKOVYSKIJ, L. I.: [1] Quasikonforme Abbildungen und Aufgaben über das konforme Zusammenheften. Ukrain. Mat. Ž. **3** (1951). (Russisch)
— [2] Quasikonforme Abbildungen. Lehrbuch in russischer Sprache (1945). Verlag der Universität Lemberg 1954.
WARSCHAWSKY, S.: [1] On the degree of variation in conformal mapping of variable regions. Trans. Amer. Math. Soc. **69** (1950).
WILLE, R. J.: [1] An outer limit of nonconformalness, for which Picard's theorem still hold. Nederl. Akad. Wetensch., Proc. **50** (1947).

WITTICH, H.: [1] Zum Beweis eines Satzes über quasikonforme Abbildungen. Math. Z. **51** (1948).
— [1a] Ein Kriterium zur Typenbestimmung von RIEMANNschen Flächen. Mh. Math. Phys. **44** (1936).
— [2] Neuere Untersuchungen über eindeutige analytische Funktionen. Erg. d. Math., Heft 8. Berlin-Göttingen-Heidelberg: Springer-Verlag 1955.
YOSHIDA, T.: [1] On the behaviour of pseudoregular functions in a neighbourhood of a closed set of capacity zero. Proc. Japan. Acad. **26** (1950).
— [2] Theorem on the cluster sets of pseudoanalytic functions. Proc. Japan. Acad. **27** (1951).
YÛJÔBÔ, Z.: [1] On pseudoregular functions. Comm. Math. Univ. St. Paul **1** (1953).
— [1a] Supplements to my paper: On pseudoregular functions. Comm. Math. Univ. St. Paul **4** (1955).
— [2] On the quasiconformal mapping from a simply-connected domain on another one. Comm. Math. Univ. St. Paul **2** (1953).
— [3] On absolutely continuous functions of two or more variables in the TONELLI sense and quasiconformal mappings in the A. MORI sense. Comm. Math. Univ. St. Paul **4** (1955).

Namen- und Sachverzeichnis